スバラシク強くなると評判の

元気が出る
数学III・C Part1

Part 1

新課程

けい　し
馬場敬之
高杉　豊

マセマ出版社

◆ はじめに ◆

　みなさん，こんにちは。マセマの**馬場敬之(ばばけいし)**です。理系で受験する際，その**合否を左右する**のは，**数学 III・C** だと言ってもいい位，数学 III・C は重要科目なんだね。何故なら，これから解説する数学 III・C では，"**平面ベクトル**"，"**空間ベクトル**"，"**複素数平面**"，"**式と曲線**"，"**数列の極限**"，"**関数の極限**"，"**微分法とその応用**"，そして "**積分法とその応用**" と，理系受験生にとって，重要テーマが目白押しだからなんだね。

　この内容豊富な数学 III・C を，誰でも楽しく分かりやすくマスターできるように，この『**元気が出る数学 III・C Part1 新課程**』を書き上げたんだね。

　そして，この「**Part1**」では，数学 III・C の前半の "**平面ベクトル**" から "**数列の極限**" までを解説する。

　本格的な内容ではあるけれど，**基本から親切に解説**しているので，初めて数学 III・C を学ぶ人，授業を受けても良く理解できない人でも，この本で**本物の実力を身に付ける**ことが出来る。

　今はまだ数学 III・C に自信が持てない状況かもしれないね。でも，まず**「流し読み」**から入ってみるといいよ。よく分からないところがあっても構わないから，全体を通し読みしてみることだ。これで，まず**数学 III・C の全体のイメージをとらえる**ことが大切なんだね。でも，**数学にアバウトな発想は通用しない**んだね。だから，その後は，各章毎に公式や考え方や細かい計算テクニックなど…分かりやすく解説しているので，解説文を**精読してシッカリ理解**しよう。また，この本で取り扱っている例題や絶対暗記問題は，キミ達の実力を大きく伸ばす**選りすぐりの良問**ばかりだから，これらの問題も**自力で解く**ように心がけよう。これで，数学 III・C を本当に理解したと言えるんだね。

　でも，人間は忘れやすい生き物だから，**繰り返し精読して解く練習が必要**になるんだね。この反復練習は回数を重ねる毎に早く確実になっていくはずだ。大切なことだから以下にまとめて示しておこう。

　(I) まず，流し読みする。
　(II) 解説文を精読する。
　(III) 問題を自力で解く。
　(IV) 繰り返し精読して解く。

この 4 つのステップにしたがえば，**数学 III・C の基礎から比較的簡単な応用まで完璧にマスターできる**はずだ。

　この『元気が出る数学 III・C Part1 新課程』をマスターするだけでも，高校の**中間・期末対策**だけでなく，**易しい大学なら合格できる**だけの実力を養うことが出来る。教科書レベルの問題は言うに及ばず，これまで手も足も出なかった**受験問題**だって，基本的なものであれば，**自力で解ける**ようになるんだよ。どう？やる気が湧いてきたでしょう。

　さらに，マセマでは，**数学アレルギーレベルから東大・京大レベルまで**，キミ達の実力を無理なくステップアップさせる**完璧なシステム**（マセマのサクセスロード）が整っているので，やる気さえあれば自分の実力をどこまでも伸ばしていけるんだね。どう？さらにもっと元気が出てきたでしょう。

　授業の補習，中間・期末対策，そして 2 次試験対策など，目的は様々だと思うけれど，この『元気が出る数学 III・C Part1 新課程』で，**キミの実力を飛躍的にアップさせる**ことが出来るんだね。

　マセマのモットーは，「"数が苦"を"数楽"に変える」ことなんだ。だから，キミもこの本で数学 III・C が得意科目になるだけでなく，数学の楽しさや面白さも実感できるようになるはずだ。

　マセマの参考書は非常に読みやすく分かりやすく書かれているんだけれど，その本質は，大学数学の分野で**「東大生が一番読んでいる参考書！」**として知られている程，**その内容は本格的**なものなんだよ。

（「キャンパス・ゼミ」シリーズ販売実績 2021 年度大学生協東京事業連合会調べによる）

　だから，安心して，この『元気が出る数学 III・C Part1 新課程』で勉強してほしい。これまで，マセマの参考書で，キミ達のたくさんの先輩方が夢を実現させてきた。今度は，**キミ自身がこの本で夢を実現させる番**なんだね。

　みんな準備はできた？それでは早速講義を始めよう！

マセマ代表　馬場 敬之
　　　　　　高杉 豊

◆ 目 次 ◆

◈講◈義◈① 平面ベクトル（数学C）

◈講◈義◈② 空間ベクトル（数学C）

◈講◈義◈③ 複素数平面（数学C）

① 平面ベクトル

テーマ

▶ ベクトルの基本，まわり道の原理

▶ ベクトルの成分表示と内積

▶ 内分点・外分点の公式

▶ 様々な図形のベクトル方程式

◆講◆義◆① 平面ベクトル

§1. ベクトルの基本 "まわり道の原理" から始めよう！

さァ，これから "元気が出る数学 III·C Part1" の最初のテーマ "平面ベクトル" について解説しよう。今はまだ，「ベクトルって何？」って思っているだろうね。

これまで勉強してきた数 (実数) は，正・負の問題はあるにせよ本質的にはその "<u>大きさ</u>" だけを扱ってきた。これに対してベクトルとは，"<u>大きさ</u>" と "<u>向き</u>" をもった量のことなので，矢印を使って図形的に考えていくことになる。そして，平面ベクトルとは，平面上に限って描かれるベクトルのことなんだね。

今回は，**和**や**差**，**まわり道の原理**など，平面ベクトルの基本的な性質について，詳しく解説するつもりだ。

● ベクトルとは "大きさ" と "向き" をもった量だ！

ベクトルとは，"**大きさ**" と "**向き**" をもった量のことであり，頭に→をつけて$\vec{a}$などで表す。このベクトル$\vec{a}$は，図1のように矢線で平面上に示し，その "**向き**" は文字通り矢線の向きで表す。また，その "**大きさ**" は矢線の長さで表し，これを$|\vec{a}|$と書くことも覚えておこう。

<u>"$\vec{a}$の大きさ" と読む</u>

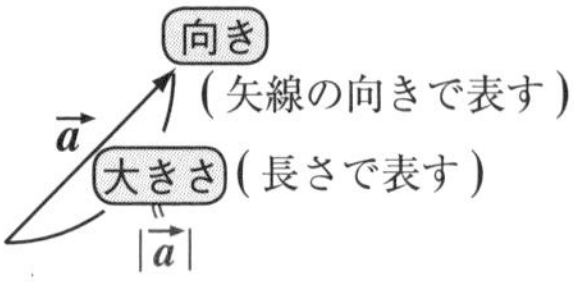

ベクトルは，向きと大きさが与えられると決まるので，図2のように平行移動した形のものも，すべて同じ$\vec{a}$になる。これ要注意だよ。

また，図3のような点 **A** (始点) から点 **B** (終点) に向かうベクトルは，$\overrightarrow{AB}$ とも表す。

● $\vec{a}$と$\vec{b}$の平行条件は，$\vec{a} = k\vec{b}$だ！

それでは，次にベクトルの**実数倍**について説明する。図4のように$\vec{a}$が与えられたとき，これを2倍，

図1 ベクトルの "大きさ" と "向き"

<u>向き</u>（矢線の向きで表す）

$\vec{a}$

<u>大きさ</u>（長さで表す）

$|\vec{a}|$

図2 "大きさ" と "向き" が同じなら，平行移動しても同じ$\vec{a}$だ！

同じ $\vec{a}$

図3 $\overrightarrow{AB}$ のような表し方

B(終点)

$\overrightarrow{AB}$

A(始点)

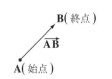

8

$\dfrac{1}{2}$ 倍，-1 倍，$-\dfrac{1}{2}$ 倍したものを示すので，要領をマスターしてくれ。$\vec{a}$ を -1 倍した $\boxed{-\vec{a}}$ は， $\vec{a}$ と向きが反対で，大きさが等しいことに注意しよう。

これを，$\vec{a}$ の逆ベクトルという

図4　ベクトルの実数倍

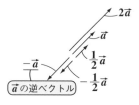

$2\vec{a}$
$\vec{a}$
$\dfrac{1}{2}\vec{a}$
$-\vec{a}$
$-\dfrac{1}{2}\vec{a}$
$\vec{a}$ の逆ベクトル

ここで1つ面白いことが出てくる。もし，係数が0のとき，$0\vec{a}$ がどうなるかってことだ。これは $0\vec{a}=\vec{0}$ とおいて，大きさが0の零ベクトル $\vec{0}$ と定義する。これは，図には書けないけれど，たとえば $\overrightarrow{AA}$ や $\overrightarrow{BB}$ は $\vec{0}$ ということになる。

次に，$\vec{a}$ と $\vec{b}$ の平行条件について話すよ。$\vec{a}$，$\vec{b}$ は共に $\vec{0}$ でないとする。このとき，

図5　$\vec{a}$ と $\vec{b}$ の平行条件

$\vec{a}=k\vec{b}$

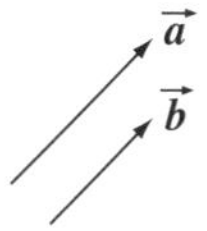

$\vec{a}$
$\vec{b}$

$$\vec{a} /\!/ \vec{b} \iff \vec{a}=k\vec{b}$$
$$(\,\vec{a} と \vec{b} が平行\,) \qquad (k：実数)$$

が成り立つ。図5から明らかなように，$\vec{a}$ と $\vec{b}$ が平行ならば，$\vec{b}$ を何かある実数 k 倍すれば，必ず $\vec{a}$ と同じになるはずだからだ。

この考え方は，3点 A，B，C が同一直線上にあることを示すのにも使われる。この場合，$\overrightarrow{AB}=k\overrightarrow{AC}$ を示せばいい。すると，$\overrightarrow{AB} /\!/ \overrightarrow{AC}$（平行）だね。また，$\overrightarrow{AB}$ と $\overrightarrow{AC}$ は点 A を共有するので，結局 A，B，C は同一直線上にあるといえるんだ。（図6参照）

図6　3点 A，B，C が同一直線上にある条件

$\overrightarrow{AB}=k\overrightarrow{AC}$

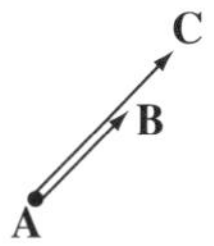

C
B
A

● ベクトルの和と差をマスターしよう！

2つのベクトル $\vec{a}$ と $\vec{b}$ が与えられた場合，これらの和 $\vec{c}$ と差 $\vec{d}$ を（ⅰ）$\vec{c}=\vec{a}+\vec{b}$　（ⅱ）$\vec{d}=\vec{a}-\vec{b}$　と表し，次のように定義する。

9

（ⅰ）$\vec{a}$ と $\vec{b}$ が，図7のように与えられたとき，その和で

ある $\vec{c}$ は，$\vec{a}$ と $\vec{b}$ を2辺とする平行四辺形の対角

線で表されるベクトルとなる。

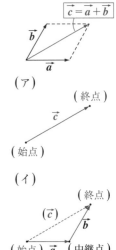

図7　ベクトルの和

これは，ベクトルの非常に面白い性質を示して

いる。まず，図7(ア)の $\vec{c}$ の始点と終点に着目し

てごらん。次に，$\vec{b}$ を平行移動しても同じ $\vec{b}$ だから，

図7(イ)では始点から中継点を経て終点に行って

いるね。

(ア)のように，直線的に始点から終点に向かう

ものと，(イ)のように，始点から中継点を経て(ま

わり道をして)終点に向かうものとが，ベクトル

では同じだと言っているんだ。

だから，$\vec{c}=\vec{a}+\vec{b}$ と表しているんだよ。

これより，始点と終点さえ一致すれば同じベク

トルとなるわけだから，図8に示すように

$$\overrightarrow{AE}=\overrightarrow{AB}+\overrightarrow{BC}+\overrightarrow{CD}+\overrightarrow{DE}$$

という等式も成り立つ。

図8

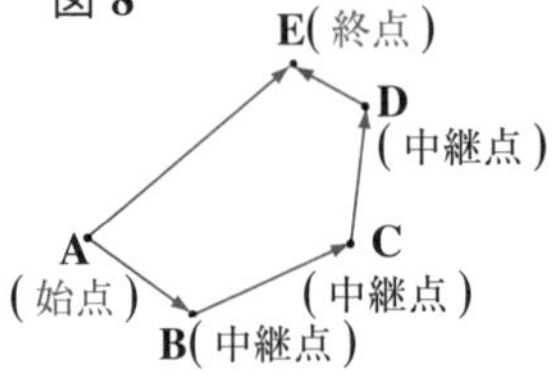

（ⅱ）の，ベクトルの差：$\vec{d}=\vec{a}-\vec{b}$ についても話そう。

これは $\vec{d}=\vec{a}+(-\vec{b})$ と考えて，$\vec{a}$ と，$\vec{b}$ の逆ベク

トル $-\vec{b}$ の和と考えればいいので，図9のように

$\vec{a}$ と $-\vec{b}$ を2辺とする平行四辺形の対角線で表さ

れるベクトルが，$\vec{d}=\vec{a}-\vec{b}$ なんだね。

図9　ベクトルの差

これら和と差の特別な場合として，当然

$$\vec{a}+\vec{0}=\vec{0}+\vec{a}=\vec{a},\quad \vec{a}-\vec{a}=\vec{0}\quad となる。$$

また，ベクトルを実数倍したものの和や差の計算は，

これまでやった整式の計算とまったく同様だよ。

それでは，ここで2つの例題を使って，練習しておこう。

(1)　$(\vec{a}+2\vec{b})+(3\vec{a}-5\vec{b})$

$$=(1+3)\vec{a}+(2-5)\vec{b}=4\vec{a}-3\vec{b}$$

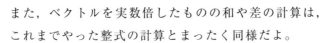

(2) $\overbrace{2(\vec{a}-3\vec{b})}-\overbrace{3(-\vec{a}+\vec{b})}$

$= 2\vec{a} - 6\vec{b} + 3\vec{a} - 3\vec{b} = 5\vec{a} - 9\vec{b}$

どう？　要領はつかめた？

● ベクトルの1次結合はオールマイティーだ！

　一般に，$s\vec{a}+t\vec{b}$ $(s,\ t：実数)$ の形の式を $\vec{a}$ と $\vec{b}$ の1次結合という。ここで，$\vec{a}$ と $\vec{b}$ が平行でなく，かつ $\vec{0}$ でもないならば，この1次結合の式 $s\vec{a}+t\vec{b}$ の係数 s と t の値を変化させることにより，あらゆる**平面ベクトル**を表すことができる。これは，重要なポイントだから覚えておこう。

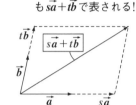

図10　$s,\ t$ の値を変えればどんな平面ベクトルも $s\vec{a}+t\vec{b}$ で表される！

● 変形に "まわり道の原理" は不可欠だ！

　ベクトルの和のところで，始点と終点さえ同じならば，直線的に行こうが，まわり道をして行こうが同じベクトルになることを話したね。だから，図11の $\overrightarrow{AB}$ は，中継点 O，C，P などにより次のように様々に変形できる。

$$\overrightarrow{AB} = \overrightarrow{AO} + \overrightarrow{OB} = \overrightarrow{AC} + \overrightarrow{CB} = \overrightarrow{AP} + \overrightarrow{PB} = \cdots\cdots$$

これを "**まわり道の原理**" と呼ぶことにしよう。

　ここで，$\overrightarrow{AO} = -\overrightarrow{OA}$ と表されるのは大丈夫？ $\overrightarrow{AO}$ の逆ベクトル $\overrightarrow{OA}$ に -1 をかけたら，反対のさらに反対で，元に戻るということだ。同様に，$\overrightarrow{AC} = -\overrightarrow{CA}$，$\overrightarrow{AP} = -\overrightarrow{PA}$ となるだろう。

よって，$\overrightarrow{AB}$ は，次のように引き算の形の "まわり道の原理" でも表されるんだ。

$$\overrightarrow{AB} = \overrightarrow{OB} - \overrightarrow{OA} = \overrightarrow{CB} - \overrightarrow{CA} = \overrightarrow{PB} - \overrightarrow{PA} = \cdots\cdots$$

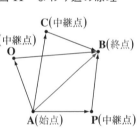

図11　まわり道の原理

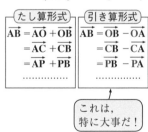

たし算形式	引き算形式
$\overrightarrow{AB} = \overrightarrow{AO} + \overrightarrow{OB}$	$\overrightarrow{AB} = \overrightarrow{OB} - \overrightarrow{OA}$
$\quad= \overrightarrow{AC} + \overrightarrow{CB}$	$\quad= \overrightarrow{CB} - \overrightarrow{CA}$
$\quad= \overrightarrow{AP} + \overrightarrow{PB}$	$\quad= \overrightarrow{PB} - \overrightarrow{PA}$
....	....

これは，特に大事だ！

つまり，$\underline{\underline{\overrightarrow{AB}}} = \overrightarrow{X\underline{\underline{B}}} - \overrightarrow{X\underline{A}}$ の形に，機械的に変形していいんだよ。中継点の X は，O でも C でも，なんでもかまわない。この式の変形の仕方をマスターすると，ベクトルの計算がずい分楽になるんだよ。

ベクトルの決定と平行条件

右図のように $\overrightarrow{AB}$ と $\overrightarrow{AC}$ が与えられている。

$\overrightarrow{PA} + 2\overrightarrow{PB} + 3\overrightarrow{PC} = \vec{0}$ ………① の条件が与えられているとき，$\overrightarrow{AP}$ を $\overrightarrow{AB}$ と $\overrightarrow{AC}$ で表し，$\overrightarrow{AP}$ を図示せよ。また，$\overrightarrow{AP}$ と $2\overrightarrow{AB} + x\overrightarrow{AC}$ が平行となるように実数 x の値を定めよ。

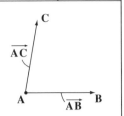

ヒント！ ①式の $\overrightarrow{PA}$ は，A を始点とするベクトル $-\overrightarrow{AP}$ と変形できる。また，$\overrightarrow{PB}$，$\overrightarrow{PC}$ については，引き算の形の"まわり道の原理"を使って，$\overrightarrow{PB} = \overrightarrow{AB} - \overrightarrow{AP}$，$\overrightarrow{PC} = \overrightarrow{AC} - \overrightarrow{AP}$ と，すべて A を始点とするベクトルに変形できるんだね。

解答＆解説

$\underset{\boxed{-\overrightarrow{AP}}}{\overrightarrow{PA}} + 2\underset{\boxed{\overrightarrow{AB}-\overrightarrow{AP}}}{\overrightarrow{PB}} + 3\underset{\boxed{\overrightarrow{AC}-\overrightarrow{AP}}}{\overrightarrow{PC}} = \vec{0}$ ………①　　①を変形して，

← 引き算形式の"まわり道の原理"！

$-\overrightarrow{AP} + 2(\overrightarrow{AB} - \overrightarrow{AP}) + 3(\overrightarrow{AC} - \overrightarrow{AP}) = \vec{0}$

$-6\overrightarrow{AP} + 2\overrightarrow{AB} + 3\overrightarrow{AC} = \vec{0}$，$6\overrightarrow{AP} = 2\overrightarrow{AB} + 3\overrightarrow{AC}$

$\therefore \overrightarrow{AP} = \dfrac{1}{6}(2\overrightarrow{AB} + 3\overrightarrow{AC})$

$\boxed{\text{1 次結合}}$

$= \dfrac{1}{3}\overrightarrow{AB} + \dfrac{1}{2}\overrightarrow{AC}$ ………②　……………………(答)

$\boxed{\overrightarrow{AP} = \dfrac{1}{3}\overrightarrow{AB} + \dfrac{1}{2}\overrightarrow{AC}}$

これを右上図に示す。

次に，$2\overrightarrow{AB} + x\overrightarrow{AC} /\!/ \overrightarrow{AP}$（平行）のとき

$\boxed{\vec{a} \text{ と } \vec{b} \text{ の平行条件：} \vec{a} = k\vec{b} \text{ を使った！}}$

$2\overrightarrow{AB} + x\overrightarrow{AC} = k\overrightarrow{AP}$（$k$：実数）

②を代入して，$2\overrightarrow{AB} + x\overrightarrow{AC} = k\left(\dfrac{1}{3}\overrightarrow{AB} + \dfrac{1}{2}\overrightarrow{AC}\right)$

$2\overrightarrow{AB} + x\overrightarrow{AC} = \dfrac{k}{3}\overrightarrow{AB} + \dfrac{k}{2}\overrightarrow{AC}$ ………③

ここで，$\overrightarrow{AB} \neq \vec{0}$，$\overrightarrow{AC} \neq \vec{0}$，$\overrightarrow{AB} \not/\!/ \overrightarrow{AC}$ より，

$\boxed{\text{③式の係数比較をするためのこの条件の意味については，"頻出問題にトライ・1" で詳しく解説するよ！}}$

③の両辺の係数を比較して，

$2 = \dfrac{k}{3}$ かつ $x = \dfrac{k}{2}$ $\therefore k = 6$ より，$x = \dfrac{6}{2} = 3$ ……………………(答)

正六角形とまわり道の原理

絶対暗記問題 2	難易度 ★★	CHECK*1*	CHECK*2*	CHECK*3*

右図に示す正六角形 ABCDEF について，辺 BC の中点を M とおく。また，$\overrightarrow{AB}=\vec{a}$，$\overrightarrow{AF}=\vec{b}$ とおく。このとき次のベクトルを $\vec{a}$ と $\vec{b}$ で表せ。

(1) $\overrightarrow{AD}$ (2) $\overrightarrow{AC}$ (3) $\overrightarrow{MF}$

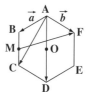

ヒント！ 正六角形は，6つの正三角形からできているよね。だから，その中心を O とおいて，まず $\overrightarrow{AO}=\vec{a}+\vec{b}$ となることに気付いてくれ。後は，引き算やたし算の形の "まわり道の原理" をうまく使って変形すればいい。

解答＆解説

(1) 正六角形 ABCDEF の中心を O とおくと，

$$\overrightarrow{AO}=\vec{a}+\vec{b} \quad \cdots\cdots\cdots ①$$

①を $\overrightarrow{AD}=2\overrightarrow{AO}$ に代入して，

$$\overrightarrow{AD}=2(\vec{a}+\vec{b}) \quad \cdots\cdots\cdots\cdots(答)$$

> 図形的に見て，当然
> $\overrightarrow{AO}=\overrightarrow{OD}=\overrightarrow{BC}=\overrightarrow{FE}$
> となるのはいいね。

(2) $\overrightarrow{BC}=\overrightarrow{AO}$ より，

$$\overrightarrow{AC}=\overrightarrow{AB}+\overrightarrow{BC}=\vec{a}+\overrightarrow{AO}$$

> たし算形式の "まわり道"
> $\overrightarrow{AC}=\overrightarrow{AB}+\overrightarrow{BC}$ を使った！

$$=\vec{a}+(\vec{a}+\vec{b})=2\vec{a}+\vec{b} \quad \cdots\cdots\cdots\cdots(答)$$

(3) $\overrightarrow{MF}$ は，次のように変形できる。

> $\dfrac{1}{2}\overrightarrow{BC}=\dfrac{1}{2}\overrightarrow{AO}$
> $=\dfrac{1}{2}(\vec{a}+\vec{b})$

> 引き算の "まわり道"
> $\overrightarrow{MF}=\overrightarrow{AF}-\overrightarrow{AM}$ と
> たし算の "まわり道"
> $\overrightarrow{AM}=\overrightarrow{AB}+\overrightarrow{BM}$
> を使った！

$$\overrightarrow{MF}=\overrightarrow{AF}-\overrightarrow{AM}=\vec{b}-(\overrightarrow{AB}+\overrightarrow{BM})$$

$$=\vec{b}-\left\{\vec{a}+\frac{1}{2}(\vec{a}+\vec{b})\right\}=-\frac{3}{2}\vec{a}+\frac{1}{2}\vec{b} \quad \cdots\cdots\cdots\cdots(答)$$

頻出問題にトライ・1	難易度 ★★★	CHECK*1*	CHECK*2*	CHECK*3*

$\overrightarrow{AB}\neq\vec{0}$ かつ $\overrightarrow{AC}\neq\vec{0}$ かつ $\overrightarrow{AB}\cancel{\parallel}\overrightarrow{AC}$ のとき，$s\overrightarrow{AB}+t\overrightarrow{AC}=\vec{0}$

$(s，t：実数)$ ならば，$s=0$ かつ $t=0$ が成り立つことを示せ。

解答は P169

§2. ベクトルの成分表示で，計算の幅がグッと広がる！

前回で，ベクトルの基本の解説は終わったので，次のステップに入ろう。今回扱うテーマは，"ベクトルの成分表示"と"内積"だ。

"内積"とは，文字通り，ベクトルの"かけ算"のことだ。向きをもったベクトル同士をどうやってかけるのか？って思っているかも知れないね。その成分表示の証明も含めて，今回も詳しく解説するから，シッカリついてらっしゃい。

● ベクトルを数値で表すのが成分表示だ！

ベクトルは"向き"と"大きさ"だけで決まるから，図1のように平行移動してもみんな同じ$\vec{a}$だったんだね。だから図2のように，自由に平行移動できる$\vec{a}$の始点をxy座標平面上の原点に一致させてもいいだろう。このとき，終点の座標(x_1, y_1)が決まる。この終点の座標のx_1とy_1を$\vec{a}$の成分と呼び，$\vec{a} = (x_1, y_1)$と表す。

このように，$\vec{a}$が成分で表せたならば，後は，それを平行移動した$\vec{a}$は，当然すべて$\vec{a} = (x_1, y_1)$と表せる。図3を参考にしてくれ。

次に，$\vec{a} = (x_1, y_1)$と成分表示されたならば，図4のように，$|x_1|$，$|y_1|$，$|\vec{a}|$を3辺の長さとする直角三角形に三平方の定理を使うと，$|\vec{a}|^2 = x_1{}^2 + y_1{}^2$となるね。どうせ2乗するから，$x_1$，$y_1$は負でもかまわない。これから，$|\vec{a}| = \sqrt{x_1{}^2 + y_1{}^2}$の公式も導ける。

図1

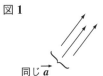

同じ$\vec{a}$

図2　ベクトルの成分

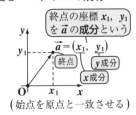

終点の座標x_1，y_1を$\vec{a}$の成分という

$\vec{a} = (x_1, y_1)$

終点

y成分

x成分

（始点を原点と一致させる）

図3　$\vec{a}$の成分表示

$\vec{a} = (x_1, y_1)$

$\vec{a} = (x_1, y_1)$

（平行移動しても，$\vec{a}$の成分表示に変わりはない。）

図4　$|\vec{a}|$も成分で表される

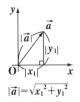

$|\vec{a}| = \sqrt{x_1{}^2 + y_1{}^2}$

ベクトルの成分表示と大きさ

$\vec{a} = (x_1, y_1)$ のとき

$|\vec{a}| = \sqrt{x_1{}^2 + y_1{}^2}$

$\vec{a}$の"大きさ"または"長さ"と読む

14

この成分表示されたベクトルの計算公式を下に示す。

ベクトルの計算公式

(1) $(x_1,\ y_1) \pm (x_2,\ y_2) = (x_1 \pm x_2,\ y_1 \pm y_2)$

(2) $k(x_1,\ y_1) = (kx_1,\ ky_1)$

(3) $k(x_1,\ y_1) \pm l(x_2,\ y_2) = (kx_1 \pm lx_2,\ ky_1 \pm ly_2)$

$(k,\ l : 実数)$

ここで，例題を1つやっておこう。

$\vec{a} = (2,\ -1)$，$\vec{b} = (-1,\ 1)$ のとき，$\vec{c} = 2\vec{a} + \vec{b}$ の大きさ $|\vec{c}|$ を求める。

$\vec{c} = 2\vec{a} + \vec{b} = 2(2,\ -1) + (-1,\ 1)$

$= (4,\ -2) + (-1,\ 1) = (4-1,\ -2+1) = (3,\ -1)$

∴求める $|\vec{c}|$ は，$|\vec{c}| = \sqrt{3^2 + (-1)^2} = \sqrt{10}$　となって，答えだ！

● "まわり道の原理" も成分表示してみよう！

2点 $A(x_1,\ y_1)$，$B(x_2,\ y_2)$ が与えられたとき，$\overrightarrow{OA}$，
$\overrightarrow{OB}$ は当然，図5のように，成分表示で $\overrightarrow{OA} = (x_1,\ y_1)$，
$\overrightarrow{OB} = (x_2,\ y_2)$ と表せる。ここで，$\overrightarrow{AB}$ は原点 O を中
継点として，まわり道の原理より，

$\overrightarrow{AB} = \overrightarrow{OB} - \overrightarrow{OA} = (x_2,\ y_2) - (x_1,\ y_1)$

$= (x_2 - x_1,\ y_2 - y_1)$　となるんだね。

この $\overrightarrow{AB}$ の成分 $(x_2 - x_1,\ y_2 - y_1)$ は，図6のように，
始点 A を原点 O に一致させたときの $\overrightarrow{AB}$ の終点の座
標を表していることに注意してくれ。また，この大
きさは，$|\overrightarrow{AB}| = \sqrt{(x_2 - x_1)^2 + (y_2 - y_1)^2}$　となる。

図5

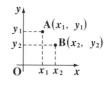

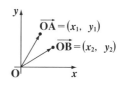

図6

$A(x_1,\ y_1)$，$B(x_2,\ y_2)$ のとき

$\overrightarrow{AB} = (x_2 - x_1,\ y_2 - y_1)$

$|\overrightarrow{AB}| = \sqrt{(x_2 - x_1)^2 + (y_2 - y_1)^2}$

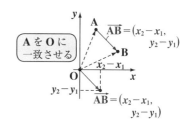

● ベクトルの内積にチャレンジしよう！

ベクトルは，"向き"と"大きさ"をもった量なので，そのかけ算 (**内積**) については，特別に定義する必要がある。 これを，$(\vec{a}, \vec{b})$ と表すこともあるよ。

2つのベクトル $\vec{a}$ と $\vec{b}$ の **内積** を $\vec{a} \cdot \vec{b}$ と表し，次のように定義するので，まず覚えよう。

図7 $\vec{a}$ と $\vec{b}$ の内積

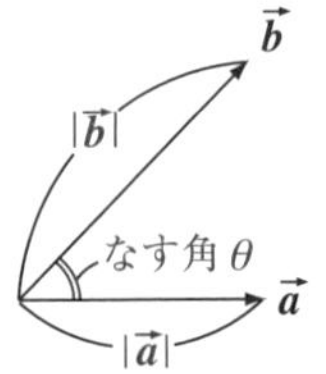

内積 $\vec{a} \cdot \vec{b} = |\vec{a}||\vec{b}|\cos\theta$

長さ×長さ×$\cos\theta$ と覚えよう！

内積の定義から，交換法則：$\vec{a} \cdot \vec{b} = \vec{b} \cdot \vec{a}$ が成り立つのもわかるね。

■ $\vec{a}$ と $\vec{b}$ の内積の定義

$$\vec{a} \cdot \vec{b} = |\vec{a}||\vec{b}|\cos\theta$$
$$(\theta : \vec{a} \text{ と } \vec{b} \text{ のなす角, } 0° \leqq \theta \leqq 180°)$$

したがって，$|\vec{a}| = 2, |\vec{b}| = 3$ で，なす角 θ が $60°$ のとき，$\vec{a}$ と $\vec{b}$ の内積 $\vec{a} \cdot \vec{b} = |\vec{a}||\vec{b}|\cos 60° = 2 \cdot 3 \cdot \dfrac{1}{2} = 3$ と数値で出てくる。また，$-1 \leqq \cos\theta \leqq 1$ より

$\vec{a} \cdot \vec{b} = |\vec{a}||\vec{b}|\cos\theta \leqq |\vec{a}||\vec{b}| \cdot 1$ ∴ $\vec{a} \cdot \vec{b} \leqq |\vec{a}||\vec{b}|$ も成り立つ。さらに，$\vec{a}$ と $\vec{a}$ の内積は，$\vec{a} \cdot \vec{a} = |\vec{a}||\vec{a}|\underset{1}{\boxed{\cos 0°}}$ なので，$\vec{a} \cdot \vec{a} = |\vec{a}|^2$ となることもわかるね。

図8 $\vec{a} \cdot \vec{a} = |\vec{a}|^2$

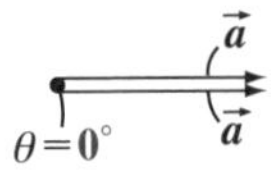

$\theta = 0°$

同じ $\vec{a}$ なので，なす角 θ は当然 $0°$ だ。

また，$\vec{a}$ と $\vec{b}$ が垂直のとき，なす角 $\theta = 90°$ なので，$\vec{a} \cdot \vec{b} = |\vec{a}||\vec{b}|\underset{0}{\boxed{\cos 90°}} = 0$ となるだろう。これは，前回やった $\vec{a}$ と $\vec{b}$ の平行条件と一緒に覚えておこう。

図9 $\vec{a} \perp \vec{b} \rightleftarrows \vec{a} \cdot \vec{b} = 0$

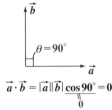

$\theta = 90°$

$\vec{a} \cdot \vec{b} = |\vec{a}||\vec{b}|\underset{0}{\boxed{\cos 90°}} = 0$

■ ベクトルの平行条件・直交条件

(i) 平行条件：$\vec{a} /\!/ \vec{b}$ (平行) のとき
 $\vec{a} = k\vec{b}$ (k : 実数)

(ii) 直交条件：$\vec{a} \perp \vec{b}$ (直交) のとき
 $\vec{a} \cdot \vec{b} = 0$

$\vec{a} \neq \vec{0}$，$\vec{b} \neq \vec{0}$ のとき，逆に $\vec{a} \cdot \vec{b} = 0$ ならば，$\vec{a} \perp \vec{b}$ (直交) とも言える。

● 内積の演算は整式の展開と同じ！

内積の演算は整式の展開とまったく同じだ。
1 例として，$2\vec{a}+\vec{b}$ と $\vec{a}-3\vec{b}$ の内積の演算について
示す。これは，整式の積 $(2a+b)(a-3b)$ の展開と
まったく同じになるので，対比して書いておくよ。

$$(2\vec{a}+\vec{b})\cdot(\vec{a}-3\vec{b}) = 2|\vec{a}|^2 - 5\vec{a}\cdot\vec{b} - 3|\vec{b}|^2$$
$$[(2a+b)(a-3b) = 2a^2 - 5ab - 3b^2]$$

$$(2\vec{a}+\vec{b})\cdot(\vec{a}-3\vec{b})$$
$$= 2\vec{a}\cdot\vec{a}-6\vec{a}\cdot\vec{b}$$
$$+\vec{b}\cdot\vec{a}-3\vec{b}\cdot\vec{b}$$
$$= 2|\vec{a}|^2-5\vec{a}\cdot\vec{b}-3|\vec{b}|^2$$

同様に，$|\vec{a}-2\vec{b}|^2$ も整式 $(a-2b)^2$ の展開と同じ
ように計算できる。

$$|\vec{a}-2\vec{b}|^2 = |\vec{a}|^2 - 4\vec{a}\cdot\vec{b} + 4|\vec{b}|^2$$
$$[(a-2b)^2 = a^2 - 4ab + 4b^2]$$

これから，次のことを胆に銘じてくれ。

絶対値の中にベクトルの式
がきたら 2 乗して展開する

$$|\vec{a}-2\vec{b}|^2$$
$$=(\vec{a}-2\vec{b})\cdot(\vec{a}-2\vec{b})$$
$$=\vec{a}\cdot\vec{a}-2\vec{a}\cdot\vec{b}$$
$$-2\vec{b}\cdot\vec{a}+4\vec{b}\cdot\vec{b}$$
$$=|\vec{a}|^2-4\vec{a}\cdot\vec{b}+4|\vec{b}|^2$$

絶対値の中にベクトルの式がきたら，
2 乗して展開する！

● 内積の成分表示を覚えよう！

$\vec{a}=(x_1, y_1)$, $\vec{b}=(x_2, y_2)$ と成分表示された 2 つの
ベクトルの内積 $\vec{a}\cdot\vec{b}$ は，次式で表される。

$$\vec{a}\cdot\vec{b} = x_1 x_2 + y_1 y_2$$

この証明は絶対暗記問題 4 でするけれど，重要
公式だから，是非覚えて使いこなしてくれ。

ここで，$|\vec{a}|=\sqrt{x_1^2+y_1^2}$, $|\vec{b}|=\sqrt{x_2^2+y_2^2}$ より，
内積の定義式から逆に $\cos\theta$ を次のように求め
ることもできるんだ。(ただし，$\vec{a}$ と $\vec{b}$ は $\vec{0}$ で
ないとする)

$$\vec{a}\cdot\vec{b}=|\vec{a}||\vec{b}|\cos\theta \quad より，$$

$$\cos\theta = \frac{\vec{a}\cdot\vec{b}}{|\vec{a}||\vec{b}|} = \frac{x_1 x_2 + y_1 y_2}{\sqrt{x_1^2+y_1^2}\sqrt{x_2^2+y_2^2}}$$

これも重要だから是非覚えよう。

(ex)
$\begin{cases}\vec{a}=(2, 1)\\ \vec{b}=(1, -1)\end{cases}$ のとき
$\vec{a}\cdot\vec{b}=2\times1+1\times(-1)=1$
$\begin{cases}|\vec{a}|=\sqrt{2^2+1^2}=\sqrt{5}\\ |\vec{b}|=\sqrt{1^2+(-1)^2}=\sqrt{2}\end{cases}$
以上より，$\vec{a}$ と $\vec{b}$ のなす角
θ の余弦 (cos) は
$$\cos\theta=\frac{\vec{a}\cdot\vec{b}}{|\vec{a}||\vec{b}|}$$
$$=\frac{1}{\sqrt{5}\cdot\sqrt{2}}=\frac{1}{\sqrt{10}} だ！$$

この例題

17

ベクトルの成分表示

(1) $\vec{a} = (1, 2)$, $\vec{b} = (2, 1)$, $\vec{c} = (11, 10)$ がある。$\vec{c} = s\vec{a} + t\vec{b}$ をみたす s, t の値を求めよ。 （東北学院大）

(2) $\vec{a} = (-5, 4)$, $\vec{b} = (7, -5)$, $\vec{c} = (1, u)$ が, $|\vec{a} - \vec{c}| = 2|\vec{b} - \vec{c}|$ をみたすとき, u の値を求めよ。 （千葉工大）

ヒント! (1)2つの成分表示されたベクトルが等しいとき, x 成分同士, y 成分同士は当然等しいね。(2)では $\vec{a} - \vec{c}$, $\vec{b} - \vec{c}$ を成分表示して, 大きさの計算にもち込めばいい。頑張って u の方程式を解いてくれ。

解答&解説

$\vec{a}$ と $\vec{b}$ の1次結合

(1) $\vec{c} = (11, 10) = s\vec{a} + t\vec{b} = s(1, 2) + t(2, 1)$

$= (s, 2s) + (2t, t)$

> 2つのベクトルが等しいとは, x 成分同士, y 成分同士が等しいということだ!

よって, $(11, 10) = (s + 2t, 2s + t)$ より

$s + 2t = 11$ ………① 　　$2s + t = 10$ ………②

②×2−①より, $3s = 9$ ∴ $s = 3$

これを②に代入して, $6 + t = 10$ ∴ $t = 4$

以上より, $s = 3$, $t = 4$ ……………………………(答)

(2) $\cdot \vec{a} - \vec{c} = (-5, 4) - (1, u) = (-6, 4 - u)$ より

$|\vec{a} - \vec{c}| = \sqrt{(-6)^2 + (4 - u)^2}$

$= \sqrt{u^2 - 8u + 52}$ ………③

> 大きさの公式: $\vec{a} = (x_1, y_1)$ のとき $|\vec{a}| = \sqrt{x_1{}^2 + y_1{}^2}$ を使った!

$\cdot \vec{b} - \vec{c} = (7, -5) - (1, u) = (6, -5 - u)$

$|\vec{b} - \vec{c}| = \sqrt{6^2 + (-5 - u)^2}$

$= \sqrt{u^2 + 10u + 61}$ ………④

③, ④を $|\vec{a} - \vec{c}| = 2|\vec{b} - \vec{c}|$ に代入して,

$\sqrt{u^2 - 8u + 52} = 2\sqrt{u^2 + 10u + 61}$ 　　両辺を2乗して

$u^2 - 8u + 52 = 4(u^2 + 10u + 61)$

$3u^2 + 48u + 192 = 0$ 　　両辺を3で割って

$u^2 + 16u + 64 = 0$ 　　$(u + 8)^2 = 0$

∴ $u = -8$ ……………………………………………(答)

内積の成分表示の公式の証明

絶対暗記問題 4　　難易度 ★★　　CHECK1　CHECK2　CHECK3

$\vec{a} = (x_1,\ y_1)$, $\vec{b} = (x_2,\ y_2)$　のとき,

$\vec{a}$ と $\vec{b}$ の内積が $\vec{a} \cdot \vec{b} = x_1 x_2 + y_1 y_2$　と成分表示されることを示せ。

ヒント！ $\vec{a} = \overrightarrow{OA}$, $\vec{b} = \overrightarrow{OB}$ とおいて, △OAB に余弦定理を用いると, その式の中に $\vec{a}$ と $\vec{b}$ の内積の定義式が見えてくるはずだ。

解答 & 解説

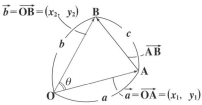

$\vec{a} = \overrightarrow{OA} = (x_1,\ y_1)$, $\vec{b} = \overrightarrow{OB} = (x_2,\ y_2)$

$\angle AOB = \theta$, また $|\vec{a}| = |\overrightarrow{OA}| = a$,

$|\vec{b}| = |\overrightarrow{OB}| = b$, $|\overrightarrow{AB}| = c$ とおく。

(ⅰ) 内積の定義式 $\vec{a} \cdot \vec{b} = |\vec{a}||\vec{b}|\cos\theta = ab\cos\theta$　………①

(ⅱ) △OAB に余弦定理を用いて,

$$c^2 = a^2 + b^2 - 2ab\cos\theta$$

これに①を代入して,

$$\underline{\underline{c^2}} = \underline{a^2} + \underline{b^2} - 2\,\vec{a} \cdot \vec{b}\ \ \cdots\cdots②$$

ここで,

$$\underline{a^2} = |\overrightarrow{OA}|^2 = \underline{x_1^2 + y_1^2}\ \cdots\cdots③ \qquad \underline{b^2} = |\overrightarrow{OB}|^2 = \underline{x_2^2 + y_2^2}\ \cdots\cdots④$$

$$\overrightarrow{AB} = \overrightarrow{OB} - \overrightarrow{OA} = (x_2,\ y_2) - (x_1,\ y_1) = (x_2 - x_1,\ y_2 - y_1)\ より$$

$$\underline{\underline{c^2}} = |\overrightarrow{AB}|^2 = \underline{(x_2 - x_1)^2 + (y_2 - y_1)^2}\ \cdots\cdots⑤$$

③, ④, ⑤を②に代入して

$$\underline{(x_2 - x_1)^2 + (y_2 - y_1)^2} = \underline{x_1^2 + y_1^2} + \underline{x_2^2 + y_2^2} - 2\vec{a} \cdot \vec{b}$$

$$\therefore \vec{a} \cdot \vec{b} = \frac{1}{2}\{x_1^2 + y_1^2 + x_2^2 + y_2^2 - (x_2 - x_1)^2 - (y_2 - y_1)^2\}$$

$$= \frac{1}{2}(\cancel{x_1^2} + \cancel{y_1^2} + \cancel{x_2^2} + \cancel{y_2^2} - \cancel{x_2^2} + 2x_1 x_2 - \cancel{x_1^2} - \cancel{y_2^2} + 2y_1 y_2 - \cancel{y_1^2})$$

$$= x_1 x_2 + y_1 y_2$$

$$\therefore \vec{a} \cdot \vec{b} = x_1 x_2 + y_1 y_2 \ \cdots\cdots\cdots\cdots\cdots\cdots\cdots(終)$$

これは, $\vec{a} = \vec{0}$ または $\vec{b} = \vec{0}$ のときも, そして $\vec{a} /\!/ \vec{b}$ のときも成り立つ。

ベクトルの平行条件と直交条件

座標平面上に 3 点 A $(1,\ -1)$, B $(2,\ 3)$, C $(4,\ t)$ がある。

(1)A, B, C が同一直線上にあるときの t の値を求めよ。

(2)$\angle ABC = 90°$ となるときの t の値を求め, 線分 BC の長さを求めよ。

ヒント! (1)A, B, C が同一直線上にあるための条件は $\overrightarrow{AB} = k\overrightarrow{AC}$ なんだね。
(2)$\overrightarrow{BA} \perp \overrightarrow{BC}$ より, $\overrightarrow{BA} \cdot \overrightarrow{BC} = 0$ から t の値を決定すればいい。

解答＆解説

A, B, C の座標より, $\overrightarrow{OA} = (1,\ -1)$, $\overrightarrow{OB} = (2,\ 3)$, $\overrightarrow{OC} = (4,\ t)$ である。

(1) $\begin{cases} \overrightarrow{AB} = \overrightarrow{OB} - \overrightarrow{OA} = (2,\ 3) - (1,\ -1) = (1,\ 4) \\ \overrightarrow{AC} = \overrightarrow{OC} - \overrightarrow{OA} = (4,\ t) - (1,\ -1) = (3,\ t+1) \end{cases}$

よって, 3 点 A, B, C が同一直線上にある

ための条件は, $\overrightarrow{AB} = k\overrightarrow{AC}$ より

$$\frac{1}{3} = \frac{4}{t+1} \qquad \text{よって,} \quad t+1 = 12$$

$\therefore t = 11$ ……………………………(答)

> $\vec{a} = (x_1,\ y_1),\ \vec{b} = (x_2,\ y_2)$
> のとき, $\vec{a} /\!/ \vec{b}$ の条件
> $\vec{a} = k\vec{b}$ より,
> $(x_1,\ y_1) = k(x_2,\ y_2)$
> $x_1 = kx_2,\ y_1 = ky_2,$
> $\therefore \dfrac{x_1}{x_2} = \dfrac{y_1}{y_2}\ (= k)$

(2) $\begin{cases} \overrightarrow{BA} = -\overrightarrow{AB} = -(1,\ 4) = (-1,\ -4) \\ \overrightarrow{BC} = \overrightarrow{OC} - \overrightarrow{OB} = (4,\ t) - (2,\ 3) = (2,\ t-3) \end{cases}$

$\angle ABC = 90°$ のとき, $\overrightarrow{BA} \perp \overrightarrow{BC}$ より, $\overrightarrow{BA} \cdot \overrightarrow{BC} = 0$　よって,

$$(-1,\ -4) \cdot (2,\ t-3) = 0$$

$$-2 - 4(t-3) = 0$$

$$4t = 10 \qquad \therefore t = \frac{5}{2} \quad \text{……………(答)}$$

> $\vec{a} = (x_1,\ y_1),\ \vec{b} = (x_2,\ y_2)$
> のとき, $\vec{a} \perp \vec{b}$ の条件
> $\vec{a} \cdot \vec{b} = 0$ より,
> $x_1 x_2 + y_1 y_2 = 0$

このとき, $\overrightarrow{BC} = \left(2,\ \dfrac{5}{2} - 3\right) = \left(2,\ -\dfrac{1}{2}\right)$

$\therefore BC = |\overrightarrow{BC}| = \sqrt{2^2 + \left(-\dfrac{1}{2}\right)^2} = \sqrt{4 + \dfrac{1}{4}} = \dfrac{\sqrt{17}}{2}$ ………………(答)

ベクトルの直交条件と|ベクトルの式|の値

$|\vec{a}| = 2$, $|\vec{b}| = 3$ で, $\vec{a} - \vec{b}$ と $6\vec{a} + \vec{b}$ が直交しているとき, $\vec{a}$ と $\vec{b}$ のなす角 θ を求めよ。また, $|3\vec{a} - 2\vec{b}|$ の値を求めよ。(ただし, $0° \leqq \theta \leqq 180°$)

ヒント！　2 つのベクトル $\vec{a} - \vec{b}$ と $6\vec{a} + \vec{b}$ が直交するので, その内積 $(\vec{a} - \vec{b}) \cdot (6\vec{a} + \vec{b}) = 0$ となるんだね。また, $|3\vec{a} - 2\vec{b}|$ の値は, 絶対値の中にベクトルの式が入っているので, 2 乗して展開するのが解法のポイントだ。頑張れ！

解答 & 解説

$|\vec{a}| = 2$, $|\vec{b}| = 3$, また $\vec{a}$ と $\vec{b}$ のなす角を θ とおく。$(0° \leqq \theta \leqq 180°)$

ここで, $\vec{a} - \vec{b} \perp 6\vec{a} + \vec{b}$ (垂直) より,

$(\vec{a} - \vec{b}) \cdot (6\vec{a} + \vec{b}) = 0$　← ベクトルの直交条件

$6\underset{\boxed{2^2}}{|\vec{a}|^2} - 5\vec{a} \cdot \vec{b} - \underset{\boxed{3^2}}{|\vec{b}|^2} = 0$　← これは, 整式の展開 $(a - b)(6a + b) = 6a^2 - 5ab - b^2$ と同じだね。

$6 \times 2^2 - 5\vec{a} \cdot \vec{b} - 3^2 = 0$

$5\vec{a} \cdot \vec{b} = 24 - 9 = 15$

$\therefore \vec{a} \cdot \vec{b} = 3$

すると,

$\vec{a} \cdot \vec{b} = |\vec{a}||\vec{b}|\cos\theta = \boxed{2 \times 3\cos\theta = 3}$

$\therefore \cos\theta = \dfrac{3}{2 \times 3} = \dfrac{1}{2}$ より,　$\theta = 60°$ ……………(答)

$(\because 0° \leqq \theta \leqq 180°)$

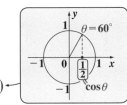

次に, $|3\vec{a} - 2\vec{b}|$ については, これを 2 乗して展開すると,

$|3\vec{a} - 2\vec{b}|^2 = 9\underset{\boxed{2^2}}{|\vec{a}|^2} - 12\underset{\boxed{3}}{\vec{a} \cdot \vec{b}} + 4\underset{\boxed{3^2}}{|\vec{b}|^2}$　← |ベクトルの式| ときたら 2 乗して展開するんだ。この展開も, 整式 $(3a - 2b)^2$ の展開と同じだ。

$= 9 \times 4 - 12 \times 3 + 4 \times 9 = 36$

$\therefore$ 求める $|3\vec{a} - 2\vec{b}|$ の値は

$|3\vec{a} - 2\vec{b}| = \sqrt{36} = 6$ ……………………………………(答)

$(\because |3\vec{a} - 2\vec{b}| \geqq 0)$

三角形の面積公式

絶対暗記問題 7　　難易度 ★★　　CHECK1　　CHECK2　　CHECK3

$\triangle ABC$ の面積 S が次の公式で求められることを示せ。

$$S = \frac{1}{2}\sqrt{\left|\overrightarrow{AB}\right|^2 \left|\overrightarrow{AC}\right|^2 - (\overrightarrow{AB}\cdot\overrightarrow{AC})^2} \quad \cdots\cdots(*)$$

ヒント! $\triangle ABC$ の面積 S は $S = \frac{1}{2}AB\cdot AC\sin\theta$ $(\theta = \angle BAC)$ で求められる。これを使って $(*)$ を示せばいい。$(*)$ は、三角形の面積公式として覚えよう。

解答&解説

$\angle BAC = \theta$ とおくと、右図のように、$\triangle ABC$ の

面積 S は、$S = \dfrac{1}{2}\underset{\left|\overrightarrow{AB}\right|}{AB}\cdot\underset{\left|\overrightarrow{AC}\right|}{AC}\sin\theta$ $\cdots\cdots$①

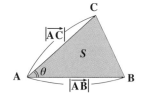

と表される。①を変形して、

$S = \dfrac{1}{2}\left|\overrightarrow{AB}\right|\cdot\left|\overrightarrow{AC}\right|\cdot\underset{\sqrt{1-\cos^2\theta}}{\sin\theta}$

> 公式：$\cos^2\theta + \sin^2\theta = 1$ より、
> $\sin\theta = \pm\sqrt{1-\cos^2\theta}$ となる。
> でも、$0<\theta<180°$ より、$\sin\theta>0$
> よって、$\sin\theta = \sqrt{1-\cos^2\theta}$ となる。

$= \dfrac{1}{2}\left|\overrightarrow{AB}\right|\left|\overrightarrow{AC}\right|\sqrt{1-\cos^2\theta}$

$= \dfrac{1}{2}\sqrt{\left|\overrightarrow{AB}\right|^2\left|\overrightarrow{AC}\right|^2(1-\cos^2\theta)}$

> $\left|\overrightarrow{AB}\right|\left|\overrightarrow{AC}\right|$ を $\sqrt{\ }$ 内に入れた
> ので、$\left|\overrightarrow{AB}\right|^2\left|\overrightarrow{AC}\right|^2$ となった。

$= \dfrac{1}{2}\sqrt{\left|\overrightarrow{AB}\right|^2\left|\overrightarrow{AC}\right|^2 - \left|\overrightarrow{AB}\right|^2\left|\overrightarrow{AC}\right|^2\cos^2\theta}$

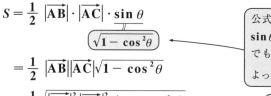

> 内積の公式：
> $\vec{a}\cdot\vec{b} = |\vec{a}||\vec{b}|\cos\theta$
> を使った！

$\therefore S = \dfrac{1}{2}\sqrt{\left|\overrightarrow{AB}\right|^2\left|\overrightarrow{AC}\right|^2 - (\overrightarrow{AB}\cdot\overrightarrow{AC})^2} \quad \cdots\cdots(*)$ となる。$\cdots\cdots\cdots\cdots$(終)

> この $\triangle ABC$ の面積公式 $(*)$ は、平面ベクトルだけでなく空間ベクトルにおいても使える重要公式だ。特に、平面ベクトルでは $(*)$ を成分表示で表せば、さらに簡単な公式が導ける。（**頻出問題にトライ・2参照**）

(|ベクトルの式|² の応用)

絶対暗記問題 8	難易度 ★★	CHECK1	CHECK2	CHECK3

平面上の 3 つのベクトル $\overrightarrow{OA}$, $\overrightarrow{OB}$, $\overrightarrow{OC}$ は, $|\overrightarrow{OA}| = 1$, $|\overrightarrow{OB}| = \sqrt{2}$, $|\overrightarrow{OC}| = 2$ であり, また, $\overrightarrow{OA} + \overrightarrow{OB} + \overrightarrow{OC} = \vec{0}$ ……① をみたす。

このとき, $\overrightarrow{OA}$ と $\overrightarrow{OB}$ の内積 $\overrightarrow{OA} \cdot \overrightarrow{OB}$ を求めよ。

ヒント! ①より, $\overrightarrow{OC} = -\overrightarrow{OA} - \overrightarrow{OB}$ となるね。これを $|\overrightarrow{OC}| = 2$ に代入すると, $|-(\overrightarrow{OA} + \overrightarrow{OB})| = 2$, すなわち $|\overrightarrow{OA} + \overrightarrow{OB}| = 2$ となる。絶対値の中にベクトルの式が来ているから, 2 乗して展開すれば, $\overrightarrow{OA} \cdot \overrightarrow{OB}$ が出てくるはずだ。

解答&解説

$|\overrightarrow{OA}| = 1$, $|\overrightarrow{OB}| = \sqrt{2}$, $|\overrightarrow{OC}| = 2$

$\overrightarrow{OA} + \overrightarrow{OB} + \overrightarrow{OC} = \vec{0}$ ……………①

①より, $\overrightarrow{OC} = -(\overrightarrow{OA} + \overrightarrow{OB})$ ………②

②を $|\overrightarrow{OC}| = 2$ に代入して,

$|-(\overrightarrow{OA} + \overrightarrow{OB})| = 2$

$\therefore |\overrightarrow{OA} + \overrightarrow{OB}| = 2$ ………③

③の両辺を 2 乗して,

$|\overrightarrow{OA} + \overrightarrow{OB}|^2 = 4$ 左辺を展開して,

$\underset{(1^2)}{|\overrightarrow{OA}|^2} + 2\overrightarrow{OA} \cdot \overrightarrow{OB} + \underset{(\sqrt{2})^2}{|\overrightarrow{OB}|^2} = 4$

$2\overrightarrow{OA} \cdot \overrightarrow{OB} = 4 - 1 - 2 = 1$

よって, 求める $\overrightarrow{OA}$ と $\overrightarrow{OB}$ の内積は,

$\overrightarrow{OA} \cdot \overrightarrow{OB} = \dfrac{1}{2}$ …………………………(答)

> $|-\vec{a}| = |\vec{a}|$ だね。
>
> （向きは逆でも大きさは等しいだろう。）

> $\overrightarrow{OA}$ と $\overrightarrow{OB}$ のなす角を θ とおくと,
>
> $\underset{①}{|\overrightarrow{OA}|} \underset{\sqrt{2}}{|\overrightarrow{OB}|} \cos\theta = \dfrac{1}{2}$ より
>
> $\cos\theta = \dfrac{1}{2\sqrt{2}}$ まで求まる。

頻出問題にトライ・2	難易度 ★★★	CHECK1	CHECK2	CHECK3

(1) $\overrightarrow{AB} = (x_1, y_1)$, $\overrightarrow{AC} = (x_2, y_2)$ のとき, $\triangle ABC$ の面積 S が

$S = \dfrac{1}{2}\sqrt{|\overrightarrow{AB}|^2|\overrightarrow{AC}|^2 - (\overrightarrow{AB} \cdot \overrightarrow{AC})^2}$ から, $S = \dfrac{1}{2}|x_1 y_2 - x_2 y_1|$ で表せる

ことを示せ。

(2) 3点 A(1, −1), B(2, 1), C(−1, 2) で出来る $\triangle ABC$ の面積を求めよ。

解答は P169

§3. 内分点の公式とチェバ・メネラウスを併用しよう！

ベクトルにも，ずいぶん慣れてきた？ 今回は，さらに本格的な解説に入ろう。テーマは"**内分点と外分点の公式**"だ。これは試験でも頻出のテーマなんだけれど，これと"**チェバ・メネラウスの定理**"を併用すると，解ける問題の幅が広がって，さらにパワーアップできるんだよ。楽しみにしてくれ。

● 内分点の公式は，"たすきがけ"で覚えよう！

線分 AB を，$m:n$ に内分する点を P とおくとき，図1のようにある基準点 O を定めると，$\overrightarrow{OP}$ は，$\overrightarrow{OA}$，$\overrightarrow{OB}$，それに m と n を使って，次のように表せるんだよ。これを**内分点の公式**という。

> ### 内分点の公式
>
> 点 P が線分 AB を $m:n$ の比に内分するとき，
>
> $$\overrightarrow{OP} = \frac{n\overrightarrow{OA} + m\overrightarrow{OB}}{m+n}$$

図1 内分点の公式

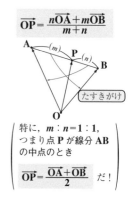

特に，$m:n=1:1$，つまり点 P が線分 AB の中点のとき

$$\overrightarrow{OP} = \frac{\overrightarrow{OA} + \overrightarrow{OB}}{2} \quad だ！$$

図1に示すように，分子の $n\overrightarrow{OA} + m\overrightarrow{OB}$ は，$m:n$ の n が $\overrightarrow{OA}$ に，m が $\overrightarrow{OB}$ にたすきの形にかけられていることを覚えておくと忘れないはずだ。

ちなみに，これから長さの比はすべて ( ) などをつけて表し，本当の長さとは区別することにする。

それでは，この内分点の公式を実際に導いてみよう。図2のように，$\overrightarrow{OP}$ にたし算形式のまわり道の原理を使うと

$$\overrightarrow{OP} = \overrightarrow{OA} + \underline{\overrightarrow{AP}} \quad \cdots\cdots①$$

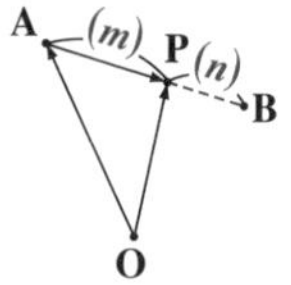

ここで図3より，$\underline{\overrightarrow{AP}} = \frac{m}{m+n}\overrightarrow{AB} \quad \cdots\cdots②$

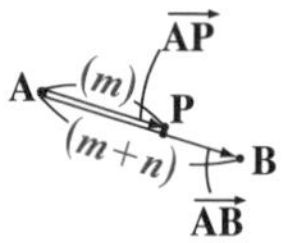

②を①に代入して，さらに $\overrightarrow{AB} = \overrightarrow{OB} - \overrightarrow{OA}$ より，

> 引き算形式
> のまわり道！

図2

図3

$$\overrightarrow{OP} = \overrightarrow{OA} + \frac{m}{m+n}(\overrightarrow{OB} - \overrightarrow{OA}) = \left(1 - \frac{m}{m+n}\right)\overrightarrow{OA} + \frac{m}{m+n}\overrightarrow{OB}$$

$$= \frac{n}{m+n}\overrightarrow{OA} + \frac{m}{m+n}\overrightarrow{OB} = \frac{n\overrightarrow{OA} + m\overrightarrow{OB}}{m+n}$$

と公式が導けたね。

例題
点 P が線分 AB を
3 : 2 に内分するとき，
$$\overrightarrow{OP} = \frac{2\overrightarrow{OA} + 3\overrightarrow{OB}}{3+2}$$
$$= \frac{2}{5}\overrightarrow{OA} + \frac{3}{5}\overrightarrow{OB}$$
となる！

外分点の公式については証明は略すけれど，下に書いておくのでシッカリ覚えてくれ。内分点の公式の n の代わりに $-n$ が来るだけだから簡単に覚えられるはずだ。

外分点の公式

点 **Q** が線分 **AB** を $m : n$ の比に外分するとき，

$$\overrightarrow{OQ} = \frac{-n\overrightarrow{OA} + m\overrightarrow{OB}}{m - n}$$

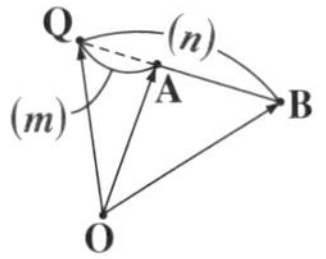

図 4 に示すように外分点 **Q** は，

$\begin{cases} (\text{ i })\ m > n\ \text{のとき，線分 AB の B の外側に，} \\ (\text{ ii })\ m < n\ \text{のとき，線分 AB の A の外側に，} \end{cases}$ くる。

図 4　外分点

（ i ）$m > n$ のとき

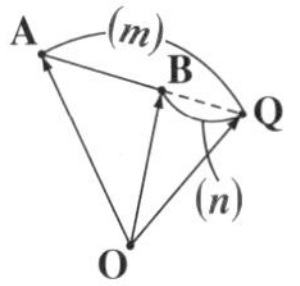

（ ii ）$m < n$ のとき

● 内分点の公式の発展形はこれだ！

"内分点の公式の発展形" について話しておくよ。

まず，$$\overrightarrow{OP} = \frac{n\overrightarrow{OA} + m\overrightarrow{OB}}{m+n} = \left(\frac{n}{m+n}\right)\overrightarrow{OA} + \left(\frac{m}{m+n}\right)\overrightarrow{OB}$$

と変形して，$\frac{n}{m+n} = s$，$\frac{m}{m+n} = t$ とおくと，

$$s + t = \frac{n}{m+n} + \frac{m}{m+n} = \frac{m+n}{m+n} = 1\ \text{より，}$$

$$\overrightarrow{OP} = s\overrightarrow{OA} + t\overrightarrow{OB}\ (s + t = 1)\ \text{と表せる。}$$

ここで $s = 1 - t$ とおくと，$s > 0$ より，$1 - t > 0$

$\therefore t < 1$　　これと $0 < t$ から，$0 < t < 1$ となる。

以上より，内分点の公式は次のように書ける。

図 5　内分公式の発展形

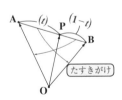

たすきがけ

$\left| \begin{array}{l} \text{点 P が線分 AB を } t : 1 - t \\ \text{に内分するとき，公式より} \\ \overrightarrow{OP} = \frac{(1-t)\overrightarrow{OA} + t\overrightarrow{OB}}{t + (1-t)} \\ \quad = (1-t)\overrightarrow{OA} + t\overrightarrow{OB} \end{array} \right.$
となる。

$$\overrightarrow{\mathrm{OP}} = (1-t)\overrightarrow{\mathrm{OA}} + t\overrightarrow{\mathrm{OB}} \quad (0 < t < 1)$$

図6

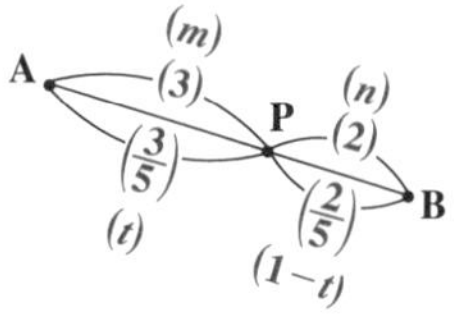

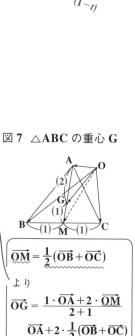

つまり，点 P が線分 AB を $m:n$ に内分するという代わりに，$t:1-t$ の比に内分するといってもいいんだね $\left(3:2\ \text{を}\ \dfrac{3}{5}:\dfrac{2}{5}\ \text{というのと同じ}\right)$。これだと，未知数が t ひとつですむので，問題を解くときに便利なんだ。是非使いこなしてくれ。（図6参照）

● 三角形の重心Gのベクトル公式はこれだ！

基準点 O から，△ABC の重心 G に向かうベクトル $\overrightarrow{\mathrm{OG}}$ は，次の公式で表される。

図7 △ABC の重心 G

$$\overrightarrow{\mathrm{OG}} = \frac{1}{3}(\overrightarrow{\mathrm{OA}} + \overrightarrow{\mathrm{OB}} + \overrightarrow{\mathrm{OC}})$$

これは，辺 BC の中点を M とおいたとき，線分 AM を $2:1$ に内分する点が重心 G，ということから導ける。図7を参考にしてくれ。

実は，この公式の O の位置はどこでもいいので，

（ⅰ）O が A に一致するとき，

$$\overrightarrow{\mathrm{AG}} = \frac{1}{3}(\underset{\vec{0}}{\overrightarrow{\mathrm{AA}}} + \overrightarrow{\mathrm{AB}} + \overrightarrow{\mathrm{AC}}) = \boxed{\frac{1}{3}(\overrightarrow{\mathrm{AB}} + \overrightarrow{\mathrm{AC}})}$$

$$\therefore \overrightarrow{\mathrm{AG}} = \frac{1}{3}(\overrightarrow{\mathrm{AB}} + \overrightarrow{\mathrm{AC}})$$

（ⅱ）O が G に一致するとき，

$$\underset{\vec{0}}{\overrightarrow{\mathrm{GG}}} = \frac{1}{3}(\overrightarrow{\mathrm{GA}} + \overrightarrow{\mathrm{GB}} + \overrightarrow{\mathrm{GC}}) \quad \text{より，}$$

両辺を3倍して，

$$\overrightarrow{\mathrm{GA}} + \overrightarrow{\mathrm{GB}} + \overrightarrow{\mathrm{GC}} = \vec{0}$$

などと変化できることにも，注意しよう。

$$\overrightarrow{\mathrm{OM}} = \frac{1}{2}(\overrightarrow{\mathrm{OB}} + \overrightarrow{\mathrm{OC}})$$

より

$$\overrightarrow{\mathrm{OG}} = \frac{1 \cdot \overrightarrow{\mathrm{OA}} + 2 \cdot \overrightarrow{\mathrm{OM}}}{2+1}$$

$$= \frac{\overrightarrow{\mathrm{OA}} + 2 \cdot \frac{1}{2}(\overrightarrow{\mathrm{OB}} + \overrightarrow{\mathrm{OC}})}{3}$$

$$= \frac{\overrightarrow{\mathrm{OA}} + \overrightarrow{\mathrm{OB}} + \overrightarrow{\mathrm{OC}}}{3} \quad \text{だ！}$$

● チェバ・メネラウスをマスターしよう！

これから，**チェバの定理**，**メネラウスの定理**について解説するよ。これらは共に "**図形の性質**" の定理だけれど，ベクトルでも大活躍する定理なので，ここでもう **1** 度復習しておこう。

まず，チェバの定理から始めよう。図 **8** では，三角形の各頂点から，それぞれ線分が出ていて，それらが **1** 点で交わっているね。このとき，**3** 本の線分の端点で，三角形の **3** つの辺が，それぞれ内分されているだろう。この内分比を求めるのに有効な定理が**チェバの定理**で，

$$\frac{②}{①} \times \frac{④}{③} \times \frac{⑥}{⑤} = 1$$ となるんだ。

次，**メネラウスの定理**について説明する。この公式は，チェバの定理と同様で，

$$\frac{②}{①} \times \frac{④}{③} \times \frac{⑥}{⑤} = 1$$ なんだけれど，メネラウスの定理では，①〜⑥のとり方が少し複雑だから，図 **9** の (ⅰ)(ⅱ)(ⅲ) でシッカリ練習してくれ。

メネラウスの定理では，三角形の **2** 頂点から出た **2** 本の線分に関する比に対して利用できる公式なんだね。

図 **9** の (ⅰ) に示すように，辺の **1** つの内分点を出発点として，①で行って，②で戻って，③，④で行って行って，⑤，⑥で中に切り込んで，最初の出発点に戻るんだね。

図 **9** の (ⅱ)(ⅲ) も，"行って，戻って，行って行って，中に切り込む" の形になっているのがわかると思う。

図 8　チェバの定理

$$\frac{②}{①} \times \frac{④}{③} \times \frac{⑥}{⑤} = 1$$

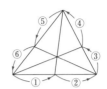

図 9　メネラウスの定理

$$\frac{②}{①} \times \frac{④}{③} \times \frac{⑥}{⑤} = 1$$

(ⅰ)

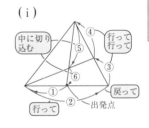

(ⅱ)

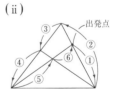

(ⅲ)

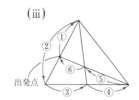

三角形 **ABC** の辺 **AB** 上に **AD : DB = 2 : 1** となる点 **D**，辺 **AC** 上に
AE : EC = 1 : 1 となる点 **E** をとり，線分 **BE** と **CD** の交点を **P** とする。
$\overrightarrow{AP}$ を $\overrightarrow{AB}$ と $\overrightarrow{AC}$ で表せ。

ヒント！ この問題には，2 通りの解き方がある。1 つは，**BP : PE = s : 1−s**,
DP : PC = t : 1−t とおき，$\overrightarrow{AP}$ を 2 通りに表して係数比較をする解法だ。もう 1
つは，図形の性質のメネラウスの定理を使う方法だ。

解答 & 解説

右図のように，線分 **BE** と **CD** の交点を **P** とおく。

(i) **BP : PE = s : 1−s** とおくと，

内分点の公式より

$$\overrightarrow{AP} = (1-s)\overrightarrow{AB} + s\overrightarrow{AE}$$

$$= \boxed{(1-s)}\,\overrightarrow{AB} + \boxed{s \cdot \frac{1}{2}}\,\overrightarrow{AC} \quad\cdots\cdots① $$

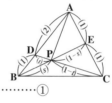

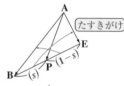

(ii) **DP : PC = t : 1−t** とおくと，同様に

$$\overrightarrow{AP} = (1-t)\overrightarrow{AD} + t\overrightarrow{AC}$$

$$= \boxed{(1-t) \cdot \frac{2}{3}}\,\overrightarrow{AB} + \boxed{t}\,\overrightarrow{AC} \quad\cdots\cdots② $$

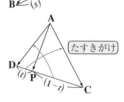

$\overrightarrow{AB} \neq \overrightarrow{0}$，$\overrightarrow{AC} \neq \overrightarrow{0}$，かつ $\overrightarrow{AB} \not\parallel \overrightarrow{AC}$ より，①と②の係数を比較して

$$1-s = \frac{2}{3}(1-t), \quad \frac{1}{2}s = t$$

これを解いて，$s = \dfrac{1}{2}$

①に代入して，$\overrightarrow{AP} = \dfrac{1}{2}\overrightarrow{AB} + \dfrac{1}{4}\overrightarrow{AC}$ ············(答)

t を消去して
$$1-s = \frac{2}{3}\left(1 - \frac{1}{2}s\right)$$
$$6-6s = 2(2-s),\ 4s = 2$$
$$\therefore\ s = \frac{1}{2}\ \text{だね。}$$

別解

BP : PE = m : n とおくと，メネラウスの

定理より，$\dfrac{\overset{1+1}{②}}{①} \times \dfrac{1}{2} \times \dfrac{n}{m} = 1$ $\left[\dfrac{②}{①} \times \dfrac{④}{③} \times \dfrac{⑥}{⑤} = 1\right]$

$\dfrac{n}{m} = \dfrac{1}{1}$ より，$m : n = 1 : 1$ （点 **P** は **BE** の中点）

$\therefore\ \overrightarrow{AP} = \dfrac{\overrightarrow{AB} + \overset{\frac{1}{2}\overrightarrow{AC}}{\overrightarrow{AE}}}{2} = \dfrac{1}{2}\overrightarrow{AB} + \dfrac{1}{4}\overrightarrow{AC}$ ··············(答)

メネラウスの定理
$$\dfrac{②}{①} \times \dfrac{④}{③} \times \dfrac{⑥}{⑤} = 1$$

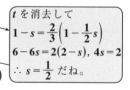

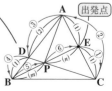

重心 G のベクトル公式の応用

三角形 ABC の重心を G とし，$\vec{a} = \overrightarrow{GA}$，$\vec{b} = \overrightarrow{GB}$ とおく。

(1) $\overrightarrow{CA}$ を $\vec{a}$ と $\vec{b}$ で表せ。

(2) 辺 BC を $1:2$ に内分する点を D，辺 CA を $1:2$ に外分する点を E とおく。$\overrightarrow{DE}$ を $\vec{a}$ と $\vec{b}$ を用いて表せ。

ヒント！　△ABC の重心を G とおくと，$\overrightarrow{GA} + \overrightarrow{GB} + \overrightarrow{GC} = \vec{0}$ が成り立つんだね。よって，$\overrightarrow{GC} = -\overrightarrow{GA} - \overrightarrow{GB} = -\vec{a} - \vec{b}$ となる。(1) はまわり道の原理から，$\overrightarrow{CA} = \overrightarrow{GA} - \overrightarrow{GC}$ だね。(2) も同様に $\overrightarrow{DE} = \overrightarrow{GE} - \overrightarrow{GD}$ とすればいい。

解答＆解説

(1) △ABC の重心を G とし，$\vec{a} = \overrightarrow{GA}$，$\vec{b} = \overrightarrow{GB}$ とおく。重心 G のベクトル公式より，

$$\overrightarrow{GA} + \overrightarrow{GB} + \overrightarrow{GC} = \vec{0} \qquad \vec{a} + \vec{b} + \overrightarrow{GC} = \vec{0}$$

> 重心 G のベクトル公式：
> $\overrightarrow{OG} = \dfrac{1}{3}(\overrightarrow{OA} + \overrightarrow{OB} + \overrightarrow{OC})$
> の O が G に一致するときだ！

よって，$\overrightarrow{GC} = -\vec{a} - \vec{b}$

∴ 求める $\overrightarrow{CA}$ は （まわり道！）

$$\overrightarrow{CA} = \overrightarrow{GA} - \overrightarrow{GC} = \vec{a} - (-\vec{a} - \vec{b})$$
$$= 2\vec{a} + \vec{b} \quad \cdots\cdots\cdots (答)$$

(i)

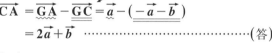

(2)(ⅰ) 点 D は，辺 BC を $1:2$ に内分するので，

$$\overrightarrow{GD} = \frac{2\overrightarrow{GB} + 1\overrightarrow{GC}}{1 + 2} = \frac{2}{3}\overrightarrow{GB} + \frac{1}{3}\overrightarrow{GC}$$

$$= \frac{2}{3}\vec{b} + \frac{1}{3}(-\vec{a} - \vec{b}) = -\frac{1}{3}\vec{a} + \frac{1}{3}\vec{b}$$

(ⅱ)

(ⅱ) 点 E は，辺 CA を $1:2$ に外分するので，

$$\overrightarrow{GE} = \frac{-2\overrightarrow{GC} + 1\overrightarrow{GA}}{1 - 2} = 2\overrightarrow{GC} - \overrightarrow{GA}$$

$$= 2(-\vec{a} - \vec{b}) - \vec{a} = -3\vec{a} - 2\vec{b}$$

(ⅰ)(ⅱ) より，$\overrightarrow{DE} = \overrightarrow{GE} - \overrightarrow{GD}$ なので，

$$\overrightarrow{DE} = -\frac{8}{3}\vec{a} - \frac{7}{3}\vec{b} \quad \cdots\cdots\cdots (答)$$

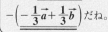

> $\overrightarrow{DE} = (-3\vec{a} - 2\vec{b})$
> $-\left(-\dfrac{1}{3}\vec{a} + \dfrac{1}{3}\vec{b}\right)$ だね。

内分点の公式の応用と面積比

三角形 ABC の内部の点 P が，$2\overrightarrow{PA}+\overrightarrow{PB}+3\overrightarrow{PC}=\vec{0}$　……①

をみたしている。

(1) 直線 AP と辺 BC の交点を D とする。比 AP:PD を求めよ。

(2) △ABC の面積が 6 のとき，△PBC の面積を求めよ。　　（琉球大＊）

> ヒント！　点 P の位置がわからないのに，①では P を始点とするベクトルの式になっているね。これを，まわり道の原理を使って，A を始点とするベクトルの式にまず書き変えるんだ。後は，内分点の公式をうまく利用しよう。

解答＆解説

(1) $2\overrightarrow{PA}+\overrightarrow{PB}+3\overrightarrow{PC}=\vec{0}$　………①

①を，A を始点とするベクトルの式に変形すると，

$2(-\overrightarrow{AP})+\overrightarrow{AB}-\overrightarrow{AP}+3(\overrightarrow{AC}-\overrightarrow{AP})=\vec{0}$　←　まわり道の原理！

$-2\overrightarrow{AP}+\overrightarrow{AB}-\overrightarrow{AP}+3\overrightarrow{AC}-3\overrightarrow{AP}=\vec{0}$

$6\overrightarrow{AP}=\overrightarrow{AB}+3\overrightarrow{AC}$

よって，$\overrightarrow{AP}=\dfrac{\overrightarrow{AB}+3\overrightarrow{AC}}{6}=\dfrac{4}{6}\times\boxed{\dfrac{1\overrightarrow{AB}+3\overrightarrow{AC}}{3+1}}$　………②
　　　　　　　　　　　　　　　　　　　　　　$\overset{\overrightarrow{AD}}{}$

ここで，$\overrightarrow{AD}=\dfrac{1\overrightarrow{AB}+3\overrightarrow{AC}}{3+1}$　………③ とおき，

③を②に代入して，$\overrightarrow{AP}=\dfrac{2}{3}\overrightarrow{AD}$　………④

> $\overrightarrow{AP}=\dfrac{1\overrightarrow{AB}+3\overrightarrow{AC}}{6}$で，分母が 4 ならば，内分点の公式そのものだ。したがって，ここで
> $\overrightarrow{AP}=\dfrac{4}{6}\times\dfrac{1\overrightarrow{AB}+3\overrightarrow{AC}}{4}$
> とおく。

③より，点 D は辺 BC を 3:1 の比に内分し，さらに④より，点 P は線分 AD を 2:1 の比に内分するのがわかる。　∴ AP:PD = 2:1　……………(答)

(2) △ABC と△PBC の面積の比は，底辺の長さが等しいので，高さの比と一致する。2 点 A，P から辺 BC に下ろした垂線の足を H_1，H_2 とおくと，

$AH_1:PH_2=3:1$

△PBC の面積

∴ $\boxed{\triangle PBC}=\dfrac{1}{3}\overset{6}{\boxed{\triangle ABC}}=2$　………(答)

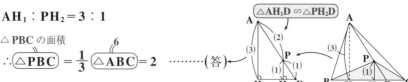

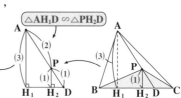

30

正三角形と内積

一辺の長さ 1 の正三角形 ABC の辺 BC 上に 2 点 D，E をとり，BD：DE：EC = 1:1:1 の比とする。このとき，$\overrightarrow{AD}$，$\overrightarrow{AE}$ を $\overrightarrow{AB}$，$\overrightarrow{AC}$ で表せ。また，内積 $\overrightarrow{AD} \cdot \overrightarrow{AE}$ を求めよ。

ヒント！　点 D は線分 BC を 1:2 に，また点 E は線分 BC を 2:1 に内分しているので，内分点の公式が使える。また，△ABC は一辺の長さ 1 の正三角形より，$|\overrightarrow{AB}|$，$|\overrightarrow{AC}|$，$\overrightarrow{AB} \cdot \overrightarrow{AC}$ の値もすぐ出せるね。頑張れ！

解答 & 解説

(i) 点 D は辺 BC を 1:2 の比に内分するので，

$$\overrightarrow{AD} = \frac{2\overrightarrow{AB} + 1\overrightarrow{AC}}{1+2} = \frac{2}{3}\overrightarrow{AB} + \frac{1}{3}\overrightarrow{AC} \quad \cdots\cdots① \cdots(答)$$

(ii) 点 E は辺 BC を 2:1 の比に内分するので，

$$\overrightarrow{AE} = \frac{1\overrightarrow{AB} + 2\overrightarrow{AC}}{2+1} = \frac{1}{3}\overrightarrow{AB} + \frac{2}{3}\overrightarrow{AC} \quad \cdots\cdots② \cdots(答)$$

(iii) △ABC は 1 辺の長さ 1 の正三角形より，

$$|\overrightarrow{AB}| = 1, \quad |\overrightarrow{AC}| = 1$$

正三角形より，なす角は **60°** だ！

$$\therefore \overrightarrow{AB} \cdot \overrightarrow{AC} = |\overrightarrow{AB}||\overrightarrow{AC}|\cos 60° = 1 \times 1 \times \frac{1}{2} = \frac{1}{2} \quad \cdots\cdots③$$

求める内積 $\overrightarrow{AD} \cdot \overrightarrow{AE}$ は，以上①，②，③より

$$\overrightarrow{AD} \cdot \overrightarrow{AE} = \left(\frac{2}{3}\overrightarrow{AB} + \frac{1}{3}\overrightarrow{AC}\right) \cdot \left(\frac{1}{3}\overrightarrow{AB} + \frac{2}{3}\overrightarrow{AC}\right)$$

内積の演算は，整式の展開と同じだ！

$$= \frac{2}{9}\underset{1^2}{(|\overrightarrow{AB}|^2)} + \frac{5}{9}\underset{\frac{1}{2}}{(\overrightarrow{AB} \cdot \overrightarrow{AC})} + \frac{2}{9}\underset{1^2}{(|\overrightarrow{AC}|^2)} = \frac{13}{18} \quad \cdots\cdots(答)$$

△ABC において，AB = 3，BC = 4，CA = 2 とする。このとき ∠A と ∠B の 2 等分線の交点を I とする。

(1) $\overrightarrow{AI}$ を $\overrightarrow{AB}$ と $\overrightarrow{AC}$ を用いて表せ。

(2) △ABC と △IBC の面積の比を求めよ。　　　　　　（近畿大＊）

解答は **P170**

§4. ベクトル方程式で，様々な図形が描ける！

さァ，今回は "ベクトル方程式" について解説しよう。これは，慣れるまで時間がかかるかも知れないね。でも，このベクトル方程式により，円や直線・線分・三角形などが描けるので，さらに面白くなってくるはずだよ。

● まず，円のベクトル方程式からスタートだ！

ベクトルの入った方程式 (ベクトル方程式) で，さまざまな図形が表現できるんだけれど，そのための最も基本となる考え方は，次の通りだ。

> **ベクトル方程式**を使って，動ベクトル $\overrightarrow{OP}$ (O：定点，P：動点) に，さまざまな条件を加えることにより，その動ベクトルの終点 P にいろんな図形を描かせる。

つまり，図形を描くのは動ベクトル $\overrightarrow{OP}$ の終点 P なんだね。

それではまず，円について解説する。**円のベクトル方程式**は次のようになるんだよ。

円のベクトル方程式

$$|\overrightarrow{OP}-\overrightarrow{OA}|=r \quad (\text{中心 A，半径 } r \text{ の円})$$

図 1　円の方程式

$|\overrightarrow{OP}-\overrightarrow{OA}|=r$

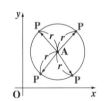

動ベクトル $\overrightarrow{OP}$ に対して，$\overrightarrow{OA}$ は定ベクトルで，その終点 A は定点で動くことはない。そして，r は正の定数だ。

ここで，まわり道の原理を使うと，$\overrightarrow{OP}-\overrightarrow{OA}$ $=\overrightarrow{AP}$ だね。だから，このベクトル方程式は，

$|\overrightarrow{AP}|=r$ と書き変えることもできる。

これから，点 P は常に中心 (定点) A からの距離を一定の値 r に保ちながら動くので，図 1 のように，中心 A，半径 r の円周を描くことになる。

ここで，$\overrightarrow{OP}=(x,\ y)$，$\overrightarrow{OA}=(a,\ b)$ とおくと

$\overrightarrow{OP}-\overrightarrow{OA}=(x,\ y)-(a,\ b)=(x-a,\ y-b)$

よって，$|\overrightarrow{OP}-\overrightarrow{OA}|=\sqrt{(x-a)^2+(y-b)^2}$　より，円のベクトル方程式は，

$\sqrt{(x-a)^2+(y-b)^2}=r$　と成分で表せる。

この両辺を 2 乗すると，$(x-a)^2+(y-b)^2=r^2$（中心 $(a,\ b)$，半径 r の円）

となって，数学 II で習った円の方程式が導けるんだね。

　では次，円の応用ヴァージョンとして，線分 AB を直径とする円のベク

トル方程式についても解説しよう。

図 2 に示すように線分 AB を直径に

もつ円周上の動点を P とおくと，直

径（半円）に対する円周角は常に 90°

となるので，$\overrightarrow{AP}$ と $\overrightarrow{BP}$ の内積は 0 と

なるんだね。よって，

$\overrightarrow{AP}\cdot\overrightarrow{BP}=0$　…① となる。

ここで，$\overrightarrow{AP}=\overrightarrow{OP}-\overrightarrow{OA}$，$\overrightarrow{BP}=\overrightarrow{OP}-\overrightarrow{OB}$

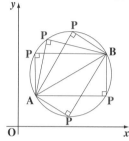

図 2　線分を直径とする
　　　円のベクトル方程式

より，これらを①に代入することにより，線分 AB を直径にもつ円のベク

トル方程式が次のように導けるんだね。

$(\overrightarrow{OP}-\overrightarrow{OA})\cdot(\overrightarrow{OP}-\overrightarrow{OB})=0$　…(*1)　　　納得いった？

では，これについても例題を 1 題やっておこう。

2 点 $A(-1,\ -2)$，$B(3,\ 6)$ が与えられていて，線分 AB を直径とする円

の方程式を求めることにしよう。

動ベクトル $\overrightarrow{OP}=(x,\ y)$ とおくと，

$$\begin{cases} \overrightarrow{AP}=\overrightarrow{OP}-\overrightarrow{OA}=(x,\ y)-(-1,\ -2)=(x+1,\ y+2) \\ \overrightarrow{BP}=\overrightarrow{OP}-\overrightarrow{OB}=(x,\ y)-(3,\ 6)=(x-3,\ y-6) \end{cases}$$　より，

これらを (*1) に代入して，

$(x+1,\ y+2)\cdot(x-3,\ y-6)=0$

> 内積の成分表示
> $(x_1, y_1)\cdot(x_2, y_2)=x_1x_2+y_1y_2$

$\underbrace{(x+1)(x-3)}_{x^2-2x-3}+\underbrace{(y+2)(y-6)}_{y^2-4y-12}=0$

$(x^2-\underset{}{2}x+\underset{}{1})-4+(y^2-\underset{}{4}y+\underset{}{4})-16=0$

> 2 で割って 2 乗　　　2 で割って 2 乗

$(x-1)^2+(y-2)^2=20$　となって，直線 AB をもつ円の方程式が求まる。

A$(-1, -2)$，B$(3, 6)$ より，この中点を C とおくと，C$\left(\dfrac{-1+3}{2}, \dfrac{-2+6}{2}\right)$
よって，この円の中心 C$(1, 2)$ となる。また，半径 r は $r=\dfrac{1}{2}$AB より
$r=\dfrac{1}{2}\sqrt{(3+1)^2+(6+2)^2}=\dfrac{1}{2}\sqrt{4^2+8^2}=2\sqrt{5}$ となる。よって，この円は，
$(x-1)^2+(y-2)^2=(2\sqrt{5})^2$ となって，上の方程式と一致するんだね。

● 直線は，通る点 A と方向ベクトル $\vec{d}$ で決まる！

図 3 のように，通る点と方向を指定してやれば，直
線を描くことができる。この通る点を定点 A とおき，
直線の方向を**方向ベクトル $\vec{d}$** で与えてやれば，**直線の
ベクトル方程式**は次のように表すことができる。

図3

直線のベクトル方程式

$$\overrightarrow{OP}=\overrightarrow{OA}+t\vec{d}$$

（A：通る点，$\vec{d}$：方向ベクトル，t：媒介変数）

図4

たし算形式のまわり道の原理より，基準点 O から直線
上の動点 P に向かうベクトル $\overrightarrow{OP}$ は，次式で表される。

$\overrightarrow{OP}=\overrightarrow{OA}+\overrightarrow{AP}$　………⑦

ここで，この $\overrightarrow{AP}$ は，与えられた方向ベクトル $\vec{d}$ と媒
介変数 t を使って

$\overrightarrow{AP}=t\vec{d}$　………④　と表される。

④を⑦に代入して

$\overrightarrow{OP}=\overrightarrow{OA}+t\vec{d}$　と公式が導ける。

図 4 の (i) では，$t=-1$，2 のときの動ベクトル $\overrightarrow{OP}$
を示したけれど，この t の値を連続的に変化させれば，
図 4 の (ii) のように，動点 P が直線を描くことがわ
かるはずだ。

(i)

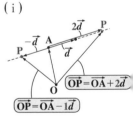

(ii)

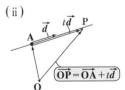

● 法線ベクトルを使った直線の方程式も重要だ！

図 5 に示すように，通る点 $A(x_1, y_1)$ と
法線ベクトル $\vec{n} = (a, b)$ を指定しても，
直線を描くことができるんだね。ちなみ
に，法線ベクトルとは，直線と直交する定
ベクトルのことなんだね。

図5 法線ベクトル $\vec{n}$ をもつ直線

$$\vec{n} = (a, b)$$

$P(x, y)$

$A(x_1, y_1)$

P

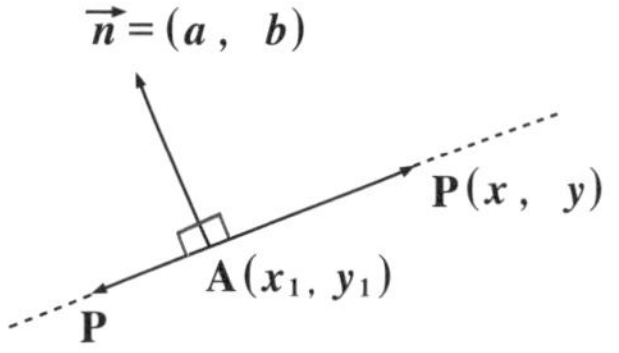

ここで，直線上を動く動点を P とおくと，
図 5 に示すように，法線ベクトル $\vec{n}$ と $\overrightarrow{AP}$ のなす角は常に 90° となるので，
$\vec{n}$ と $\overrightarrow{AP}$ の内積は 0 となる。よって，
$\vec{n} \cdot \overrightarrow{AP} = 0$ ……②
②に，$\overrightarrow{AP} = \overrightarrow{OP} - \overrightarrow{OA}$ を代入することにより，法線ベクトル $\vec{n}$ をもつ直線
のベクトル方程式は次のように表せるんだね。

▶ 法線ベクトル $\vec{n}$ をもつ直線の方程式

$$\vec{n} \cdot (\overrightarrow{OP} - \overrightarrow{OA}) = 0 \quad \cdots\cdots(*2)$$

$\quad (A(x_1, y_1) : 通る点, \ \vec{n} = (a, b) : 法線ベクトル)$

動ベクトル $\overrightarrow{OP} = (x, y)$ とおいて，$(*2)$ を成分表示してみよう。
$\overrightarrow{OP} - \overrightarrow{OA} = (x, y) - (x_1, y_1) = (x - x_1, \ y - y_1)$ より，$(*2)$ は，
$(a, b) \cdot (x - x_1, \ y - y_1) = 0$　　よって，　まわり道の原理

$a(x - x_1) + b(y - y_1) = 0$　　　内積の成分表示
$(x_1, y_1) \cdot (x_2, y_2) = x_1 x_2 + y_1 y_2$

$ax + by - ax_1 - by_1 = 0$

これは定数なので，まとめて c とおける。

ここで，$-ax_1 - by_1 = c$（定数）とおくと，見慣れた直線の方程式：
$ax + by + c = 0$　が導けるんだね。
これから逆に，$ax + by + c = 0$ の直線の方程式が与えられたら，x と y の
係数 a, b を抽出して，この直線の法線ベクトル $\vec{n}$ が $\vec{n} = (a, b)$ であるこ
とが分かるんだね。したがって，たとえば直線 $2x - 3y + 1 = 0$ の法線ベク
トル $\vec{n}$ は $\vec{n} = (2, -3)$ となる。大丈夫？

● 直線 AB，線分 AB のベクトル方程式は，これだ！

まず，2 定点 A，B を通る**直線 AB のベクトル方程式**を考える。図 6 のように，方向ベクトル $\vec{d}$ を $\overrightarrow{AB}$ におきかえるだけだから，

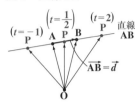

図6　直線 AB

$$\overrightarrow{OP} = \overrightarrow{OA} + t\underbrace{\overrightarrow{AB}}_{\vec{d}} = \overrightarrow{OA} + t(\overrightarrow{OB} - \overrightarrow{OA})$$

まわり道

$$\therefore \overrightarrow{OP} = \underset{\alpha}{\underline{(1-t)}}\overrightarrow{OA} + \underset{\beta}{\underline{t}}\overrightarrow{OB} \quad \cdots\cdots\cdots ⑦ \quad \text{となる。}$$

これは，"内分点の公式の発展形" とまったく同じ形式だけれど，意味は異なる。今回の t は定数ではなく変数だから，動点 P は動いて直線を描くことになる。

ここで，⑦で $1-t=\alpha$，$t=\beta$ とおくと，$\alpha+\beta = 1-\cancel{t}+\cancel{t}=1$ となる。よって，α，β が $\alpha+\beta=1$ をみたしながら変化するとき，動点 P は直線 AB を描くことになるんだね。

■ 直線 AB のベクトル方程式

$$\overrightarrow{OP} = \alpha\overrightarrow{OA} + \beta\overrightarrow{OB}$$
$$(\alpha + \beta = 1)$$

> 直線 AB，線分 AB，△OAB のベクトル方程式は，すべて同じ $\boxed{\overrightarrow{OP} = \alpha\overrightarrow{OA} + \beta\overrightarrow{OB}}$ の形をしている。そして，この係数 α，β にさまざまな条件を加えることにより，いろんな図形が描けるんだよ。

次に，**線分 AB を表すベクトル方程式**では，図 7 に示すように，⑦ の t が，$0 \leqq \underset{\beta}{\underline{t}} \leqq 1$ に限定される。よって，これから，$0 \leqq \underset{\alpha}{\underline{(1-t)}} \leqq 1$ となる。

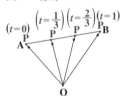

図7　線分 AB

> $0 \leqq t \leqq 1$ から $-1 \leqq -t \leqq 0$，$0 \leqq 1-t \leqq 1$ となる！

以上より，$0 \leqq \alpha \leqq 1$，$0 \leqq \beta \leqq 1$ だね。ここで，$\alpha+\beta=1$ より，$\alpha \geqq 0$，$\beta \geqq 0$ と言えば自動的に，$\alpha \leqq 1$，$\beta \leqq 1$ は成り立つ。

以上より，線分 AB のベクトル方程式は次のようになる。

> たとえば，$\alpha = 1-\beta \geqq 0$ より $\beta \leqq 1$ だね。

■ 線分 AB のベクトル方程式

$$\overrightarrow{OP} = \alpha\overrightarrow{OA} + \beta\overrightarrow{OB} \quad (\alpha+\beta = 1,\ \alpha \geqq 0,\ \beta \geqq 0)$$

● △OAB のベクトル方程式にチャレンジだ！

動点 **P** が，△**OAB** の周およびその内部を動くとき，動点 **P** のみたす △**OAB** のベクトル方程式を，下に示す。

△OAB のベクトル方程式

$$\overrightarrow{OP} = \alpha\overrightarrow{OA} + \beta\overrightarrow{OB} \qquad (\alpha + \beta \leqq 1, \ \alpha \geqq 0, \ \beta \geqq 0)$$

今回，$\alpha \geqq 0$，$\beta \geqq 0$ より，当然 $0 \leqq \alpha + \beta \leqq 1$ となる。

(i) $\alpha + \beta = 1$ のとき，これは図 **8** の線分 **AB** を表す。

(ii) $\alpha + \beta = \dfrac{2}{3}$ のとき，$\overbrace{\dfrac{3}{2}\alpha}^{\alpha'} + \overbrace{\dfrac{3}{2}\beta}^{\beta'} = \boxed{1}$ ← これを，1 とするのがポイント！

ここで，$\alpha' = \dfrac{3}{2}\alpha$，$\beta' = \dfrac{3}{2}\beta$ とおくと方程式は，

$$\overrightarrow{OP} = \overbrace{\dfrac{3}{2}\alpha}^{\alpha'} \cdot \dfrac{2}{3}\overrightarrow{OA} + \overbrace{\dfrac{3}{2}\beta}^{\beta'} \cdot \dfrac{2}{3}\overrightarrow{OB}$$
$$= \alpha' \cdot \dfrac{2}{3}\overrightarrow{OA} + \beta' \cdot \dfrac{2}{3}\overrightarrow{OB}$$

$$(\alpha' + \beta' = 1, \ \alpha' \geqq 0, \ \beta' \geqq 0)$$

となって，動点 **P** は，図 **8** の $\dfrac{2}{3}\overrightarrow{OA}$ と $\dfrac{2}{3}\overrightarrow{OB}$ の 終点を結ぶ線分を描く。

(iii) $\alpha + \beta = \dfrac{1}{3}$ のときも同様に，$\overbrace{(3\alpha)}^{\alpha''} + \overbrace{(3\beta)}^{\beta''} = 1$

$$\overrightarrow{OP} = \overbrace{(3\alpha)}^{\alpha''} \cdot \dfrac{1}{3}\overrightarrow{OA} + \overbrace{(3\beta)}^{\beta''} \cdot \dfrac{1}{3}\overrightarrow{OB}$$

$$(\alpha'' + \beta'' = 1, \ \alpha'' \geqq 0, \ \beta'' \geqq 0)$$

となり，動点 **P** は $\dfrac{1}{3}\overrightarrow{OA}$ と $\dfrac{1}{3}\overrightarrow{OB}$ の終点を結ぶ 線分を描く。

同様に $\alpha + \beta = 0.1$，0.2，……，0.9，1 などと動かすと，図 **9** のようになり，さらに，$\alpha + \beta$ を 0 から 1 まで，連続的に動かすと，動点 **P** は △**OAB** の周および その内部を塗りつぶすことになるんだね。(図 **10**)

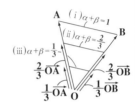

図 **8** △OAB

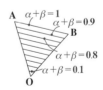

図 **9** △OAB

図 **10** △OAB

$$\overrightarrow{OP} = \alpha\overrightarrow{OA} + \beta\overrightarrow{OB}$$
$$(\alpha + \beta \leqq 1, \ \alpha \geqq 0, \ \beta \geqq 0)$$

円のベクトル方程式

2点 $A(1, 2)$，$B(3, 0)$ に対して，動点 P が，$|\overrightarrow{PA}+\overrightarrow{PB}|=4$ をみたしな
がら動く。このとき，動点 P がどのような図形を描くか調べよ。

ヒント! 絶対値の中に，動点 P を含むベクトルの式が入っているので，円の
ベクトル方程式 $|\overrightarrow{OP}-\overrightarrow{OC}|=r$ (中心 C，半径 r) の形にもち込むように変形してい
く。ここでは，成分表示を使った別解も示しておくよ。

解答&解説

$A(1, 2)$，$B(3, 0)$ より，$\overrightarrow{OA}=(1, 2)$，$\overrightarrow{OB}=(3, 0)$ 　**まわり道**

$|\overrightarrow{PA}+\overrightarrow{PB}|=4$ ………① 　　①より $|\overrightarrow{OA}-\overrightarrow{OP}+\overrightarrow{OB}-\overrightarrow{OP}|=4$

$|\overrightarrow{OA}+\overrightarrow{OB}-2\overrightarrow{OP}|=4$，　$|2\overrightarrow{OP}-(\overrightarrow{OA}+\overrightarrow{OB})|=4$ ← $|-\vec{a}|=|\vec{a}|$ だ!

$2\left|\overrightarrow{OP}-\dfrac{1}{2}(\overrightarrow{OA}+\overrightarrow{OB})\right|=4$ 　　両辺を 2 で割って，

$\left|\overrightarrow{OP}-\underbrace{\dfrac{1}{2}(\overrightarrow{OA}+\overrightarrow{OB})}_{\overrightarrow{OC}}\right|=\overset{r}{2}$ ………② ← **円のベクトル方程式**

ここで，$\overrightarrow{OC}=\dfrac{1}{2}(\overrightarrow{OA}+\overrightarrow{OB})$ とおくと

$\overrightarrow{OC}=\dfrac{1}{2}\{(1, 2)+(3, 0)\}=(2, 1)$ より，

②から，点 P は中心 $C(2, 1)$，半径 $r=2$ の円を描く。 …………………(答)

別解

$\overrightarrow{OP}=(x, y)$ とおくと，

$\overrightarrow{PA}=\overrightarrow{OA}-\overrightarrow{OP}=(1-x, 2-y)$，$\overrightarrow{PB}=\overrightarrow{OB}-\overrightarrow{OP}=(3-x, -y)$ より

$\overrightarrow{PA}+\overrightarrow{PB}=(1-x, 2-y)+(3-x, -y)=(4-2x, 2-2y)$

$|\overrightarrow{PA}+\overrightarrow{PB}|=4$ より，$\sqrt{(4-2x)^2+(2-2y)^2}=4$

この両辺を 2 乗して，$(4-2x)^2+(2-2y)^2=16$ ───

$4(x-2)^2+4(y-1)^2=16$ 　∴ $(x-2)^2+(y-1)^2=4$

$$\begin{aligned}(4-2x)^2&=(2x-4)^2\\&=2^2(x-2)^2\\&=4(x-2)^2 \text{ だ!}\\(2-2y)^2 &\text{ も同様!}\end{aligned}$$

よって，点 $P(x, y)$ は中心 $C(2, 1)$，半径 $r=2$ の円を描く。 …………(答)

直線・線分・三角形のベクトル方程式

$\overrightarrow{OA} = (1, 3)$, $\overrightarrow{OB} = (-1, 1)$ に対して，$\overrightarrow{OP}$ を
$\overrightarrow{OP} = \alpha\overrightarrow{OA} + \beta\overrightarrow{OB}$ で定義する。α, β が次の条件をみたすとき，動点 **P**
の描く図形を図示せよ。

(1) $\alpha + \beta = 1$ 　　　　　　(2) $\alpha + \beta = 1$, $\alpha \geqq 0$, $\beta \geqq 0$

(3) $\alpha + \beta \leqq 1$, $\alpha \geqq 0$, $\beta \geqq 0$

ヒント！ 動点 **P** のベクトル方程式 $\overrightarrow{OP} = \alpha\overrightarrow{OA} + \beta\overrightarrow{OB}$ が，
(i) $\alpha + \beta = 1$ ならば直線 **AB**，(ii) $\alpha + \beta = 1$, $\alpha \geqq 0$, $\beta \geqq 0$ ならば線分 **AB**，
(iii) $\alpha + \beta \leqq 1$, $\alpha \geqq 0$, $\beta \geqq 0$ ならば △**OAB** を表すことは，覚えておこう。

解答＆解説

$\overrightarrow{OA} = (1, 3)$, $\overrightarrow{OB} = (-1, 1)$ のとき，$\overrightarrow{OP}$ を
$\overrightarrow{OP} = \alpha\overrightarrow{OA} + \beta\overrightarrow{OB}$ ………①
で定義する。

(1) $\alpha + \beta = 1$ のとき，動点 **P**
は直線 **AB** を描く。
これを図 **1** に示す。

図1

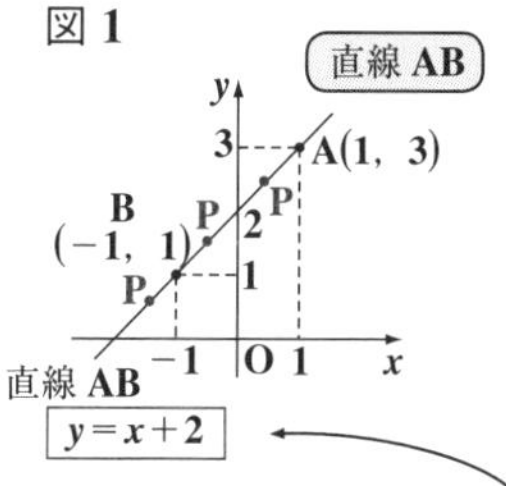

直線 AB
$y = x + 2$

(2) $\alpha + \beta = 1$, $\alpha \geqq 0$, $\beta \geqq 0$
のとき，動点 **P** は線分 **AB**
を描く。
これを図 **2** に示す。

図2 線分 AB

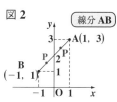

(3) $\alpha + \beta \leqq 1$, $\alpha \geqq 0$, $\beta \geqq 0$
のとき，動点 **P** は △**OAB**
の周およびその内部を描
く。これを図 **3** に示す。

図3 △OAB

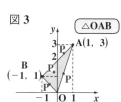

(1) の別解 $\overrightarrow{OP} = (x, y)$
とおくと，①は
$\overrightarrow{OP} = \alpha\overrightarrow{OA} + \beta\overrightarrow{OB}$
(x, y)
$= \alpha(1, 3) + \beta(-1, 1)$
$= (\alpha, 3\alpha) + (-\beta, \beta)$
$= (\alpha - \beta, 3\alpha + \beta)$
$\therefore \begin{cases} x = \alpha - \beta & \cdots\cdots② \\ y = 3\alpha + \beta & \cdots\cdots③ \end{cases}$
②＋③より，$x + y = 4\alpha$
$\therefore \alpha = \dfrac{1}{4}(x + y)$ ……④
②×3－③より，
$3x - y = -4\beta$
$\therefore \beta = -\dfrac{1}{4}(3x - y)$ …⑤
④，⑤を $\alpha + \beta = 1$ に
代入して両辺を **4** 倍す
ると，
$(x + y) - (3x - y) = 4$
$2y - 2x = 4$
$\therefore y = x + 2$ となる。
これは直線 **AB**
の方程式だ！

絶対暗記問題 15　　難易度 ★★　　CHECK1　CHECK2　CHECK3

$\overrightarrow{OA} = (3, 6)$, $\overrightarrow{OB} = (12, 4)$ について, $\overrightarrow{OP}$ を

$\overrightarrow{OP} = s\overrightarrow{OA} + t\overrightarrow{OB}$ ………① で定める。s, t が次の条件をみたすとき, 動点 P の描く図形を求めよ。

(1) $s + t = \dfrac{1}{2}$

(2) $3s + 4t = 1$, $s \geqq 0$, $t \geqq 0$ （山梨大＊）

ヒント！　直線や線分のベクトル方程式では, 2 つのベクトルのそれぞれの係数の和を 1 とすることが鍵なんだね。だから(2) の $3s + 4t = 1$ はそのままで OK だけれど, (1) は, $2s + 2t = 1$ として考えるんだよ。

解答 & 解説

(1) $\overset{\alpha}{\boxed{2s}} + \overset{\beta}{\boxed{2t}} = 1$ より, ①を変形して

$$\overrightarrow{OP} = \overset{\alpha}{\boxed{2s}} \cdot \frac{1}{2}\overrightarrow{OA} + \overset{\beta}{\boxed{2t}} \cdot \frac{1}{2}\overrightarrow{OB}$$

$$\boxed{\overrightarrow{OP} = \alpha\overrightarrow{OA'} + \beta\overrightarrow{OB'}\ (\alpha + \beta = 1)}$$

よって,

$$\begin{cases} \overrightarrow{OA'} = \dfrac{1}{2}\overrightarrow{OA} = \dfrac{1}{2}(3, 6) = \left(\dfrac{3}{2}, 3\right) \\ \overrightarrow{OB'} = \dfrac{1}{2}\overrightarrow{OB} = \dfrac{1}{2}(12, 4) = (6, 2) \end{cases}$$

とおくと, 点 P は, 2 点 $A'\left(\dfrac{3}{2}, 3\right)$, $B'(6, 2)$ を通る直線を描く。…………………(答)

(2) $\overset{\alpha'}{\boxed{3s}} + \overset{\beta'}{\boxed{4t}} = 1$, $\boxed{s \geqq 0}$, $\boxed{t \geqq 0}$ より, ①を変形して

（$\boxed{3s \geqq 0}$　$\boxed{4t \geqq 0}$）

$$\boxed{\overrightarrow{OP} = \alpha'\overrightarrow{OA''} + \beta'\overrightarrow{OB''}\ (\alpha' + \beta' = 1, \alpha' \geqq 0, \beta' \geqq 0)}$$

$$\overrightarrow{OP} = \overset{\alpha'}{\boxed{3s}} \cdot \frac{1}{3}\overrightarrow{OA} + \overset{\beta'}{\boxed{4t}} \cdot \frac{1}{4}\overrightarrow{OB}$$

よって,

$$\overrightarrow{OA''} = \frac{1}{3}\overrightarrow{OA} = (1, 2), \quad \overrightarrow{OB''} = \frac{1}{4}\overrightarrow{OB} = (3, 1)$$

とおくと, 点 P は 2 点 $A''(1, 2)$, $B''(3, 1)$ を結ぶ線分を描く。…………………(答)

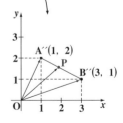

三角形のベクトル方程式の応用と面積

| 絶対暗記問題 16 | 難易度 ★★★ | CHECK*1* | CHECK*2* | CHECK*3* |

$\overrightarrow{OA} = (1,\ 1)$, $\overrightarrow{OB} = (-1,\ 2)$ について，$\overrightarrow{OP}$ を次のように定義する。

$\overrightarrow{OP} = \alpha\overrightarrow{OA} + \beta\overrightarrow{OB}$ $(2\alpha + 3\beta \leqq 6,\ \alpha \geqq 0,\ \beta \geqq 0)$

このとき，動点 P の描く領域の面積を求めよ。

ヒント！ $\overrightarrow{OP} = \alpha\overrightarrow{OA} + \beta\overrightarrow{OB}$ の係数 α, β のみたす式が $2\alpha + 3\beta \leqq 6$ なので，この両辺を右辺の 6 で割って，$\dfrac{\alpha}{3} + \dfrac{\beta}{2} \leqq 1$ のように右辺を 1 にすると話が見えてくるはずだ。

解答＆解説

$\overrightarrow{OA} = (1,\ 1)$, $\overrightarrow{OB} = (-1,\ 2)$

$\overrightarrow{OP} = \alpha\overrightarrow{OA} + \beta\overrightarrow{OB}$ ………①

$(2\alpha + 3\beta \leqq 6$ ……②, $\alpha \geqq 0,\ \beta \geqq 0)$

②の両辺を 6 で割って，$\underset{\alpha'}{\boxed{\dfrac{\alpha}{3}}} + \underset{\beta'}{\boxed{\dfrac{\beta}{2}}} \leqq 1$ ①を変形して

$\overrightarrow{OP} = \underset{\alpha'}{\boxed{\dfrac{\alpha}{3}}} \cdot 3\overrightarrow{OA} + \underset{\beta'}{\boxed{\dfrac{\beta}{2}}} \cdot 2\overrightarrow{OB}$ ………③

$\left(\underset{\alpha'}{\boxed{\dfrac{\alpha}{3}}} + \underset{\beta'}{\boxed{\dfrac{\beta}{2}}} \leqq 1,\ \underset{\alpha'}{\boxed{\dfrac{\alpha}{3}}} \geqq 0,\ \underset{\beta'}{\boxed{\dfrac{\beta}{2}}} \geqq 0 \right)$

> $\overrightarrow{OP} = \alpha'\overrightarrow{OC} + \beta'\overrightarrow{OD}$
> $(\alpha' + \beta' \leqq 1,\ \alpha' \geqq 0,\ \beta' \geqq 0)$
> より，これは △OCD を表すベクトル方程式だ！

よって，$3\overrightarrow{OA} = \overrightarrow{OC}$, $2\overrightarrow{OB} = \overrightarrow{OD}$ とおくと，

点 P は △OCD の周およびその内部を描く。

面積公式：
$S = \dfrac{1}{2}|x_1 y_2 - x_2 y_1|$

$\overrightarrow{OC} = 3(1,\ 1) = (\underset{x_1}{\boxed{3}},\ \underset{y_1}{\boxed{3}})$,

$\overrightarrow{OD} = 2(-1,\ 2) = (\underset{x_2}{\boxed{-2}},\ \underset{y_2}{\boxed{4}})$

$\therefore$ △OCD の面積 $S = \dfrac{1}{2}\left| \underset{x_1}{\boxed{3}} \times \underset{y_2}{\boxed{4}} - \underset{x_2}{\boxed{-2}} \times \underset{y_1}{\boxed{3}} \right| = 9$ …(答)

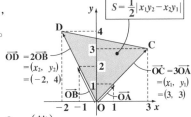

| 頻出問題にトライ・4 | 難易度 ★★★ | CHECK*1* | CHECK*2* | CHECK*3* |

$\overrightarrow{OA} = (1,\ 0)$, $\overrightarrow{OB} = (1,\ 2)$ のとき，

$\overrightarrow{OP} = \alpha\overrightarrow{OA} + \beta\overrightarrow{OB}$ $(1 \leqq \alpha \leqq 3,\ 0 \leqq \beta \leqq 1)$ をみたす点 P の存在領域を

図示し，その面積を求めよ。 （大阪工大＊）

解答は **P171**

1. $\vec{a}$ と $\vec{b}$ の内積の定義

$$\vec{a} \cdot \vec{b} = |\vec{a}||\vec{b}|\cos\theta \quad (\theta : \vec{a} \text{ と } \vec{b} \text{ のなす角})$$

2. ベクトルの平行・直交条件　$(\vec{a} \neq \vec{0}, \ \vec{b} \neq \vec{0}, \ k \neq 0)$（平面・空間共通）

（ⅰ）平行条件：$\vec{a} /\!/ \vec{b} \Longleftrightarrow \vec{a} = k\vec{b}$ 　　（ⅱ）直交条件：$\vec{a} \perp \vec{b} \Longleftrightarrow \vec{a} \cdot \vec{b} = 0$

3. 内積の成分表示

$\vec{a} = (x_1, \ y_1), \quad \vec{b} = (x_2, \ y_2)$ のとき，

> 注意 空間ベクトルでは，
> **z成分**の項が新たに加わる。

（ⅰ）$\vec{a} \cdot \vec{b} = x_1 x_2 + y_1 y_2$

（ⅱ）$\cos\theta = \dfrac{\vec{a} \cdot \vec{b}}{|\vec{a}||\vec{b}|} = \dfrac{x_1 x_2 + y_1 y_2}{\sqrt{x_1^2 + y_1^2}\sqrt{x_2^2 + y_2^2}} \quad (\because \vec{a} \cdot \vec{b} = |\vec{a}||\vec{b}|\cos\theta)$

4. 内分点の公式

（ⅰ）点 $\mathbf{P}$ が線分 $\mathbf{AB}$ を $m : n$ に内分するとき，

$$\overrightarrow{OP} = \frac{n\overrightarrow{OA} + m\overrightarrow{OB}}{m + n}$$

（ⅱ）点 $\mathbf{P}$ が線分 $\mathbf{AB}$ を $t : 1 - t$ に内分するとき，

$$\overrightarrow{OP} = (1 - t)\overrightarrow{OA} + t\overrightarrow{OB} \quad (0 < t < 1)$$

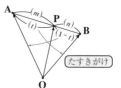

たすきがけ

5. 外分点の公式

点 $\mathbf{Q}$ が線分 $\mathbf{AB}$ を $m : n$ に外分するとき，

$$\overrightarrow{OQ} = \frac{-n\overrightarrow{OA} + m\overrightarrow{OB}}{m - n}$$

6. △ABC の重心 G に関するベクトル公式（平面・空間共通）

（ⅰ）$\overrightarrow{OG} = \dfrac{1}{3}(\overrightarrow{OA} + \overrightarrow{OB} + \overrightarrow{OC})$ （ⅱ）$\overrightarrow{AG} = \dfrac{1}{3}(\overrightarrow{AB} + \overrightarrow{AC})$ （ⅲ）$\overrightarrow{GA} + \overrightarrow{GB} + \overrightarrow{GC} = \vec{0}$

7. 様々な図形のベクトル方程式

(1) 円：$|\overrightarrow{OP} - \overrightarrow{OA}| = r$ 　　　　　(2) $(\overrightarrow{OP} - \overrightarrow{OA}) \cdot (\overrightarrow{OP} - \overrightarrow{OB}) = 0$

(3) 直線：$\overrightarrow{OP} = \overrightarrow{OA} + t\vec{d}$ 　　　　　(4) $\vec{n} \cdot (\overrightarrow{OP} - \overrightarrow{OA}) = 0$

(5) 直線 AB：$\overrightarrow{OP} = \alpha\overrightarrow{OA} + \beta\overrightarrow{OB} \quad (\alpha + \beta = 1)$

(6) 線分 AB：$\overrightarrow{OP} = \alpha\overrightarrow{OA} + \beta\overrightarrow{OB} \quad (\alpha + \beta = 1, \ \alpha \geq 0, \ \beta \geq 0)$

(7) △OAB：$\overrightarrow{OP} = \alpha\overrightarrow{OA} + \beta\overrightarrow{OB} \quad (\alpha + \beta \leq 1, \ \alpha \geq 0, \ \beta \geq 0)$

② 空間ベクトル

- ▶ 空間図形と空間座標の基本

- ▶ 空間ベクトルの演算, 成分表示, 内積

- ▶ 空間ベクトルの空間図形への応用 (I)

- ▶ 空間ベクトルの空間図形への応用 (II)

講義 2 空間ベクトル

§1. 空間図形と空間座標の基本

さァ，これから**空間ベクトル**の講義に入ろう！空間ベクトルとは文字通り **3** 次元空間におけるベクトルのことなんだね。でも，平面ベクトルで学んだ知識もかなり使えるから心配は無用だよ。ここではまず，空間ベクトルの基礎となる**空間図形**と**空間座標**について解説しよう。

● **空間における直線と平面の位置関係**

まず，空間図形の基本である，（Ⅰ）**2** 直線の関係，（Ⅱ）直線と平面の関係，そして（Ⅲ）**2** 平面の関係について解説しよう。

（Ⅰ）まず，**2** 直線 *l*, *m* の位置関係について，

図 **1** に示すように，空間における **2** 直線 *l*, *m* は（ⅰ）交わるか，（ⅱ）平行であるか，（ⅲ）ねじれの位置にあるか，の **3** 通りだけなんだね。

図**1** 空間における **2** 直線の位置関係

（ⅰ）**1** 点で交わる　　　（ⅱ）平行である　　　（ⅲ）ねじれの位置にある
　　　　　　　　　　　　　　　　（*l∥m*）

（ⅰ），（ⅱ）の場合，**2** 直線 *l*, *m* は同一平面上にあるけれど，（ⅲ）の場合は，同一平面上にないことに要注意だ。そして，**2** 直線 *l*, *m* のなす角 θ は，（ⅰ）**1** 点で交わるときは，θ は一般に **0°** 以上 **90°** 以下の角で表し，（ⅱ）平行な場合は，*l* または *m* を平行移動すれば **2** 直線は一致するので，当然なす角 θ は，$\theta = 0°$ となる。そして，（ⅲ）ねじれの位置にある場合は，図 **1**(ⅲ) に示すように，*l* または *m* を平行移動して，**1** 点で交わるようにすれば，（ⅰ）のときと同様になす角 θ を定めることができるんだね。

（Ⅱ）次に，直線 *l* と平面 α の関係について，

図 **2** に示すように，空間における直線 *l* と平面 α の位置関係は，（ⅰ）

44

l が α に含まれるか，(ⅱ) **1** 点で交わるか，または (ⅲ) 平行であるか，の **3** 通りだ。

図 **2** 空間における直線と平面の位置関係

(ⅰ) **含まれる**

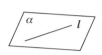

(ⅱ) **交わる**

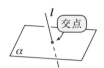

(ⅲ) **平行である**
$(l /\!/ \alpha)$

また，右図のように，直線 l が平面 α 上のすべての直線と垂直であるとき，l は α と "**直交する**" といい，$l \perp \alpha$ で表す。また，l を α の "**垂線**" と呼ぶ。

逆に，l が平面 α の垂線であることを示すには，「l が α 上の平行でない **2** 直線と垂直である」ことを示せばいいんだね。

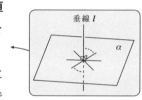

(Ⅲ) さらに，異なる **2** 平面 α，β の位置関係について，

図 **3** に示すように空間における **2** 平面 α，β の位置関係は，(ⅰ) 交わるか，(ⅱ) 平行であるかの **2** 通りのみなんだ。

そして，(ⅰ) 交わるときに出来る直線を **交線** と呼び，(ⅱ) α と β が平行なときは，$\alpha /\!/ \beta$ で表す。

また，(ⅰ) α と β が交わる

図 **3** 空間における **2** 平面の位置関係

(ⅰ) **交わる**

(ⅱ) **平行である**
$(\alpha /\!/ \beta)$

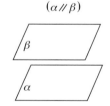

とき，右図のように交線 l 上に **1** 点 **O** をとる。そして，**O** から l と垂直な直線 **OA** を α 上に，同様に l と垂直な直線 **OB** を β 上に引く。この **2** 直線 **OA**，**OB** のなす角を，**2** 平面 α と β がなす角 θ と定義するんだね。これも覚えておこう。

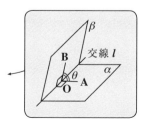

● 空間上の点は xyz 座標系で表せる！

空間上の点 A の座標は，図 4 に示すように互いに直交する 3 つの座標軸 Ox，Oy，Oz からなる xyz 座標系で表すことができる。図 4 に，点 $A(x_1, y_1, z_1)$ の

> 空間座標では，平面座標に，この z 座標が追加されるんだね。

位置を示しておくので確認しておこう。
ここで，2 点 O，A 間の距離 OA は，図 4 の直角三角形 OHA に着目すると，$OH = \sqrt{x_1^2 + y_1^2}$，$AH = |z_1|$ となるので，三平方の定理を用いると，

$$OA^2 = \underbrace{OH^2}_{x_1^2 + y_1^2} + \underbrace{HA^2}_{|z_1|^2 = z_1^2} = x_1^2 + y_1^2 + z_1^2$$

$\therefore OA = \sqrt{x_1^2 + y_1^2 + z_1^2}$ となるんだね。

一般に，xyz 座標空間内に 2 点 $A(x_1, y_1, z_1)$，$B(x_2, y_2, z_2)$ が与えられている場合，2 点間の距離 AB についても，

> これは線分の長さ AB と同じこと

図 5 に示すように，直角三角形 ABK に着目して，三平方の定理を用いると，

$$AB^2 = \underbrace{KB^2}_{(x_1-x_2)^2 + (y_1-y_2)^2} + \underbrace{KA^2}_{|z_1-z_2|^2 = (z_1-z_2)^2}$$
$$= (x_1-x_2)^2 + (y_1-y_2)^2 + (z_1-z_2)^2$$

$\therefore AB = \sqrt{(x_1-x_2)^2 + (y_1-y_2)^2 + (z_1-z_2)^2}$

が導けるんだね。OA は，点 B が原点 O である特殊な場合と考えてくれたらいいんだね。
納得いった？

図 4 空間上の点 A の座標

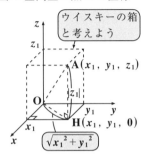

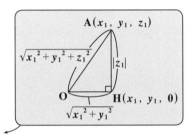

図 5 2 点 A，B 間の距離
$$AB = \sqrt{(x_1-x_2)^2 + (y_1-y_2)^2 + (z_1-z_2)^2}$$

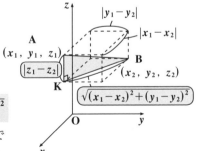

● 簡単な平面の方程式もマスターしよう！

xy 座標平面上で，$x=1$ と言われたら，これが y 軸に平行な直線を表すのは大丈夫だね。図 6 に示すように，x 座標は常に 1 と制約されるけれど，y 座標は，y_1，y_2，y_3，… と自由に値をとれるので，結局直線を描くことになるからだ。同様に，xyz 座標空間上で，方程式 $z=k$（k はある定数）が与えられたならば，z 座標だけ常に k でなければいけないけれど，x，y 座標については何の制約もないので，点 (x_1, y_1, k)，(x_2, y_2, k)，… のように自由に点をとることができ，これらの点の集合として，図 7 のような平面を描くことがわかるね。つまり，方程式 $z=k$ は，xy 平面に平行な平面を表すことになるんだね。そして，特に $z=0$ は xy 平面を表す。

これと同様に考えると，図 8（ⅰ）に示すように，方程式 $x=l$（l はある定数）が yz 平面に平行な平面を表し，図 8（ⅱ）に示すように，方程式 $y=m$（m はある定数）が zx 平面に平行な平面を表すこともわかると思う。特に，$x=0$ は yz 平面を，また，$y=0$ は zx 平面を表す。そして，これらの 2 平面の方程式を連立させると，その交線（直線）を表すこともできる。

たとえば，図 9 に示すように，$z=k$ かつ $y=m$ と指定すると，この 2 つの平面の方程式を同時にみたす図形は，x 軸に平行な，その交線（直線）ということになるんだね。

図 6 直線 $x=1$

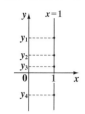

図 7 平面 $z=k$

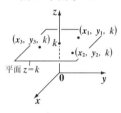

図 8（ⅰ）平面 $x=l$

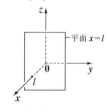

（ⅱ）平面 $y=m$

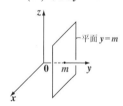

図 9 直線 $\begin{cases} z=k \\ y=m \end{cases}$

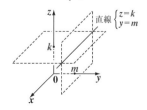

47

空間座標上の2点間の距離

xyz 座標空間上に 2 点 $A(3, 2, -4)$, $B(2, -3, 2)$ がある。点 A と xy 平面に関して対称な点を点 A' とおき, 点 B と yz 平面に関して対称な点を点 B' とおく。

(1) 点 A' と点 B' の座標を求めよ。

(2) 2 点 A', B' の間の距離 $A'B'$ を求めよ。

ヒント！) (1) 点 A' は, 点 A の z 座標の符号を変えたものであり, 点 B' は点 B の x 座標の符号を変えたものなんだね。(2) は, 2 点間の距離の公式を使えばいい。

解答&解説

(1)・点 A' は, 点 $A(3, 2, \underline{-4})$ を xy 平面

$\boxed{z=0 \text{ のこと}}$

に関して対称移動したものなので, 点 A の z 座標 $\underline{-4}$ の符号を変えればよい。

よって, 点 A' の座標は, $A'(3, 2, \underline{4})$ …(答)

・点 B' は, 点 $B(\underline{2}, -3, 2)$ を yz 平面

$\boxed{x=0 \text{ のこと}}$

に関して対称移動したものなので, 点 B の x 座標 2 の符号を変えればよい。

よって, 点 B' の座標は,

$B'(\underline{-2}, -3, 2)$ ……………………(答)

(2) $A'(3, 2, 4)$, $B'(-2, -3, 2)$ より,

2 点 A', B' 間の距離 $A'B'$ は,

$$A'B' = \sqrt{\{3-(-2)\}^2 + \{2-(-3)\}^2 + (4-2)^2}$$
$$= \sqrt{5^2 + 5^2 + 2^2}$$
$$= \sqrt{54} = 3\sqrt{6}$$ ……………………(答)

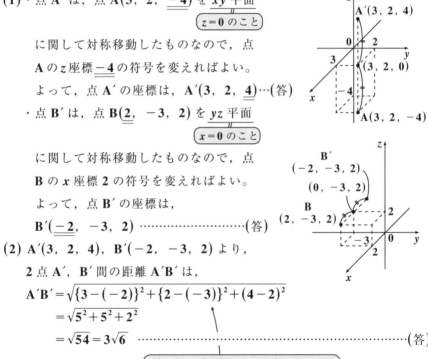

$A(x_1, y_1, z_1)$, $B(x_2, y_2, z_2)$ のとき, A, B 間の距離は

$$AB = \sqrt{(x_1-x_2)^2 + (y_1-y_2)^2 + (z_1-z_2)^2}$$

空間座標上の 2 点間の距離

xyz 座標空間上に，点 $A(1, 1, -2)$ と平面 $\alpha : y = 3$ と平面 $\beta : z = 4$ がある。平面 α と平面 β の交線上の点を P とおく。$AP = 7$ となるときの点 P の座標を求めよ。

ヒント！　点 P は，平面 $\alpha : y = 3$ と平面 $\beta : z = 4$ の交線上の点なので，その座標がまず $P(x, 3, 4)$ とおけることに気付くことだね。後は，2 点 A，P 間の距離の問題に帰着するんだね。頑張ろう！

解答 & 解説

右図に示すように，

平面 $\alpha : y = 3$ と，平面 $\beta : z = 4$ の
（y 軸に垂直な平面）（z 軸に垂直な平面）

交線を l とおくと，点 P は交線 l 上
の点より，その座標は，$P(x, 3, 4)$
となる。

（y）（z）

（$y = 3$ と $z = 4$ は固定されていて，x 座標のみが変化することにより，P は l 上を自由に動く。）

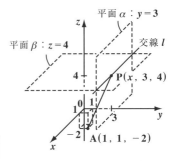

ここで，点 $A(1, 1, -2)$ より，2 点 A，P 間の距離 $AP = 7$ となる x の値を求めると，

$$\sqrt{(x-1)^2 + (3-1)^2 + \{4-(-2)\}^2} = 7 \qquad \sqrt{(x-1)^2 + 4 + 36} = 7$$

両辺を 2 乗して，$x^2 - 2x + 41 = 49 \qquad x^2 - 2x - 8 = 0$

$(x-4)(x+2) = 0 \qquad \therefore x = 4,$ または -2

以上より，$AP = 7$ をみたす点 P の座標は，

$P(4, 3, 4)$ または，$P(-2, 3, 4)$ である。 ....(答)

xyz 座標空間上に 3 点 $A(-1, 2, 4)$，$B(1, 1, -1)$，$C(t, -1, 2)$ $(t > 0)$ がある。$\triangle ABC$ が直角三角形であるとき，t の値を求めよ。

解答は **P171**

§2. 空間ベクトルでは，z 成分に注意しよう！

さァ，これから"**空間ベクトル**"の解説に入ろう！エッ，難しそうだって？大丈夫だよ。空間ベクトルといっても，ほとんどは平面ベクトルで勉強したテクニックがそのまま使えるからだ。

でも，空間ベクトルでは，**1 次結合**と**成分表示**が平面ベクトルのときとは異なるので，注意も必要なんだね。

● 空間ベクトルでも，平面ベクトルの知識が使える！

まず，空間ベクトルと平面ベクトルで，公式や考え方の同じものを下に示そう。

(1) ベクトルの実数倍 $k\vec{a}$ ／ $\vec{a}$	**(2)** ベクトルの和と差 $\vec{b}$ $\vec{a}+\vec{b}$ $-\vec{b}$ $\vec{a}$ $\vec{a}-\vec{b}$	**(3)** まわり道の原理 ・たし算形式 $\overrightarrow{AB}=\overrightarrow{AC}+\overrightarrow{CB}$ など ・引き算形式 $\overrightarrow{AB}=\overrightarrow{OB}-\overrightarrow{OA}$ など
(4) ベクトルの計算 $2(\vec{a}-\vec{b})-3\vec{c}$ $=2\vec{a}-2\vec{b}-3\vec{c}$ などの計算	**(5)** 内積の定義 $\vec{a}\cdot\vec{b}=|\vec{a}||\vec{b}|\cos\theta$ $\vec{b}$ θ $\vec{a}$	**(6)** 内積の演算 ・$(\vec{a}-\vec{b})\cdot(2\vec{b}+\vec{c})$ 　などの計算 ・$|\vec{a}+\vec{b}|^2$ などの計算
(7) 三角形の面積 S $S=\dfrac{1}{2}\sqrt{|\vec{a}|^2|\vec{b}|^2-(\vec{a}\cdot\vec{b})^2}$ $\vec{b}$ S $\vec{a}$	**(8)** 内分点の公式 点 P が線分 AB を $m:n$ に内分するとき $\overrightarrow{OP}=\dfrac{n\overrightarrow{OA}+m\overrightarrow{OB}}{m+n}$	**(9)** 外分点の公式 点 P が線分 AB を $m:n$ に外分するとき $\overrightarrow{OP}=\dfrac{-n\overrightarrow{OA}+m\overrightarrow{OB}}{m-n}$
(10) ベクトルの平行・ 　　 直交条件 ・$\vec{a}/\!/\vec{b}$ のとき $\vec{a}=k\vec{b}$ ・$\vec{a}\perp\vec{b}$ のとき $\vec{a}\cdot\vec{b}=0$	**(11)** 3 点が同一直線上 3 点 A，B，C が同一 直線上にあるとき， $\overrightarrow{AC}=k\overrightarrow{AB}$	**(12)** 直線の方程式 $\overrightarrow{OP}=\overrightarrow{OA}+t\vec{d}$ $\left(\begin{array}{l}A：通る点\\ \vec{d}：方向ベクトル\end{array}\right)$

こうしてみると，平面ベクトルの知識がほとんど空間ベクトルでも使えることが分かるはずだ。でも，ベクトルの **1 次結合**や**成分表示**になると，平面ベ

クトルと空間ベクトルに差異が生じてくるんだね。これから解説しよう。

● 空間ベクトルの1次結合は，3つの独立なベクトルが必要だ！

では，次の例題を解くことにより，空間ベクトルの1次結合が，平面ベクトルの1次結合と異なるものであることを実感してもらおう。

◆例題1◆

1辺の長さが1の正四面体 OABC の辺 AB を
2：1の比に内分する点を D とおく。このとき，
内積 $\overrightarrow{\text{OA}} \cdot \overrightarrow{\text{CD}}$ の値を求めよ。

図1　正四面体 OABC

4つの正三角形で
できた三角すい

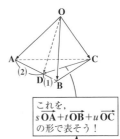

これを，
$s\overrightarrow{\text{OA}}+t\overrightarrow{\text{OB}}+u\overrightarrow{\text{OC}}$
の形で表そう！

一般に平面ベクトルでは，$\vec{0}$ でなく，かつ平行でない2つのベクトル $\vec{a}$ と $\vec{b}$ の1次結合 $s\vec{a}+t\vec{b}$ で，どんなベクトルでも表せたんだね。これに対して空間ベクトルでは，$\vec{0}$ でなく，かつ同一平面上にない3つのベクトル $\vec{a}$，$\vec{b}$，$\vec{c}$ を用いて，$s\vec{a}+t\vec{b}+u\vec{c}$（空間ベクトルの**1次結合**）の形で，すべてのベクトルを表すことができる。

$\overrightarrow{\text{OA}}$，$\overrightarrow{\text{OB}}$，$\overrightarrow{\text{OC}}$ は $\vec{0}$ でなく，かつ同一平面上にないので，$\overrightarrow{\text{CD}}$ は必ず
$\overrightarrow{\text{CD}}=s\overrightarrow{\text{OA}}+t\overrightarrow{\text{OB}}+u\overrightarrow{\text{OC}}$
の形で表せる！

よって，今回の $\overrightarrow{\text{CD}}$ も，まず3つのベクトル $\overrightarrow{\text{OA}}$，$\overrightarrow{\text{OB}}$，$\overrightarrow{\text{OC}}$ で表すことにする。

(i) 図2のように，点 D は辺 AB を 2：1に内分するので，内分点の公式より

図2

たすきがけ

$$\overrightarrow{\text{OD}} = \frac{1\overrightarrow{\text{OA}}+2\overrightarrow{\text{OB}}}{2+1} = \frac{1}{3}\overrightarrow{\text{OA}} + \frac{2}{3}\overrightarrow{\text{OB}} \quad \cdots\cdots\cdots ①$$

内分点の公式も
平面ベクトルと同じ！

(ii) まわり道の原理を使うと $\overrightarrow{\text{CD}}$ は，①より

$$\overrightarrow{\text{CD}} = \overrightarrow{\text{OD}} - \overrightarrow{\text{OC}} = \frac{1}{3}\overrightarrow{\text{OA}} + \frac{2}{3}\overrightarrow{\text{OB}} - \overrightarrow{\text{OC}} \quad \cdots\cdots\cdots ②$$

まわり道の原理も
平面ベクトルと同じ！

$\overrightarrow{\text{OA}}$，$\overrightarrow{\text{OB}}$，$\overrightarrow{\text{OC}}$ の1次結合

このように，任意の空間ベクトルは，3つのベクトルの1次結合で表されることになる。

(ⅲ) △OAB，△OCA は 1 辺の長さが 1 の正三角形より

$$\begin{cases} \overrightarrow{OA} \cdot \overrightarrow{OA} = |\overrightarrow{OA}|^2 = 1^2 = \underline{1} & \cdots\cdots\cdots\cdots ③ \\[2mm] \overrightarrow{OA} \cdot \overrightarrow{OB} = |\overrightarrow{OA}||\overrightarrow{OB}|\cos 60° = 1 \cdot 1 \cdot \frac{1}{2} = \frac{1}{2} \cdots\cdots ④ \\[2mm] \overrightarrow{OA} \cdot \overrightarrow{OC} = |\overrightarrow{OA}||\overrightarrow{OC}|\cos 60° = 1 \cdot 1 \cdot \frac{1}{2} = \frac{1}{2} \cdots\cdots ⑤ \end{cases}$$

内積の定義も平面ベクトルと同じ！

図 3

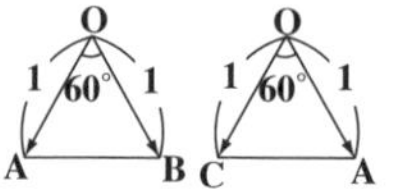

以上より，内積 $\overrightarrow{OA} \cdot \overrightarrow{CD}$ は，

$$\overrightarrow{OA} \cdot \underline{\overrightarrow{CD}} = \overrightarrow{OA} \cdot \left(\frac{1}{3}\overrightarrow{OA} + \frac{2}{3}\overrightarrow{OB} - \overrightarrow{OC} \right) \quad (\because ②)$$

内積の演算も平面ベクトルと同じ！

$$= \frac{1}{3}\underset{\boxed{1}}{|\overrightarrow{OA}|^2} + \frac{2}{3}\underset{\boxed{\frac{1}{2}}}{\overrightarrow{OA} \cdot \overrightarrow{OB}} - \underset{\boxed{\frac{1}{2}}}{\overrightarrow{OA} \cdot \overrightarrow{OC}} \quad (\because ③, ④, ⑤)$$

$$= \frac{1}{3} \cdot 1 + \frac{2}{3} \cdot \frac{1}{2} - \frac{1}{2} = \frac{1}{6} \quad \cdots\cdots\cdots\cdots\cdots (答)$$

　どう？ 平面ベクトルの知識がみーんな使えたので安心しただろう。ただ，空間ベクトルの場合，一般に任意のベクトル $\overrightarrow{p}$ を表すためには，$\overrightarrow{0}$ でなく，かつ同一平面上にない 3 つのベクトル $\overrightarrow{a}$, $\overrightarrow{b}$, $\overrightarrow{c}$ の 1 次結合，すなわち

このような関係のベクトルを "1 次独立" なベクトル $\overrightarrow{a}$, $\overrightarrow{b}$, $\overrightarrow{c}$ という。

$\overrightarrow{p} = s\overrightarrow{a} + t\overrightarrow{b} + u\overrightarrow{c}$ としなければならない。

空間ベクトルでは，この項が 1 つ増える！

図 4 空間ベクトルの 1 次結合

$s\overrightarrow{a} + t\overrightarrow{b} + u\overrightarrow{c}$

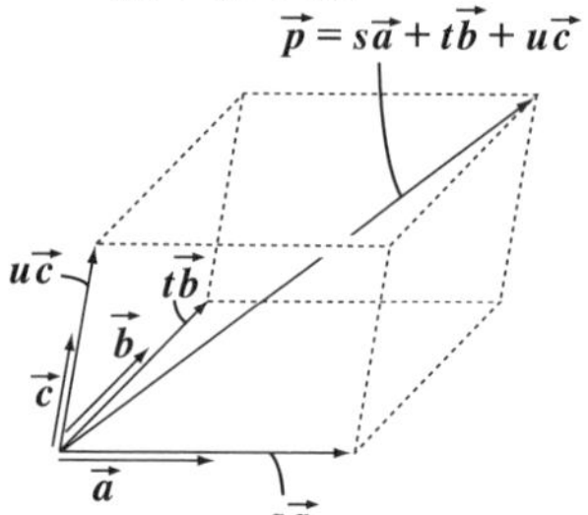

何故なら，3 次元の空間ベクトルでは，図 4 に示すように，任意のベクトル $\overrightarrow{p}$ を表すには，2 つの 1 次独立な $\overrightarrow{a}$ と $\overrightarrow{b}$ だけでは平面上のベクトルしか表せないので，もう 1 つ，空間的な厚みを出すために，1 次独立な $\overrightarrow{c}$ が必要となるからなんだね。

● 空間ベクトルには z 成分がついてくる！

空間ベクトルの成分表示について解説する。一般に空間ベクトル $\vec{a}$ は、次のように成分表示できる。また、$|\vec{a}|$ の公式も示しておく。

空間ベクトルの成分表示

$$\vec{a} = (x_1,\ y_1,\ z_1) \quad のとき$$

$$|\vec{a}| = \sqrt{x_1{}^2 + y_1{}^2 + z_1{}^2}$$

（z 成分が新たに加わる！）

図5　空間ベクトルの成分表示

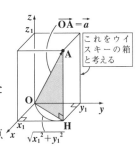

これをウイスキーの箱と考える

平面ベクトルの成分表示と比べて、z 成分が新たについてくるのが特徴だ。

図5のように、$\vec{a} = \overrightarrow{OA}$ とおくと、原点 O を始点にして、終点 A の x, y, z 座標が、$\vec{a} = \overrightarrow{OA}$ の成分となる。この $(x_1,\ y_1,\ z_1)$ の座標は、お中元にお父さんがもらうウイスキーの箱を x, y, z 軸に沿って置いたと考えると、わかりやすいはずだ。

また、点 A から xy 平面に下ろした垂線の足を H とおくと、$OH = \sqrt{x_1{}^2 + y_1{}^2}$ だね。ここで、図6のように直角三角形 OHA に三平方の定理を用いると、

図6

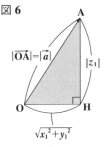

$|\overrightarrow{OA}| = |\vec{a}|$　$|z_1|$

$\sqrt{x_1{}^2 + y_1{}^2}$

$$|\vec{a}|^2 = \left(\sqrt{x_1{}^2 + y_1{}^2}\right)^2 + |z_1|^2 = x_1{}^2 + y_1{}^2 + z_1{}^2$$

$$\therefore |\vec{a}| = \sqrt{x_1{}^2 + y_1{}^2 + z_1{}^2} \quad となるんだね。大丈夫？$$

さらに、$\overrightarrow{OA} = (x_1,\ y_1,\ z_1)$, $\overrightarrow{OB} = (x_2,\ y_2,\ z_2)$ のとき、$\overrightarrow{AB}$ は、

$$\overrightarrow{AB} = \overrightarrow{OB} - \overrightarrow{OA} = (x_2,\ y_2,\ z_2) - (x_1,\ y_1,\ z_1) \quad ←（まわり道の原理）$$

$$= (x_2 - x_1,\ y_2 - y_1,\ z_2 - z_1) \quad ←（成分表示の計算も平面ベクトルと同じだね。）$$

となるので、$|\overrightarrow{AB}|$ は、

$$|\overrightarrow{AB}| = \sqrt{(x_2 - x_1)^2 + (y_2 - y_1)^2 + (z_2 - z_1)^2}$$

（または、$|\overrightarrow{AB}| = \sqrt{(x_1 - x_2)^2 + (y_1 - y_2)^2 + (z_1 - z_2)^2}$）

（どうせ2乗するので、各（　）内は負でも構わない。）

となるんだね。これは、空間座標で解説した 2点 A, B 間の距離の公式とまったく同じなんだね。

それでは、例題で練習しておこう。

$\vec{a}=(2,\ 1,\ 1)$, $\vec{b}=(1,\ -1,\ 2)$ のとき, $\vec{c}=3\vec{a}-\vec{b}$ を成分表示し, $|\vec{c}|$ の値を計算してみるよ。

$\vec{c}=3\vec{a}-\vec{b}=3(2,\ 1,\ 1)-(1,\ -1,\ 2)$

> 成分表示の計算も平面ベクトルと同じ!

$\quad=(6,\ 3,\ 3)-(1,\ -1,\ 2)=(5,\ 4,\ 1)$ ……………(答)

$|\vec{c}|=\sqrt{5^2+4^2+1^2}$

> 公式:$\vec{c}=(x_1,\ y_1,\ z_1)$ のとき $|\vec{c}|=\sqrt{x_1^2+y_1^2+z_1^2}$ を使った!

$\quad=\sqrt{25+16+1}=\sqrt{42}$ ……………………………(答)

● 内積の成分表示は, z 成分に要注意だ!

空間ベクトルにおいても, 2 つのベクトル $\vec{a}$ と $\vec{b}$ の内積 $\vec{a}\cdot\vec{b}$ は, 図 7 に示すように, $\vec{a}$ と $\vec{b}$ のなす角 θ と, $|\vec{a}|$ と $|\vec{b}|$ を用いて, 次のように定義する。

図 7 空間ベクトルの内積
$$\vec{a}\cdot\vec{b}=|\vec{a}||\vec{b}|\cos\theta$$

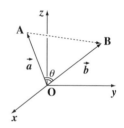

$\vec{a}\cdot\vec{b}=|\vec{a}||\vec{b}|\cos\theta$ ……($*1$)

> 平面ベクトルでの定義式と全く同じだ

ここで, $\vec{a}=\overrightarrow{OA}=(x_1,\ y_1,\ z_1)$,

$\vec{b}=\overrightarrow{OB}=(x_2,\ y_2,\ z_2)$ のように成分表示されている場合, $\triangle OAB$ に余弦定理を用いると,

$AB^2=OA^2+OB^2-2\cdot OA\cdot OB\cdot\cos\theta$ ……① となる。

ここで, $OA^2=|\overrightarrow{OA}|^2=|\vec{a}|^2=x_1^2+y_1^2+z_1^2$ …………………………②

$\qquad OB^2=|\overrightarrow{OB}|^2=|\vec{b}|^2=x_2^2+y_2^2+z_2^2$ …………………………③

$\qquad AB^2=|\overrightarrow{AB}|^2=|\overrightarrow{OB}-\overrightarrow{OA}|^2=(x_2-x_1)^2+(y_2-y_1)^2+(z_2-z_1)^2$ …④

> $(x_2, y_2, z_2)-(x_1, y_1, z_1)=(x_2-x_1,\ y_2-y_1,\ z_2-z_1)$

また, $OA\cdot OB\cdot\cos\theta=|\vec{a}||\vec{b}|\cos\theta=\vec{a}\cdot\vec{b}$ ………………………⑤

よって, ②〜⑤を①に代入すると,

$(x_2-x_1)^2+(y_2-y_1)^2+(z_2-z_1)^2=x_1^2+y_1^2+z_1^2+x_2^2+y_2^2+z_2^2-2\vec{a}\cdot\vec{b}$

> $x_1^2-2x_1x_2+x_2^2$
> $y_1^2-2y_1y_2+y_2^2$
> $z_1^2-2z_1z_2+z_2^2$

$-2(x_1x_2+y_1y_2+z_1z_2)=-2\vec{a}\cdot\vec{b}$ となるので,

両辺を -2 で割って, 空間ベクトルの内積 $\vec{a}\cdot\vec{b}$ の成分表示として,

$\vec{a} \cdot \vec{b} = x_1 x_2 + y_1 y_2 + z_1 z_2$ ……($*2$) が導けるんだね。

よって，$|\vec{a}| = \sqrt{x_1{}^2 + y_1{}^2 + z_1{}^2}$ と $|\vec{b}| = \sqrt{x_2{}^2 + y_2{}^2 + z_2{}^2}$ と（$*2$）を，（$*1$）に代入

してまとめると，$\vec{a}$ と $\vec{b}$ のなす角 θ の余弦 $\cos\theta$ が次のように求まるんだね。

$$\underbrace{x_1 x_2 + y_1 y_2 + z_1 z_2}_{\vec{a} \cdot \vec{b}} = \underbrace{\sqrt{x_1{}^2 + y_1{}^2 + z_1{}^2}}_{|\vec{a}|} \cdot \underbrace{\sqrt{x_2{}^2 + y_2{}^2 + z_2{}^2}}_{|\vec{b}|} \cdot \cos\theta$$

ここで，$|\vec{a}| \neq 0$，$|\vec{b}| \neq 0$ として，両辺を $|\vec{a}||\vec{b}|$ で割ると，

$$\cos\theta = \frac{x_1 x_2 + y_1 y_2 + z_1 z_2}{\sqrt{x_1{}^2 + y_1{}^2 + z_1{}^2}\sqrt{x_2{}^2 + y_2{}^2 + z_2{}^2}}$$ ……($*3$)　となる。

それでは，以上をまとめて，下に示そう。

空間ベクトルの内積の成分表示

$\vec{a} = (x_1,\ y_1,\ z_1)$，$\vec{b} = (x_2,\ y_2,\ z_2)$ のとき，

(1) $\vec{a}$ と $\vec{b}$ の内積 $\vec{a} \cdot \vec{b} = |\vec{a}||\vec{b}|\cos\theta$ を成分表示すると，

$\vec{a} \cdot \vec{b} = x_1 x_2 + y_1 y_2 + \underline{z_1 z_2}$　新たに z 成分の項が加わる！

(2) $\vec{a}$ と $\vec{b}$ のなす角を θ とおくと，$\cos\theta = \dfrac{\vec{a} \cdot \vec{b}}{|\vec{a}||\vec{b}|}$ より，

$$\cos\theta = \frac{x_1 x_2 + y_1 y_2 + z_1 z_2}{\sqrt{x_1{}^2 + y_1{}^2 + z_1{}^2}\sqrt{x_2{}^2 + y_2{}^2 + z_2{}^2}}$$　（ただし，$\vec{a} \neq \vec{0}$，$\vec{b} \neq \vec{0}$）

それでは，さっきの例題で使った 2 つのベクトル $\vec{a} = (2,\ 1,\ 1)$，$\vec{b} = (1,\ -1,\ 2)$ の内積 $\vec{a} \cdot \vec{b}$ と，$\vec{a}$ と $\vec{b}$ のなす角 θ を具体的に求めてみるよ。

(1) $\vec{a} \cdot \vec{b} = 2 \cdot 1 + 1 \cdot (-1) + 1 \cdot 2 = 2 - 1 + 2 = 3$ ……………………(答)

(2) $|\vec{a}| = \sqrt{2^2 + 1^2 + 1^2} = \sqrt{6}$，　$|\vec{b}| = \sqrt{1^2 + (-1)^2 + 2^2} = \sqrt{6}$

よって，$\vec{a}$ と $\vec{b}$ のなす角を θ とおくと，

$\vec{a} \cdot \vec{b} = |\vec{a}||\vec{b}|\cos\theta$ より，　$\cos\theta = \dfrac{\overset{3}{\overbrace{\vec{a} \cdot \vec{b}}}}{\underset{\sqrt{6}}{\underbrace{|\vec{a}|}}\underset{\sqrt{6}}{\underbrace{|\vec{b}|}}} = \dfrac{3}{\sqrt{6}\sqrt{6}} = \dfrac{3}{6} = \dfrac{1}{2}$

$\therefore 0° \leq \theta \leq 180°$ より，求める $\vec{a}$ と $\vec{b}$ のなす角 θ は，$\theta = 60°$ ………(答)

このように，具体的に計算してみることが，公式をマスターする最善の方法なんだよ。それじゃ，絶対暗記問題でさらに練習しよう！

空間ベクトルの1次結合

4つのベクトル$\overrightarrow{OA} = (1, -2, 0)$, $\overrightarrow{OB} = (-2, 1, -1)$, $\overrightarrow{OC} = (-2, 3, -2)$, $\overrightarrow{OP} = (2, -2, -1)$がある。

(1) $\overrightarrow{OP} = s\overrightarrow{OA} + t\overrightarrow{OB} + u\overrightarrow{OC}$をみたす実数$s$, t, uの値を求めよ。

(2) $\overrightarrow{OP}$と同じ向きの単位(たんい)ベクトルを求めよ。

ヒント! (1) $\overrightarrow{OA}$, $\overrightarrow{OB}$, $\overrightarrow{OC}$は, 1次独立な(すべて$\vec{0}$でなく, 同一平面上にない)ベクトルなので, $\overrightarrow{OP}$は, これら3つのベクトルの1次結合で表せるんだね。
(2) $\overrightarrow{OP}$の大きさ$|\overrightarrow{OP}|$で$\overrightarrow{OP}$を割ると, $\overrightarrow{OP}$と同じ向きの大きさ1の単位ベクトルになるんだね。

解答&解説

(1) $\overrightarrow{OP} = s\overrightarrow{OA} + t\overrightarrow{OB} + u\overrightarrow{OC}$ の各ベクトルを成分で表すと,

$$(2, -2, -1) = s(1, -2, 0) + t(-2, 1, -1) + u(-2, 3, -2)$$
$$= (s, -2s, 0) + (-2t, t, -t) + (-2u, 3u, -2u)$$
$$= (s - 2t - 2u, -2s + t + 3u, -t - 2u) \quad となる。$$

よって, $\begin{cases} s - 2t - 2u = 2 & \cdots\cdots① \\ -2s + t + 3u = -2 & \cdots② \\ -t - 2u = -1 & \cdots\cdots③ \end{cases}$

これを解いて,

$s = 2$, $t = -1$, $u = 1$ $\cdots\cdots\cdots\cdots$(答)

> $2×①+②$より, $-3t - u = 2$
> よって, $u = -3t - 2$ $\cdots\cdots④$
> ④を③に代入して,
> $t + 2(-3t - 2) = 1$
> $-5t = 5$ ∴ $t = -1$
> ④より, $u = 3 - 2 = 1$
> ①より, $s + 2 - 2 = 2$ ∴ $s = 2$

(2) 単位ベクトルとは, 大きさ1のベクトルのことなので, $\overrightarrow{OP} = (2, -2, -1)$と同じ向きの単位ベクトルを$\vec{e}$とおくと, $\vec{e}$は, $\overrightarrow{OP}$をその大きさ$|\overrightarrow{OP}|$で割ったものである。

$|\overrightarrow{OP}| = 3$

$\vec{e} = \frac{1}{|\overrightarrow{OP}|}\overrightarrow{OP}$

$|\overrightarrow{OP}| = \sqrt{2^2 + (-2)^2 + (-1)^2} = \sqrt{9} = 3$ より,

$\vec{e} = \frac{1}{|\overrightarrow{OP}|}\overrightarrow{OP} = \frac{1}{3}(2, -2, -1) = \left(\frac{2}{3}, -\frac{2}{3}, -\frac{1}{3}\right)$ $\cdots\cdots\cdots\cdots$(答)

空間における三角形の面積

座標空間内に 3 点 A$(1, 2, 3)$，B$(2, -1, 1)$，C$(4, 1, 5)$ がある。
△ABC の面積 S を，公式 $S = \dfrac{1}{2}\sqrt{|\overrightarrow{AB}|^2|\overrightarrow{AC}|^2 - (\overrightarrow{AB} \cdot \overrightarrow{AC})^2}$ ……(*)
を使って求めよ。

ヒント！　空間ベクトルにおいても，△ABC の面積 S を求める公式(*)は，平面ベクトルにおけるものと同じなんだね。

解答＆解説

右図に示すように，空間座標における
△ABC の面積 S は，
$S = \dfrac{1}{2}|\overrightarrow{AB}||\overrightarrow{AC}|\sin\theta$　を変形して，
$S = \dfrac{1}{2}\sqrt{|\overrightarrow{AB}|^2|\overrightarrow{AC}|^2 - (\overrightarrow{AB} \cdot \overrightarrow{AC})^2}$ …(*)
となる。

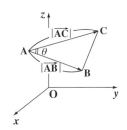

> この変形は，絶対暗記問題 7(P22)
> でやったものと全く同様だ！

> △ABC の面積 S を求める公式(*)は，平面ベクトルでも空間ベクトルでも同様に使える。平面ベクトルでは，この(*)は，頻出問題にトライ・2 (P23) で示したように，これをさらに変形して成分表示で簡単な形にできたんだね。

$\overrightarrow{OA} = (1, 2, 3)$, $\overrightarrow{OB} = (2, -1, 1)$, $\overrightarrow{OC} = (4, 1, 5)$ より，

$\begin{cases} \overrightarrow{AB} = \overrightarrow{OB} - \overrightarrow{OA} = (2, -1, 1) - (1, 2, 3) = (1, -3, -2) \\ \overrightarrow{AC} = \overrightarrow{OC} - \overrightarrow{OA} = (4, 1, 5) - (1, 2, 3) = (3, -1, 2) \end{cases}$ となる。よって，

$\begin{cases} |\overrightarrow{AB}|^2 = 1^2 + (-3)^2 + (-2)^2 = 1 + 9 + 4 = 14 & \cdots\cdots\cdots\cdots\cdots① \\ |\overrightarrow{AC}|^2 = 3^2 + (-1)^2 + 2^2 = 9 + 1 + 4 = 14 & \cdots\cdots\cdots\cdots\cdots② \\ \overrightarrow{AB} \cdot \overrightarrow{AC} = 1 \cdot 3 + (-3) \cdot (-1) + (-2) \cdot 2 = 3 + 3 - 4 = 2 & \cdots\cdots③ \end{cases}$

以上①，②，③を (*) の公式に代入すると，求める△ABC の面積 S は，

$S = \dfrac{1}{2}\sqrt{\underset{|\overrightarrow{AB}|^2}{14} \times \underset{|\overrightarrow{AC}|^2}{14} - \underset{(\overrightarrow{AB} \cdot \overrightarrow{AC})^2}{2^2}} = \dfrac{1}{2}\sqrt{196 - 4} = \dfrac{1}{2}\underset{\sqrt{8^2 \cdot 3} = 8\sqrt{3}}{\sqrt{192}} = 4\sqrt{3}$ ……………(答)

正四面体と内積

1 辺の長さが 1 の正四面体 OABC があり，辺 BC を 2:3 の比に内分する点を M とおく。

(1) $\overrightarrow{OM}$ を $\overrightarrow{OB}$ と $\overrightarrow{OC}$ で表せ。　　**(2)** 内積 $\overrightarrow{OA}\cdot\overrightarrow{OM}$ を求めよ。

(3) $\angle AOM=\theta$ とおくとき，$\cos\theta$ の値を求めよ。

> **ヒント!** **(1)** の内分点の公式はいいよね。**(2)** では，△OAB，△OAC が辺の長さ 1 の正三角形から $|\overrightarrow{OA}|$ や $\overrightarrow{OA}\cdot\overrightarrow{OB}$ などの値がすぐわかるね。**(3)** では，$\overrightarrow{OA}$ と $\overrightarrow{OM}$ のなす角 θ の余弦は，$|\overrightarrow{OA}|$，$|\overrightarrow{OM}|$，$\overrightarrow{OA}\cdot\overrightarrow{OM}$ から計算するんだね。

解答 & 解説

(1) 点 M は，辺 BC を 2:3 の比に内分するので，

$$\overrightarrow{OM}=\frac{3}{5}\overrightarrow{OB}+\frac{2}{5}\overrightarrow{OC}\ \cdots\cdots① \cdots(答)$$

(2) △OAB，△OBC，△OAC は辺の長さが 1 の正三角形より

> $\overrightarrow{OM}=\dfrac{3\overrightarrow{OB}+2\overrightarrow{OC}}{2+3}=\dfrac{3}{5}\overrightarrow{OB}+\dfrac{2}{5}\overrightarrow{OC}$ だ!

$$|\overrightarrow{OA}|=|\overrightarrow{OB}|=|\overrightarrow{OC}|=1,\ \overrightarrow{OA}\cdot\overrightarrow{OB}=\overrightarrow{OA}\cdot\overrightarrow{OC}=\overrightarrow{OB}\cdot\overrightarrow{OC}=\frac{1}{2}$$

よって，求める内積 $\overrightarrow{OA}\cdot\overrightarrow{OM}$ は

> $|\overrightarrow{OA}|=|\overrightarrow{OB}|=1$ より $\overrightarrow{OA}\cdot\overrightarrow{OB}=1\cdot1\cdot\cos60°=\dfrac{1}{2}$ だ。他も同様だね。

$$\overrightarrow{OA}\cdot\overrightarrow{OM}=\overrightarrow{OA}\cdot\left(\frac{3}{5}\overrightarrow{OB}+\frac{2}{5}\overrightarrow{OC}\right)\ (\because ①)$$

$$=\frac{3}{5}\underset{\frac{1}{2}}{\underline{(\overrightarrow{OA}\cdot\overrightarrow{OB})}}+\frac{2}{5}\underset{\frac{1}{2}}{\underline{(\overrightarrow{OA}\cdot\overrightarrow{OC})}}=\frac{3}{10}+\frac{2}{10}=\frac{1}{2}\ \cdots\cdots\cdots\cdots(答)$$

(3) $|\overrightarrow{OM}|^2=\left|\dfrac{3}{5}\overrightarrow{OB}+\dfrac{2}{5}\overrightarrow{OC}\right|^2=\dfrac{9}{25}\underset{1^2}{\underline{(|\overrightarrow{OB}|^2)}}+\dfrac{12}{25}\underset{\frac{1}{2}}{\underline{(\overrightarrow{OB}\cdot\overrightarrow{OC})}}+\dfrac{4}{25}\underset{1^2}{\underline{(|\overrightarrow{OC}|^2)}}$

$\therefore |\overrightarrow{OM}|^2=\dfrac{19}{25}$ より，$|\overrightarrow{OM}|=\sqrt{\dfrac{19}{25}}=\dfrac{\sqrt{19}}{5}$

> 「ベクトルの式」^{2} で展開だ。$|\overrightarrow{OM}|^2$ から $|\overrightarrow{OM}|$ を求める。

$\therefore \overrightarrow{OA}$ と $\overrightarrow{OM}$ のなす角 θ の余弦 $\cos\theta$ の値は

$$\cos\theta=\frac{\overrightarrow{OA}\cdot\overrightarrow{OM}}{|\overrightarrow{OA}||\overrightarrow{OM}|}=\frac{5}{2\sqrt{19}}=\frac{5\sqrt{19}}{38}\ \cdots(答)$$

> $|\overrightarrow{OA}|=1,\ |\overrightarrow{OM}|=\dfrac{\sqrt{19}}{5},\ \overrightarrow{OA}\cdot\overrightarrow{OM}=\dfrac{1}{2}$ より
> $\cos\theta=\dfrac{\overrightarrow{OA}\cdot\overrightarrow{OM}}{|\overrightarrow{OA}||\overrightarrow{OM}|}=\dfrac{\frac{1}{2}}{1\cdot\frac{\sqrt{19}}{5}}=\dfrac{5}{2\sqrt{19}}$

空間ベクトルの内積の成分表示

絶対暗記問題 22　難易度 ★★　CHECK1　CHECK2　CHECK3

2 つのベクトル $\overrightarrow{OA}=(1,\ -1,\ 1)$, $\overrightarrow{OB}=(x,\ 2,\ -2)$ があり，これらの なす角を θ とおくと，$\cos\theta=-\dfrac{1}{\sqrt{3}}$ である。このとき，x の値を求めよ。

ヒント! $\overrightarrow{OA}$, $\overrightarrow{OB}$ が成分表示されているので，$\overrightarrow{OA}\cdot\overrightarrow{OB}$, $|\overrightarrow{OA}|$, $|\overrightarrow{OB}|$ をそれ ぞれ計算して，内積の定義式：$\overrightarrow{OA}\cdot\overrightarrow{OB}=|\overrightarrow{OA}||\overrightarrow{OB}|\cos\theta$ に代入すれば，x の方 程式になる。これを解けばいいんだよ。

解答 & 解説

$\overrightarrow{OA}=(1,\ -1,\ 1)$, $\overrightarrow{OB}=(x,\ 2,\ -2)$

$\angle AOB=\theta$ とおくと，$\cos\theta=-\dfrac{1}{\sqrt{3}}$

（ⅰ）$\overrightarrow{OA}\cdot\overrightarrow{OB}=1\cdot x-1\cdot 2+1\cdot(-2)=x-2-2=\underline{x-4}$

（ⅱ）$|\overrightarrow{OA}|=\sqrt{1^2+(-1)^2+1^2}=\underline{\sqrt{3}}$

（ⅲ）$|\overrightarrow{OB}|=\sqrt{x^2+2^2+(-2)^2}=\underline{\sqrt{x^2+8}}$

以上（ⅰ）（ⅱ）（ⅲ）を内積 $\overrightarrow{OA}\cdot\overrightarrow{OB}$ の定義式に代入して，

$$\underset{\text{(ⅰ)}x-4}{\overrightarrow{OA}\cdot\overrightarrow{OB}}=\underset{\text{(ⅱ)}\sqrt{3}}{|\overrightarrow{OA}|}\ \underset{\text{(ⅲ)}\sqrt{x^2+8}}{|\overrightarrow{OB}|}\ \underset{-\frac{1}{\sqrt{3}}}{\cos\theta}$$

$x-4=\sqrt{3}\cdot\sqrt{x^2+8}\cdot\left(-\dfrac{1}{\sqrt{3}}\right)$,　　$\underset{\text{0以下}}{x-4}=-\sqrt{x^2+8}$ ……①

①の右辺 $\leqq 0$ より，①の左辺 $x-4\leqq 0$　∴ $x\leqq 4$ ……②

①の両辺を 2 乗して，　$(x-4)^2=x^2+8$

$x^2-8x+16=x^2+8$,　　$8x=8$

∴ $x=1$（これは②をみたす）……………………………………………(答)

頻出問題にトライ・6　難易度 ★★　CHECK1　CHECK2　CHECK3

座標空間内に 4 点 A $(1,\ 2,\ -1)$, B $(2,\ -1,\ 1)$, C$(1,\ 3,\ -2)$, D$(2,\ 3,\ 0)$ がある。

(1) △ABC の面積 S を求めよ。　　(2) $\overrightarrow{AD}\perp\overrightarrow{AB}$ と $\overrightarrow{AD}\perp\overrightarrow{AC}$ を示せ。

(3) 四面体 ABCD の体積 V を求めよ。

解答は **P172**

59

§3. 空間ベクトルを空間図形に応用しよう！（Ⅰ）

空間ベクトルは，様々な空間図形に応用することができる。ここでは，まず，**内分点**<ruby>ないぶんてん</ruby>と**外分点**<ruby>がいぶんてん</ruby>の公式を成分表示も含めて解説しよう。また，座標空間内の3点が同一直線上にある条件，および座標空間内の4点が同一平面内にある条件についても教えよう。さらに，**球面の方程式**についても解説するつもりだ。今回も盛り沢山だね。

● **内分点・外分点の公式は，平面ベクトルのものと同じだ！**

空間ベクトルにおいても，平面ベクトルと同様に，内分点の公式が利用できる。図1に示すように，座標空間内に異なる2点 $A(x_1, y_1, z_1)$，$B(x_2, y_2, z_2)$ が与えられたとき，線分 AB を $m:n$ に内分する点を P とおくと，基準点<ruby>きじゅんてん</ruby>を原点 O にとって，次の内分点の公式が導ける。

図1　内分点の公式

$$\overrightarrow{OP} = \frac{n\overrightarrow{OA} + m\overrightarrow{OB}}{m + n}$$

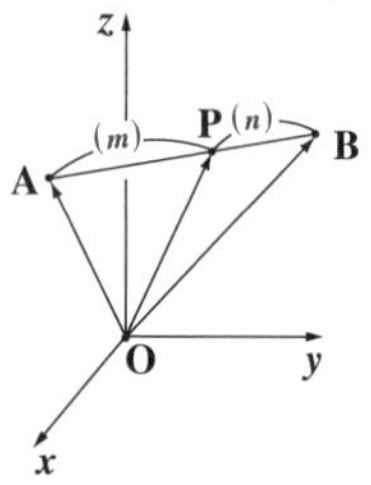

$$\overrightarrow{OP} = \frac{n\overrightarrow{OA} + m\overrightarrow{OB}}{m + n} \quad \cdots\cdots (*1)$$

ここで，$\overrightarrow{OA} = (x_1, y_1, z_1)$，$\overrightarrow{OB} = (x_2, y_2, z_2)$ より，次のように，$(*1)$ の $\overrightarrow{OP}$ を成分で表すこともできるんだね。

$$\overrightarrow{OP} = \frac{n}{m + n}\underbrace{(x_1, y_1, z_1)}_{\overrightarrow{OA}} + \frac{m}{m + n}\underbrace{(x_2, y_2, z_2)}_{\overrightarrow{OB}}$$

$$= \left(\frac{nx_1}{m + n}, \frac{ny_1}{m + n}, \frac{nz_1}{m + n} \right) + \left(\frac{mx_2}{m + n}, \frac{my_2}{m + n}, \frac{mz_2}{m + n} \right)$$

$$= \left(\frac{nx_1 + mx_2}{m + n}, \frac{ny_1 + my_2}{m + n}, \frac{nz_1 + mz_2}{m + n} \right) \quad \cdots\cdots ①' \quad \text{となる。}$$

さらに，線分 AB を $m:n$ に外分する点 Q についても同様に求まる。

これらを公式として，まとめて下に示そう。

空間ベクトルによる内分点・外分点の公式

座標空間内の異なる 2 点 $A(x_1, y_1, z_1)$, $B(x_2, y_2, z_2)$ について，

（Ⅰ）点 P が線分 AB を $m:n$ に内分するとき，

$$\overrightarrow{OP} = \frac{n\overrightarrow{OA} + m\overrightarrow{OB}}{m + n} \quad \cdots\cdots\cdots\cdots\cdots (*1)$$

$$\overrightarrow{OP} = \left(\frac{nx_1 + mx_2}{m + n}, \frac{ny_1 + my_2}{m + n}, \frac{nz_1 + mz_2}{m + n} \right) \cdots\cdots (*1)' \quad \boxed{\begin{array}{c}成分\\表示\end{array}}$$

（Ⅱ）点 Q が線分 AB を $m:n$ に外分するとき，

$$\overrightarrow{OQ} = \frac{-n\overrightarrow{OA} + m\overrightarrow{OB}}{m - n} \quad \cdots\cdots\cdots\cdots\cdots (*2)$$

$$\overrightarrow{OQ} = \left(\frac{-nx_1 + mx_2}{m - n}, \frac{-ny_1 + my_2}{m - n}, \frac{-nz_1 + mz_2}{m - n} \right) \cdots (*2)' \quad \boxed{\begin{array}{c}成分\\表示\end{array}}$$

では，例題を 1 題やっておこう。

座標空間内に 2 点 $A(2, 1, -1)$, $B(1, -1, 3)$ がある。このとき，線分 AB を $3:1$ に内分する点を P，外分する点を Q とおくと，

$\overrightarrow{OA} = (2, 1, -1)$, $\overrightarrow{OB} = (1, -1, 3)$ より，公式 $(*1)'$ と $(*2)'$ を用いて，

$$\overrightarrow{OP} = \left(\frac{1\cdot2 + 3\cdot1}{3 + 1}, \frac{1\cdot1 + 3\cdot(-1)}{3 + 1}, \frac{1\cdot(-1) + 3\cdot3}{3 + 1} \right) = \left(\frac{5}{4}, -\frac{1}{2}, 2 \right)$$

$$\overrightarrow{OQ} = \left(\frac{-1\cdot2 + 3\cdot1}{3 - 1}, \frac{-1\cdot1 + 3\cdot(-1)}{3 - 1}, \frac{-1\cdot(-1) + 3\cdot3}{3 - 1} \right) = \left(\frac{1}{2}, -2, 5 \right)$$

よって，内分点 $P\left(\frac{5}{4}, -\frac{1}{2}, 2 \right)$, 外分点 $Q\left(\frac{1}{2}, -2, 5 \right)$ が求まるんだね。

● 2つのベクトルの平行条件も同様だ！

2 つのベクトル $\vec{a} = (x_1, y_1, z_1)$, $\vec{b} = (x_2, y_2, z_2)$ が平行となるための条件も，$\vec{a} /\!/ \vec{b}$ であれば，$\vec{b}$ に何かある実数をかければ $\vec{a}$ と等しくなるので，平面ベクトルのときと同様に，

$\boxed{\vec{a} = k\vec{b}}$ ……$(*3)$ となるのもいいね。

ここで，$\vec{a} = k\vec{b}$ を成分で表示すると，

$(x_1, y_1, z_1) = k(x_2, y_2, z_2) = (kx_2, ky_2, kz_2)$ となる。

よって，$x_1 = kx_2 \cdots ①$，$y_1 = ky_2 \cdots ②$，$z_1 = kz_2 \cdots ③$ より，

$\dfrac{x_1}{x_2} = \dfrac{y_1}{y_2} = \dfrac{z_1}{z_2} \ (= k)$ ……（＊3）′　も導けるんだね。

ただし，分母に 0 はこないので，当然 $x_2 \neq 0$，$y_2 \neq 0$，$z_2 \neq 0$ の条件がつく。ン？では，分母に 0 がくるときはどうするのかって？いいよ。次の例題で練習しておこう。

$\vec{a} = (3, y_1, -6)$ と $\vec{b} = (1, 0, z_2)$ が，$\vec{a} // \vec{b}$ であるとき，y_1 と z_2 の値を求めよう。

（＊3）′ を利用すると，

$\dfrac{3}{1} = \dfrac{-6}{z_2}$ かつ $y_1 = 0$ ←

> まず，公式の通りに書くと，
> $\dfrac{3}{1} = \dfrac{y_1}{0} = \dfrac{-6}{z_2}$ となる。
>
> 分母が 0 のときは，分子も 0 になる。よって，この部分だけ別にして左のように書けばいい。

よって，$y_1 = 0$，$z_2 = -\dfrac{6}{3} = -2$

となって，答えが求まるんだね。

要領を覚えた？

では，$\vec{a}$ と $\vec{b}$ の平行条件と直交条件は，まとめて覚えておいた方が忘れないので，まとめて示しておこう。

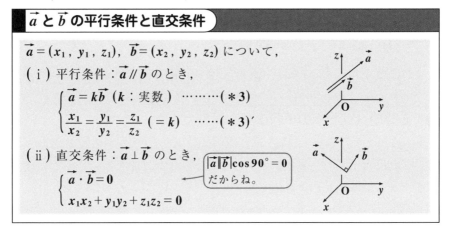

■ $\vec{a}$ と $\vec{b}$ の平行条件と直交条件

$\vec{a} = (x_1, y_1, z_1)$，$\vec{b} = (x_2, y_2, z_2)$ について，

（ⅰ）平行条件：$\vec{a} // \vec{b}$ のとき，

$\begin{cases} \vec{a} = k\vec{b} \ (k：実数) \ \cdots\cdots（＊3） \\ \dfrac{x_1}{x_2} = \dfrac{y_1}{y_2} = \dfrac{z_1}{z_2} \ (= k) \ \cdots\cdots（＊3）′ \end{cases}$

（ⅱ）直交条件：$\vec{a} \perp \vec{b}$ のとき，

$|\vec{a}||\vec{b}|\cos 90° = 0$ だからね。

$\begin{cases} \vec{a} \cdot \vec{b} = 0 \\ x_1 x_2 + y_1 y_2 + z_1 z_2 = 0 \end{cases}$

さらに，図2に示すように，座標空間内
の異なる3点A，B，Cが同一直線上にあ
るための条件は，

$$\overrightarrow{AB} = k\overrightarrow{AC} \quad \cdots\cdots(*3)''$$ となる。

$(*3)''$から，$\overrightarrow{AB} // \overrightarrow{AC}$(平行)であり，$\overrightarrow{AB}$
と$\overrightarrow{AC}$は，点Aを共有しているので，図2
のように，3点A，B，Cは同一直線上に存
在することになるんだね。納得いった？

図2　3点A，B，Cが同一直
　線上にある条件
$$\overrightarrow{AB} = k\overrightarrow{AC}$$

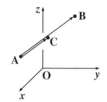

● 4点が同一平面内にあるための条件も押さえよう！

座標空間内に異なる4点A，B，C，Pが同一平面内に存在する条件に
ついて解説しよう。図3に示すように，
これら4点が同一平面内にあるとき，こ
れは平面ベクトルの問題になる。ここで，
$\overrightarrow{AB}$と$\overrightarrow{AC}$が1次独立なベクトルである

$$\boxed{\overrightarrow{AB} \neq \vec{0} \text{ かつ } \overrightarrow{AC} \neq \vec{0} \text{ かつ } \overrightarrow{AB} \not\!/ \overrightarrow{AC}}$$

ならば，この平面内のベクトルである
$\overrightarrow{AP}$は，必ず$\overrightarrow{AB}$と$\overrightarrow{AC}$の1次結合で表
すことができる。よって，4点A，B，C，
Pが同一平面上に存在するための条件は

図3　点A，B，C，Pが同一平面
　上にある条件
$$\overrightarrow{AP} = s\overrightarrow{AB} + t\overrightarrow{AC}$$

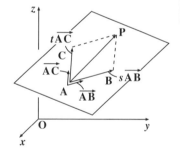

$$\overrightarrow{AP} = s\overrightarrow{AB} + t\overrightarrow{AC} \quad \cdots\cdots(*4) \quad (s, t：実数変数) となる。$$

ここで，$\overrightarrow{AB}$と$\overrightarrow{AC}$が1次独立となるためには，3点A，B，Cが同一直
線上に存在しなければいいんだね。このとき，3点A，B，Cで定まる平
面上に点Pが存在するための条件が$(*4)$になる。大丈夫？

では，これも例題をやっておこう。

座標空間内に3点A$(2，-1，3)$，B$(2，0，1)$，C$(3，0，3)$が作る平面
内に点P$(\alpha，1，5)$があるとき，αの値を求めてみよう。

$\overrightarrow{OA} = (2, -1, 3)$, $\overrightarrow{OB} = (2, 0, 1)$, $\overrightarrow{OC} = (3, 0, 3)$, $\overrightarrow{OP} = (\alpha, 1, 5)$ より,

$\overrightarrow{AB} = \overrightarrow{OB} - \overrightarrow{OA} = (2, 0, 1) - (2, -1, 3) = (0, 1, -2)$

$\overrightarrow{AC} = \overrightarrow{OC} - \overrightarrow{OA} = (3, 0, 3) - (2, -1, 3) = (1, 1, 0)$

$\overrightarrow{AP} = \overrightarrow{OP} - \overrightarrow{OA} = (\alpha, 1, 5) - (2, -1, 3) = (\alpha - 2, 2, 2)$ となる。

よって, 点 P が平面 ABC 上に存在するための条件は

$\overrightarrow{AP} = s\overrightarrow{AB} + t\overrightarrow{AC}$ ……(*4) をみたす

実数 s, t が存在することだから,

$(\alpha - 2, 2, 2) = s(0, 1, -2) + t(1, 1, 0)$

$= (0, s, -2s) + (t, t, 0) = (t, s+t, -2s)$

よって, $\alpha - 2 = t$ …①, $s + t = 2$ …②, $-2s = 2$ …③

③より, $s = -1$, ②より $-1 + t = 2$ ∴ $t = 3$

①より, $\alpha - 2 = 3$ ∴ $\alpha = 5$ となるんだね。納得いった?

● 平面の方程式にもチャレンジしよう!

実は, 4 点 A, B, C, P が同一平面上にあるための条件式 (*4) は, s と t を任意に変化する変数と考え, また, P をそれによって動く動点と考えると, 3 点 A, B, C により決まる平面, つまり平面 ABC を表す方程式になるんだね。(*4) の左辺の $\overrightarrow{AP}$ は, 回り道の原理より

$\overrightarrow{AP} = \overrightarrow{OP} - \overrightarrow{OA}$ ……④ となる。これを (*4) に代入してまとめると,

平面 ABC の方程式:

$\overrightarrow{OP} = \overrightarrow{OA} + s\overrightarrow{AB} + t\overrightarrow{AC}$

……(*4)′

(s, t : 実数変数)

が導けるんだね。図 4 に示すように, s と t の値を変化させれば, 動点 P が平面上を自由に動いて, 平面 ABC を表すことが分かるはずだ。

図 4 平面 ABC の方程式

$\overrightarrow{OP} = \overrightarrow{OA} + s\overrightarrow{AB} + t\overrightarrow{AC}$

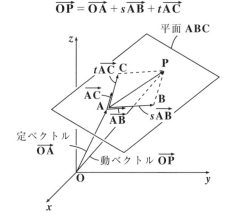

　さらに，$\overrightarrow{AB} = \vec{d_1}$，$\overrightarrow{AC} = \vec{d_2}$ とおくと，$\vec{d_1}$，$\vec{d_2}$ は平面上の **1 次独立な 2**つの**方向ベクトル**と考えることができる。この場合，点 A を通り，2 つの1 次独立な方向ベクトル $\vec{d_1}$ と $\vec{d_2}$ をもつ平面の方程式として，

$$\overrightarrow{OP} = \overrightarrow{OA} + s\vec{d_1} + t\vec{d_2} \quad\cdots\cdots(*4)''\quad$$ と表すこともできる。

　次に，基準点 O を基にした平面 ABC 上に存在する点 P の条件式を求めることもできる。

$(*4)$ に，$\overrightarrow{AP} = \overrightarrow{OP} - \overrightarrow{OA}$，$\overrightarrow{AB} = \overrightarrow{OB} - \overrightarrow{OA}$，$\overrightarrow{AC} = \overrightarrow{OC} - \overrightarrow{OA}$ を代入して，

まとめると，　　（すべて，引き算形式のまわり道の原理）

$$\overrightarrow{OP} - \overrightarrow{OA} = s(\overrightarrow{OB} - \overrightarrow{OA}) + t(\overrightarrow{OC} - \overrightarrow{OA}) \quad (s,\ t：実数変数)$$

$$\overrightarrow{OP} = \underset{\alpha}{(1 - s - t)}\overrightarrow{OA} + \underset{\beta}{s}\overrightarrow{OB} + \underset{\gamma}{t}\overrightarrow{OC} \quad\cdots\cdots④\quad$$ となるね。ここで，

$\overrightarrow{OA}$，$\overrightarrow{OB}$，$\overrightarrow{OC}$ の各係数を $1 - s - t = \alpha$，$s = \beta$，$t = \gamma$ とおくと，

$\alpha + \beta + \gamma = 1 - s - t + s + t = 1$　となるので，④から，

$$\overrightarrow{OP} = \alpha\overrightarrow{OA} + \beta\overrightarrow{OB} + \gamma\overrightarrow{OC} \quad\cdots\cdots(*4)'''\quad(\alpha + \beta + \gamma = 1)$$

も導くことができる。

　ここで，α，β，γ を，$\alpha + \beta + \gamma = 1$ をみたす定数と考えると，$(*4)'''$ は，点 P が平面 ABC 上にあるための条件式となる。これに対して，α，β，γ を，$\alpha + \beta + \gamma = 1$ をみたしながら変化する変数であると考えると，P は平面 ABC 上を塗りつぶすように動く動点となるので，$(*4)'''$ は，平面 ABC を表す方程式ということになるんだね。

図5　点 P が平面 ABC 上にあるための条件式

$$\overrightarrow{OP} = \alpha\overrightarrow{OA} + \beta\overrightarrow{OB} + \gamma\overrightarrow{OC}$$
$$(\alpha + \beta + \gamma = 1)$$

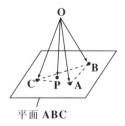

平面 ABC

　係数 s，t や α，β，γ を定数と見るか，変数と見るかでベクトル方程式の意味が変わることも理解できたと思う。面白かっただろう？

　では次，空間ベクトルを応用して，球面の方程式にもチャレンジしてみよう。

● 球面と円のベクトル方程式は同じ!?

xyz 空間座標系に，定点 A と動点 P があり，

$|\overrightarrow{\text{AP}}| = r$ （一定）……㋐　　$(r > 0)$

をみたすとき，動点 P がどんな図形を描くか
わかる？

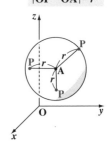

図6 球面の方程式

$|\overrightarrow{\text{OP}} - \overrightarrow{\text{OA}}| = r$

　動点 P は，常に定点 A からの距離を一定
値 r に保ちながら動くので，図6 に示すよう
に，点 A を中心とする半径 r の球面を描くこ
とになる。

ここで，まわり道の原理を使うと $\overrightarrow{\text{AP}} = \overrightarrow{\text{OP}} - \overrightarrow{\text{OA}}$ より，これを㋐に代入し
て，空間座標における**球面のベクトル方程式**は，次のようになるんだね。

> ### 空間座標における球面のベクトル方程式
>
> $|\overrightarrow{\text{OP}} - \overrightarrow{\text{OA}}| = r$　（中心 A，半径 r の球面）

　これは，xy 平面座標系の円のベクトル方程式と形式的にはまったく同
じなんだね。(**P32** 参照)

　同じベクトル方程式 $|\overrightarrow{\text{OP}} - \overrightarrow{\text{OA}}| = r$ ……㋐′ が，

$\begin{cases} (\text{i}) \ xy \ 平面座標系では，円を表し， \\ (\text{ii}) \ xyz \ 空間座標系では，球面を表すんだね。 \end{cases}$

　ただし，これを成分で表すと，その違いが明らかになる。(i) 平面ベク
トルの場合，$\overrightarrow{\text{OP}} = (x, y)$, $\overrightarrow{\text{OA}} = (a, b)$ とすると，㋐′ から，円の方程式:
$(x-a)^2 + (y-b)^2 = r^2$ （中心 A(a, b)，半径 r の円）　が導かれた。
これに対して，今回は，(ii) の xyz 座標系で考えているので，$\overrightarrow{\text{OP}}$ と $\overrightarrow{\text{OA}}$
を次のように成分表示してみよう。

$\overrightarrow{\text{OP}} = (x, y, z),\ \overrightarrow{\text{OA}} = (a, b, c)$

（動ベクトル）（変数）（定ベクトル）（定数）

すると，$\overrightarrow{OP}-\overrightarrow{OA}=(x,\ y,\ z)-(a,\ b,\ c)=(x-a,\ y-b,\ z-c)$

よって，$|\overrightarrow{OP}-\overrightarrow{OA}|=\sqrt{(x-a)^2+(y-b)^2+(z-c)^2}$ となる。

これを⑦´に代入すると，

$$\sqrt{(x-a)^2+(y-b)^2+(z-c)^2}=r$$

この両辺を 2 乗して，

$(x-a)^2+(y-b)^2+(z-c)^2=r^2$ が導かれる。これが，xyz 空間座標系にお

ける球面の方程式なんだね。下にまとめて示す。

■ 球面の方程式

中心 $A(a,\ b,\ c)$，半径 $r\ (>0)$ の球面
の方程式は，

$$(x-a)^2+(y-b)^2+(z-c)^2=r^2$$

である。

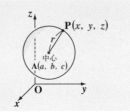

ここで，中心 $O(0,\ 0,\ 0)$，半径 $r\ (>0)$ の球面の方程式は，

$x^2+y^2+z^2=r^2$ となるのも大丈夫だね。

それでは，例題をやっておこう。

◆例題 2 ◆

点 $(3,\ 0,\ 1)$ が，中心 $C(1,\ -2,\ a)$，半径 3 の球面上の点であるとき，
a の値を求めよ。

中心 $C(1,\ -2,\ a)$，半径 $r=3$ の球面の方程式は

$(x-1)^2+(y+2)^2+(z-a)^2=9$ ……①

> 中心 $C(a,\ b,\ c)$，半径 r の
> 球面の方程式：
> $(x-a)^2+(y-b)^2+(z-c)^2=r^2$

点 $(3,\ 0,\ 1)$ が①の球面上の点より，これを①に代入して

$(3-1)^2+(0+2)^2+(1-a)^2=9,\qquad 4+4+(a-1)^2=9$

$8+a^2-2a+1=9\qquad a(a-2)=0$

∴求める a の値は，$a=0$，または 2 ……………………………………(答)

絶対暗記問題 23　　難易度 ★★　　CHECK1　CHECK2　CHECK3

座標空間内に 3 つのベクトル $\overrightarrow{OA}=(1,\ 2,\ -1)$, $\overrightarrow{OB}=(3,\ -2,\ 2)$, $\overrightarrow{OC}=(\alpha,\ 0,\ \beta)$ がある。ただし，α, β は実数定数とする。

(1) 3 点 A，B，C が同一直線上にあるとき，α と β の値を求めよ。

(2) $\overrightarrow{AB}\perp\overrightarrow{AC}$, かつ $|\overrightarrow{OC}|=3$ であるとき，α の値を求めよ。

ヒント! 空間ベクトルにおいても，(1) 3 点 A，B，C が同一直線上にあるための条件は，$\overrightarrow{AC}=k\overrightarrow{AB}$ であり，(2) $\overrightarrow{AB}\perp\overrightarrow{AC}$ となるための条件は，$\overrightarrow{AB}$ と $\overrightarrow{AC}$ の内積が 0，すなわち $\overrightarrow{AB}\cdot\overrightarrow{AC}=|\overrightarrow{AB}||\overrightarrow{AC}|\cos 90°=0$ なんだね。頑張ろう！

解答 & 解説

$\overrightarrow{OA}=(1,\ 2,\ -1)$, $\overrightarrow{OB}=(3,\ -2,\ 2)$, $\overrightarrow{OC}=(\alpha,\ 0,\ \beta)$ より，

$\overrightarrow{AB}=\overrightarrow{OB}-\overrightarrow{OA}=(3,\ -2,\ 2)-(1,\ 2,\ -1)=(2,\ -4,\ 3)$

$\overrightarrow{AC}=\overrightarrow{OC}-\overrightarrow{OA}=(\alpha,\ 0,\ \beta)-(1,\ 2,\ -1)=(\alpha-1,\ -2,\ \beta+1)$ となる。

(1) 3 点 A，B，C が同一直線上にあるとき，

$$\overrightarrow{AC}=k\overrightarrow{AB}\quad より\quad \underbrace{\frac{\alpha-1}{2}}_{(\text{i})}=\underbrace{\frac{-2}{-4}}_{(\text{ii})}=\frac{\beta+1}{3}$$

(i) $\dfrac{\alpha-1}{2}=\dfrac{1}{2}$ より，$\alpha-1=1$ $\therefore \alpha=2$

(ii) $\dfrac{\beta+1}{3}=\dfrac{1}{2}$ より，$\beta+1=\dfrac{3}{2}$ $\therefore \beta=\dfrac{1}{2}$

(2) $|\overrightarrow{OC}|^2=3^2$ より，$\alpha^2+\beta^2=9$ ……① であり，また，$\overrightarrow{AB}\perp\overrightarrow{AC}$ より

$\overrightarrow{AB}\cdot\overrightarrow{AC}=0$ よって，$2(\alpha-1)-4(-2)+3(\beta+1)=0$

$2\alpha+3\beta+9=0$ $\therefore \beta=-\dfrac{1}{3}(2\alpha+9)$ ……② となる。

②を①に代入して，$\alpha^2+\dfrac{1}{9}(2\alpha+9)^2=9$ 両辺に 9 をかけてまとめると，

$9\alpha^2+4\alpha^2+36\alpha+\cancel{81}=\cancel{81}$ $\alpha(13\alpha+36)=0$

$\therefore \alpha=0$，または $-\dfrac{36}{13}$ ………………………………(答)

点 S が平面 ABC 上にある条件

四面体 OABC について，線分 AB を 1 : 2 に内分する点を P，線分 OC を 1 : 2 に内分する点を Q，また線分 PQ を 1 : 2 に内分する点を R とする。また，直線 OR と平面 ABC との交点を S とする。このとき，$\overrightarrow{OR}$ と $\overrightarrow{OS}$ を，$\overrightarrow{OA}$，$\overrightarrow{OB}$，$\overrightarrow{OC}$ の 1 次結合で表せ。

ヒント！ $\overrightarrow{OS} /\!/ \overrightarrow{OR}$ より，$\overrightarrow{OS} = k\overrightarrow{OR}$ とおいたとき，点 S は平面 ABC 上の点なので，$\overrightarrow{OS} = \alpha\overrightarrow{OA} + \beta\overrightarrow{OB} + \gamma\overrightarrow{OC}$ $(\alpha + \beta + \gamma = 1)$ が成り立つんだね。

解答 & 解説

点 P は，線分 AB を 1 : 2 に内分するので，

$$\overrightarrow{OP} = \frac{2 \cdot \overrightarrow{OA} + 1 \cdot \overrightarrow{OB}}{1 + 2} = \frac{2}{3}\overrightarrow{OA} + \frac{1}{3}\overrightarrow{OB} \quad \cdots\cdots①$$

点 Q は線分 OC を 1 : 2 に内分するので，

$$\overrightarrow{OQ} = \frac{1}{3}\overrightarrow{OC} \quad \cdots\cdots\cdots\cdots\cdots\cdots\cdots\cdots②$$

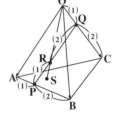

点 R は，線分 PQ を 1 : 2 に内分するので，

$$\overrightarrow{OR} = \frac{2\overrightarrow{OP} + 1 \cdot \overrightarrow{OQ}}{1 + 2} = \frac{2}{3}\overrightarrow{OP} + \frac{1}{3}\overrightarrow{OQ} = \frac{4}{9}\overrightarrow{OA} + \frac{2}{9}\overrightarrow{OB} + \frac{1}{9}\overrightarrow{OC} \quad \cdots\cdots(答)$$

$$\underbrace{\left(\frac{2}{3}\overrightarrow{OA} + \frac{1}{3}\overrightarrow{OB}\right)(①より)}\quad \underbrace{\frac{1}{3}\overrightarrow{OC}(②より)}$$

（①，②より）

また，線分 OR と平面 ABC との交点を S とおくと，$\overrightarrow{OR} /\!/ \overrightarrow{OS}$ (平行) より，

$$\overrightarrow{OS} = k\overrightarrow{OR} = k\left(\frac{4}{9}\overrightarrow{OA} + \frac{2}{9}\overrightarrow{OB} + \frac{1}{9}\overrightarrow{OC}\right)$$

$$= \frac{4}{9}k\overrightarrow{OA} + \frac{2}{9}k\overrightarrow{OB} + \frac{1}{9}k\overrightarrow{OC} \quad \cdots\cdots③$$

> 点 S は，平面 ABC 上の点より
> $\overrightarrow{OS} = \alpha\overrightarrow{OA} + \beta\overrightarrow{OB} + \gamma\overrightarrow{OC}$
> について，$\alpha + \beta + \gamma = 1$
> が成り立つ。

ここで，$\overrightarrow{OA}$，$\overrightarrow{OB}$，$\overrightarrow{OC}$ の係数の和は 1 より，

$$\frac{4}{9}k + \frac{2}{9}k + \frac{k}{9} = 1 \quad \text{よって} \quad \frac{7}{9}k = 1 \text{ より，} k = \frac{9}{7} \quad \cdots\cdots④$$

④を③に代入して，$\overrightarrow{OS} = \frac{4}{7}\overrightarrow{OA} + \frac{2}{7}\overrightarrow{OB} + \frac{1}{7}\overrightarrow{OC}$ となる。 $\cdots\cdots\cdots\cdots$(答)

座標空間内に4点 $A(2, -1, 2)$, $B(3, 0, 2)$, $C(3, 1, 1)$, $P(x, y, 4)$ がある。これら4点が同一平面上にあり，かつ $\angle ABP = 90°$ のとき，x と y の値を求めよ。

ヒント! 4点 A, B, C, P が同一平面内にあるので，$\overrightarrow{AP} = s\overrightarrow{AB} + t\overrightarrow{AC}$ をみたす実数 s, t が存在する。また，$\angle ABP = 90°$ より，$\overrightarrow{AB} \cdot \overrightarrow{BP} = 0$ となるんだね。

解答&解説

$\overrightarrow{OA} = (2, -1, 2)$, $\overrightarrow{OB} = (3, 0, 2)$, $\overrightarrow{OC} = (3, 1, 1)$, $\overrightarrow{OP} = (x, y, 4)$ より，

$$\begin{cases} \overrightarrow{AB} = \overrightarrow{OB} - \overrightarrow{OA} = (3, 0, 2) - (2, -1, 2) = \underline{(1, 1, 0)} \\ \overrightarrow{AC} = \overrightarrow{OC} - \overrightarrow{OA} = (3, 1, 1) - (2, -1, 2) = \underline{(1, 2, -1)} \\ \overrightarrow{AP} = \overrightarrow{OP} - \overrightarrow{OA} = (x, y, 4) - (2, -1, 2) = \underline{(x-2, y+1, 2)} \\ \overrightarrow{BP} = \overrightarrow{OP} - \overrightarrow{OB} = (x, y, 4) - (3, 0, 2) \\ \qquad = \underline{(x-3, y, 2)} \end{cases}$$

> $\overrightarrow{AB} \neq \vec{0}$, $\overrightarrow{AC} \neq \vec{0}$
> $\overrightarrow{AB} \cancel{/\!/} \overrightarrow{AC}$ より
> $\overrightarrow{AB}$ と $\overrightarrow{AC}$ は
> 1次独立だね。

・$\overrightarrow{AB}$ と $\overrightarrow{AC}$ は1次独立より，4点 A, B, C, P が同一平面内にあるとき，次式が成り立つ。

$\underline{\overrightarrow{AP} = s\overrightarrow{AB} + t\overrightarrow{AC}}$　これを成分表示すると，

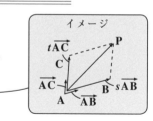

イメージ

$$\underline{(x-2, y+1, 2)} = s\underline{(1, 1, 0)} + t\underline{(1, 2, -1)} = (s+t, s+2t, -t)$$

$$\therefore \begin{cases} x - 2 = s + t & \cdots\cdots① \\ y + 1 = s + 2t & \cdots\cdots② \\ 2 = -t & \cdots\cdots③ \end{cases}$$

・また，$\angle ABP = 90°$ より，$\overrightarrow{AB} \cdot \overrightarrow{BP} = 0$

$(1, 1, 0) \cdot (x-3, y, 2) = 0$

$1 \cdot (x-3) + 1 \cdot y + 0 \cdot 2 = 0$

$x - 3 + y = 0$

$\therefore y = 3 - x \quad\cdots\cdots\cdots④$

以上①，②，③，④を解いて

$x = 4$, $y = -1$ となる。　$\cdots\cdots\cdots\cdots$(答)

> ③より，$t = -2$ $\cdots\cdots③'$
> ③'と④を①，②に代入して，
> $$\begin{cases} x - 2 = s - 2 & \cdots\cdots①' \\ 3 - x + 1 = s - 4 & \cdots\cdots②' \end{cases}$$
> $s = x$ $\cdots①'$ を②'に代入して，
> $4 - x = x - 4$　$2x = 8$
> $\therefore x = 4$
> これを④に代入して，
> $y = 3 - 4 = -1$

球面の方程式

絶対暗記問題 26　　難易度 ★★　　CHECK1　CHECK2　CHECK3

座標空間に，$x^2+y^2+z^2=1$ で表される球面 S_1 と，中心が $A(2, -2, -1)$ で S_1 と外接する球面 S_2 がある。

(1) 球面 S_2 の方程式を求めよ。

(2) 球面 S_2 と xy 平面との交わりの円の中心 C の座標と半径を求めよ。

ヒント！ (1) 球面 S_2 の中心は分かっているので，半径 r' を求めればいい。(2) では，xy 平面は $z=0$ で表されるので，これを (1) で求めた方程式に代入しよう。

解答&解説

(1) 球面 S_1：$x^2+y^2+z^2=1$ は，中心が原点 O，半径 $r=1$ の球面である。

球面 S_2 の中心は $A(2, -2, -1)$ より，中心間の距離 OA は，

$OA=\sqrt{2^2+(-2)^2+(-1)^2}=\sqrt{9}=3$

球面 S_1 と S_2 は外接するので，右上図より，球面 S_2 の半径を r' とおくと，

$r'=OA-1=3-1=2$　となる。

よって，S_2 は中心 $A(2, -2, -1)$，半径 $r'=2$ より，その方程式は，

$S_2：(x-2)^2+(y+2)^2+(z+1)^2=4$　……① ……(答)

> 中心 $A(a, b, c)$，半径 r の球面
> $(x-a)^2+(y-b)^2+(z-c)^2=r^2$

(2) 球面 S_2 と xy 平面：$z=0$ ……②

との交わりの円は，②を①に代入して，

$(x-2)^2+(y+2)^2+1^2=4$　より

$(x-2)^2+(y+2)^2=3$　$(z=0)$

∴交わりの円の中心は $C(2, -2, 0)$

半径 $\sqrt{3}$ の円になる。

頻出問題にトライ・7　　難易度 ★★★　　CHECK1　CHECK2　CHECK3

座標空間に 2 つの異なる定点 O，A がある。動点 P が，$OP:AP=2:1$ の関係を保ちながら動くとき，動点 P の描く図形を求めよ。

解答は P172

§4. 空間ベクトルを空間図形に応用しよう！（Ⅱ）

今回は，空間ベクトルを応用して，座標空間内の直線や平面の方程式を導いてみよう。さらに，前回学習した球面と併せて，直線と平面と球面の位置関係についても解説するつもりだ。レベルは上がるけれど，解ける問題の幅がもっと広がるので，さらに面白くなると思う。

● 直線の方程式にもチャレンジしよう！

xyz 座標空間においても，点 A を通る方向ベクトル $\vec{d}$ の直線 L が，媒介変数 t を用いて，次のベクトル方程式で表されるのは大丈夫だね。(図 1 参照)

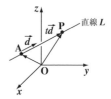

図1 直線 L の方程式
$$\overrightarrow{OP} = \overrightarrow{OA} + t\vec{d}$$

$$\overrightarrow{OP} = \overrightarrow{OA} + t\vec{d} \quad \cdots\cdots(*1) \quad (t : 媒介変数)$$

ここで，$\overrightarrow{OP}$, $\overrightarrow{OA}$, $\vec{d}$ を成分表示して，

$\overrightarrow{OP} = (x, y, z)$, $\overrightarrow{OA} = (a, b, c)$, $\vec{d} = (l, m, n)$ とおくと，$(*1)$ は，

$(x, y, z) = (a, b, c) + t(l, m, n)$ となって，

$(x, y, z) = (a+tl, b+tm, c+tn)$ となる。

よって，$x = a+tl, \ y = b+tm, \ z = c+tn$ より，

$l \neq 0, \ m \neq 0, \ n \neq 0$ とすると，

$$\frac{x-a}{l} = t, \ \frac{y-b}{m} = t, \ \frac{z-c}{n} = t \quad となる。$$

> 媒介変数 t を用いた直線の方程式として，これもよく使う形なので，覚えておこう。

これから媒介変数 t を消去して，直線 L の方程式は次のようになる。

▌空間座標における直線の方程式

点 $A(a, b, c)$ を通り，方向ベクトル $\vec{d} = (l, m, n)$ の直線の方程式は，

$$\frac{x-a}{l} = \frac{y-b}{m} = \frac{z-c}{n} \quad (= t) \quad となる。$$

(ただし，$l \neq 0, \ m \neq 0, \ n \neq 0$)

それでは，例題で練習しておこう。

◆例題 3 ◆

点 $A(2, 2, 3)$ を通り，方向ベクトル $\vec{d} = (2, 3, -3)$ の直線 L の方程式を求めよ。また，L と xy 平面との交点を P，L と yz 平面の交点を Q とする。P，Q の座標を求めよ。

直線 L は，点 $A(2, 2, 3)$ を通り，方向ベクトル $\vec{d} = (2, 3, -3)$ をもつので，その方程式は，$\dfrac{x-2}{2} = \dfrac{y-2}{3} = \dfrac{z-3}{-3}$ …① となる。

$$\boxed{\dfrac{x-a}{l} = \dfrac{y-b}{m} = \dfrac{z-c}{n}}$$

(i) xy 平面の方程式 $z = 0$ …②を①に代入すると，

$$\dfrac{x-2}{2} = \dfrac{y-2}{3} = \dfrac{\cancelto{1}{-3}}{-3} \text{ となる。}$$

$\boxed{\begin{array}{l} \cdot \dfrac{x-2}{2} = 1, \ x - 2 = 2 \ \therefore x = 4 \\[2mm] \cdot \dfrac{y-2}{3} = 1, \ y - 2 = 3 \ \therefore y = 5 \end{array}}$

これを解いて，$x = 4$，$y = 5$

$\therefore L$ と xy 平面との交点 P の座標は，$P(4, 5, 0)$ である。

(ii) yz 平面の方程式 $x = 0$ …③

を①に代入すると，

$$\dfrac{\cancelto{-1}{-2}}{2} = \dfrac{y-2}{3} = \dfrac{z-3}{-3} \text{ となる。}$$

これを解いて，$y = -1$，$z = 6$

$\boxed{\begin{array}{l} \cdot -1 = \dfrac{y-2}{3}, \ y - 2 = -3 \ \therefore y = -1 \\[2mm] \cdot -1 = \dfrac{z-3}{-3}, \ z - 3 = 3 \qquad \therefore z = 6 \end{array}}$

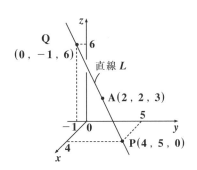

$\therefore L$ と yz 平面との交点 Q の座標は，$Q(0, -1, 6)$ である。

● **平面の方程式を法線ベクトル $\vec{n}$ で表そう！**

空間座標において，点 A を通り，2つの 1 次独立な方向ベクトル $\vec{d_1}$ と $\vec{d_2}$ をもつ平面の方程式が，$\overrightarrow{OP} = \overrightarrow{OA} + s\vec{d_1} + t\vec{d_2}$ …① (s, t：媒介変数) で表わされることは，P65 で既に解説したけれど，平面と垂直な法線ベクトルを使えば，もっとスッキリした形で表現できる。

73

図 2 に示すように，座標空間内に点 $A(x_1, y_1, z_1)$ を通り，法線ベクトル $\vec{n} = (a, b, c)$ をもつ平面上を自由に動く動点 $P(x, y, z)$ を考えると，$\vec{n}$ と $\overrightarrow{AP}$ は常に直交することが分かるはずだ。よって，

$\vec{n} \cdot \overrightarrow{AP} = 0$ …(ア)　となる。

ここで，$\overrightarrow{AP} = \overrightarrow{OP} - \overrightarrow{OA}$ を (ア) に代入すると，点 A を通り，法線ベクトル $\vec{n}$ をもつ平面のベクトル方程式が次のように導けるんだね。

図 2　点 A を通り，法線ベクトル $\vec{n}$ の平面

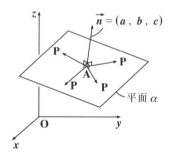

法線ベクトルをもつ平面の方程式

点 $A(x_1, y_1, z_1)$ を通り，法線ベクトル $\vec{n} = (a, b, c)$ の平面の方程式は，

$\vec{n} \cdot (\overrightarrow{OP} - \overrightarrow{OA}) = 0$ ……(*2)　で表せる。

ここで，(*2) に，$\vec{n} = (a, b, c)$，$\overrightarrow{OP} - \overrightarrow{OA} = (x, y, z) - (x_1, y_1, z_1)$ $= (x - x_1, y - y_1, z - z_1)$ を代入すると，次の平面の方程式：

$(a, b, c) \cdot (x - x_1, y - y_1, z - z_1) = 0$

$a(x - x_1) + b(y - y_1) + c(z - z_1) = 0$ ……(*2)′　が導ける。

(*2)′ をさらに変形して，

$ax + by + cz \underline{- ax_1 - by_1 - cz_1} = 0$

> これは定数なので，まとめて d とおける。

ここで，$-ax_1 - by_1 - cz_1 = d$ (定数) とおくと，シンプルな平面の方程式：

$ax + by + cz + d = 0$ ……(*2)″　も導ける。

　では，例題を 1 題やっておこう。

点 $A(2, -1, 3)$ を通り，法線ベクトル $\vec{n} = (4, -3, -2)$ をもつ平面 π の方程式は，公式 (*2)′ を使うと，

$4(x - 2) - 3\{y - (-1)\} - 2(z - 3) = 0$

> 公式
> $a(x - x_1) + b(y - y_1) + c(z - z_1) = 0$

$4x - 8 - 3y - 3 - 2z + 6 = 0$

$4x - 3y - 2z - 5 = 0$ …(イ) となる。

> 最後は $ax + by + cz + d = 0$ の形にまとめる。

逆に，平面 π の方程式 (イ) が与えられたら，これから，この平面 π の法線ベクトル $\vec{n}$ が，$\vec{n} = (4, -3, -2)$ ということが分かるんだね。大丈夫？

さらに，直線 $l : \dfrac{x-1}{1} = \dfrac{y+1}{-1} = \dfrac{z-4}{2}$ …(ウ) と，平面 π との交点 P を

求めたかったら，(ウ) $= t$(媒介変数) とおいて，

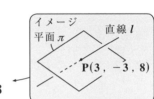

$x = t+1$ …(エ)，$y = -t-1$ …(オ)

$z = 2t+4$ …(カ) とし，

(エ)，(オ)，(カ) を (イ) に代入して，t の値を求めると，

$4(t+1) - 3(-t-1) - 2(2t+4) - 5 = 0$

$\cancel{4t} + 4 + 3t + 3 - \cancel{4t} - 8 - 5 = 0$

$3t - 6 = 0$ ∴ $t = 2$

これを，(エ)，(オ)，(カ) に代入して，

$x = 2+1 = 3$，$y = -2-1 = -3$，$z = 4+4 = 8$

よって，交点 P の座標は，P$(3, -3, 8)$

となるんだね。大丈夫？

● 点と平面との間の距離の公式も重要だ！

図 3 に示すように，平面 $\pi : ax + by + cz + d = 0$ と，平面 π 上にない点 A(x_1, y_1, z_1) が与えられたとき，点 A と平面 π との間の距離 h は，次の公式で計算できる。

$$h = \dfrac{|ax_1 + by_1 + cz_1 + d|}{\sqrt{a^2 + b^2 + c^2}} \quad \cdots\cdots (*3)$$

少し長い公式だけれど，分子は π の方程式に A の座標 (x_1, y_1, z_1) を代入して，絶対値をとったものであり，分母は，π の法線ベクトル $\vec{n} = (a, b, c)$ の大きさになっているんだね。

図 3 点と平面との間の距離

$$h = \dfrac{|ax_1 + by_1 + cz_1 + d|}{\sqrt{a^2 + b^2 + c^2}}$$

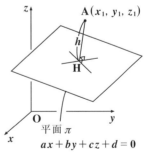

$ax + by + cz + d = 0$

これも，問題を解く上で，重要な公式だから頭に入れておこう。

この公式の証明は，絶対暗記問題 **29** でやろう！

絶対暗記問題 27　　難易度 ★★　　CHECK1　　CHECK2　　CHECK3

座標空間内に，次の2直線 l_1 と l_2 がある。

$$l_1 : \frac{x+1}{1} = \frac{y+2}{-2} = \frac{z-3}{2} \quad \cdots\cdots ① \qquad l_2 : \frac{x-2}{2} = \frac{y+2}{1} = \frac{z-1}{2} \quad \cdots\cdots ②$$

(1) l_1 と l_2 のなす角を $\theta(0° \leqq \theta \leqq 90°)$ とおくとき，$\cos\theta$ を求めよ。

(2) 原点 O から l_1 に引いた垂線の足 H の座標を求めよ。

ヒント！ (1) l_1 と l_2 のなす角 θ の余弦は，それぞれの方向ベクトル $\vec{d_1}$ と $\vec{d_2}$ の内積から求めればいい。(2) H は l_1 上の点より H$(t-1, \ -2t-2, \ 2t+3)$ とおけるんだね。

解答&解説

(1) 2直線 l_1 と l_2 の方向ベクトルをそれぞれ $\vec{d_1}$, $\vec{d_2}$ とおくと，①，②より，

$$\begin{cases} \vec{d_1} = (1, \ -2, \ 2) \\ \vec{d_2} = (2, \ 1, \ 2) \end{cases} \quad となる。$$

よって，①と②のなす角 θ は，$\vec{d_1}$ と $\vec{d_2}$ のなす角と等しい。ここで，

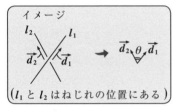

イメージ

$(l_1 \ と \ l_2 \ はねじれの位置にある)$

$$\vec{d_1}\cdot\vec{d_2} = 1\cdot2 + (-2)\cdot1 + 2\cdot2 = 4$$

$$|\vec{d_1}| = \sqrt{1^2 + (-2)^2 + 2^2} = \sqrt{9} = 3, \quad |\vec{d_2}| = \sqrt{2^2 + 1^2 + 2^2} = \sqrt{9} = 3$$

よって，$\cos\theta = \dfrac{\vec{d_1}\cdot\vec{d_2}}{|\vec{d_1}|\cdot|\vec{d_2}|} = \dfrac{4}{3\cdot3} = \dfrac{4}{9}$ ⋯⋯⋯⋯⋯⋯⋯⋯⋯(答)

この値が負のときは，その絶対値を答えにする。なぜなら，$0° \leqq \theta \leqq 90°$ だからだ。

(2) O から l_1 に引いた垂線の足 H は，l_1 上の点

より，$\dfrac{x+1}{1} = \dfrac{y+2}{-2} = \dfrac{z-3}{2} = t$ とおくと，

$x = t-1, \ y = -2t-2, \ z = 2t+3$ から，

$\overrightarrow{OH} = (t-1, \ -2t-2, \ 2t+3)$ と表せる。

イメージ

ここで，$\vec{d_1} \perp \overrightarrow{OH}$ より，

$$\vec{d_1}\cdot\overrightarrow{OH} = (1, \ -2, \ 2)\cdot(t-1, \ -2t-2, \ 2t+3) = 0 \quad よって，$$

$t-1-2(-2t-2)+2(2t+3) = 0$ より，　$9t+9 = 0$ ∴ $t = -1$

これを，$x, \ y, \ z$ の式に代入して，$x = -2, \ y = 0, \ z = 1$ となる。

よって，求める点 H の座標は，H$(-2, \ 0, \ 1)$ ⋯⋯⋯⋯⋯⋯⋯⋯(答)

平面と直線の交点

絶対暗記問題 28	難易度 ★★	CHECK*1*	CHECK*2*	CHECK*3*

座標空間内に，点 $A(-1, 2, 3)$ を通り方向ベクトル $\vec{d} = (2, -3, 0)$ の直線 l と，平面 $\pi : 2x + 3y - z + 4 = 0$ がある。

(1) 直線 l と平面 π の交点 P の座標を求めよ。

(2) 点 P を通り，平面 π と直交する直線 m の方程式を求めよ。

ヒント！ (1) 直線の方程式で，分母が **0** となるときは，分子も **0** として別に表記すればいい。(2) 直線 m は，点 P を通り，方向ベクトルが平面 π の法線ベクトルとなる直線なんだね。

解答&解説

(1) 点 $A(-1, 2, 3)$ を通り，方向ベクトル $\vec{d} = (2, -3, 0)$ の直線 l の方程式は，次のようになる。

> まず，形式的に直線 l の式
> $$\frac{x+1}{2} = \frac{y-2}{-3} = \frac{z-3}{0} = 0$$
> 分母が **0** より，分子も **0** とする。
> そして，次のように表記する。
> $$\frac{x+1}{2} = \frac{y-2}{-3} \text{ かつ } z = 3$$

$$\frac{x+1}{2} = \frac{y-2}{-3} \quad \cdots\cdots ① \quad \text{かつ} \quad z = 3 \quad \cdots\cdots ②$$

（l 上のすべての点の z 座標は，3 で変化しない。）

よって，① $= t$ とおくと，$x = 2t - 1$，$y = -3t + 2$

となるので，直線 l 上の点 P は $P(2t-1, -3t+2, 3)$ とおける。

点 P は，l と π との交点より，P は平面 $\pi : 2x + 3y - z + 4 = 0$ $\cdots③$ 上の点でもある。よって，P の各座標を③に代入して，

$$2(2t-1) + 3(-3t+2) - 3 + 4 = 0 \quad -5t + 5 = 0 \quad \therefore t = 1$$

よって，$P(2\cdot1-1, -3\cdot1+2, 3)$ より，交点 $P(1, -1, 3)$ となる。

$$\cdots\cdots(答)$$

(2) 平面 π と直交する直線の方向ベクトルとして，平面 π の法線ベクトル $\vec{n} = (2, 3, -1)$ を用いることができる。よって，点 $P(1, -1, 3)$ を通り，平面 π と直交する直線 m は方向ベクトルとして，$\vec{d} = \vec{n} = (2, 3, -1)$ をもつので，その方程式は，

$$\frac{x-1}{2} = \frac{y+1}{3} = \frac{z-3}{-1} \quad \text{となる。} \quad \cdots\cdots(答)$$

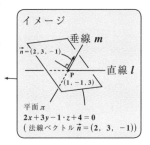

イメージ

垂線 m
$\vec{n} = (2, 3, -1)$
直線 l
$P(1, -1, 3)$
平面 π
$2x + 3y - 1 \cdot z + 4 = 0$
（法線ベクトル $\vec{n} = (2, 3, -1)$）

絶対暗記問題 29　　難易度 ★★★　　CHECK1　CHECK2　CHECK3

(1) 座標空間内に，平面 π：$ax+by+cz+d=0$ …① と，平面 π 上にない点 $A(x_1,\ y_1,\ z_1)$ がある。点 A と平面 π との間の距離 h が，

$$h=\frac{|ax_1+by_1+cz_1+d|}{\sqrt{a^2+b^2+c^2}}\ \cdots\cdots(*)\quad と表されることを示せ。$$

(2) 座標空間内に，平面 π：$2x-y-2z+3=0$ と，中心が $A(1,\ 2,\ -3)$ で，平面 π に接する球面 S がある。球面 S の方程式を求めよ。

ヒント！　**(1)** まず，点 A を通り，平面 π と垂直な直線 l を求め，l と π との交点を H とおくと，$|\overrightarrow{AH}|$ が求める距離 h になる。証明は大変に感じるだろうけれど，頑張ろう！ **(2)** 平面 π と中心 A との距離 h が，球面 S の半径になるんだね。

解答&解説

(1) 右図に示すように，点 $A(x_1,\ y_1,\ z_1)$ を通り，平面 π と垂直な直線 l は，その方向ベクトルとして，π の法線ベクトル $\overrightarrow{n}=(a,\ b,\ c)$ を使えるので，

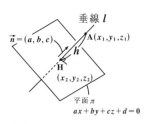

$$l:\frac{x-x_1}{a}=\frac{y-y_1}{b}=\frac{z-z_1}{c}\ \cdots\cdots② \quad となる。$$

ここで，②$=t$ とおくと，

$$\begin{cases} x=at+x_1 & \cdots\cdots③ \\ y=bt+y_1 & \cdots\cdots④ \\ z=ct+z_1 & \cdots\cdots⑤ \end{cases}$$

・$\dfrac{x-x_1}{a}=t$ より $x=at+x_1$
・$\dfrac{y-y_1}{b}=t$ より $y=bt+y_1$
・$\dfrac{z-z_1}{c}=t$ より $z=ct+z_1$

ここで，l と π との交点を $H(x_2,\ y_2,\ z_2)$ とおくと，

$\begin{cases} (\mathrm{i})\ H は l 上の点より，③，④，⑤の x,\ y,\ z に x_2,\ y_2,\ z_2 を代入して， \\ \qquad x_2=at+x_1\ \cdots③',\ y_2=bt+y_1\ \cdots④',\ z_2=ct+z_1\ \cdots⑤' となる。 \\ (\mathrm{ii})\ また，H は，平面 \pi 上の点でもあるので，①の x,\ y,\ z に \\ \qquad x_2,\ y_2,\ z_2 を代入して，ax_2+by_2+cz_2+d=0\ \cdots\cdots①' となる。 \end{cases}$

①$'$ に，③$'$，④$'$，⑤$'$ を代入して，まとめると，

$$a(at+x_1)+b(bt+y_1)+c(ct+z_1)+d=0 \quad より$$

$$a^2t+b^2t+c^2t+ax_1+by_1+cz_1+d=0$$

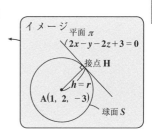

$$(a^2+b^2+c^2)t = -(ax_1+by_1+cz_1+d)$$

$$\therefore\ t = -\frac{ax_1+by_1+cz_1+d}{a^2+b^2+c^2}\ \ \cdots\cdots ⑥\quad となる。$$

（右の囲み：
$\begin{cases}\overrightarrow{OA}=(x_1,\ y_1,\ z_1)\\ \overrightarrow{OH}=(x_2,\ y_2,\ z_2)\end{cases}$ より，
$\begin{aligned}\overrightarrow{AH}&=\overrightarrow{OH}-\overrightarrow{OA}\\&=(x_2-x_1,y_2-y_1,z_2-z_1)\end{aligned}$ ）

ここで，$h^2=|\overrightarrow{AH}|^2$ より，

$$h^2=|\overrightarrow{AH}|^2=(x_2-x_1)^2+(y_2-y_1)^2+(z_2-z_1)^2\ \cdots\cdots ⑦$$

$\underbrace{}_{(at\ (③'\ より\ ))}\ \underbrace{}_{(bt\ (④'\ より\ ))}\ \underbrace{}_{(ct\ (⑤'\ より\ ))}$

⑦に③′，④′，⑤′を代入してまとめ，さらに⑥を代入すると，

$$h^2=(at)^2+(bt)^2+(ct)^2=(a^2+b^2+c^2)t^2$$

（ $\left(-\dfrac{ax_1+by_1+cz_1+d}{a^2+b^2+c^2}\right)^2$（⑥より） ）

$$=(a^2+b^2+c^2)\cdot\frac{(ax_1+by_1+cz_1+d)^2}{(a^2+b^2+c^2)^2}=\frac{(ax_1+by_1+cz_1+d)^2}{a^2+b^2+c^2}\quad となる。$$

よって，**AH**，すなわち点 **A** と平面 π の距離 h は，

$$h=\sqrt{\frac{(ax_1+by_1+cz_1+d)^2}{a^2+b^2+c^2}}=\frac{|ax_1+by_1+cz_1+d|}{\sqrt{a^2+b^2+c^2}}\ \cdots(*)\quad となる。\ \cdots(終)$$

(2) 中心 $A(1,\ 2,\ -3)$ をもつ球面 S が，平面 π：$2x-y-2z+3=0$ と接するとき，中心 **A** と平面 π の距離 h が，球面 S の半径 r になる。よって，$(*)$ の公式を用いると，

$$r=h=\frac{|2\cdot1-1\cdot2-2\cdot(-3)+3|}{\sqrt{2^2+(-1)^2+(-2)^2}}=\frac{9}{\sqrt{9}}=3$$

（ 公式：$h=\dfrac{|ax_1+by_1+cz_1+d|}{\sqrt{a^2+b^2+c^2}}$ ）

以上より，S は中心 $A(1,\ 2,\ -3)$，半径 $r=3$ の球面より，S の方程式は，

$$(x-1)^2+(y-2)^2+(z+3)^2=9\quad である。\quad\cdots\cdots\cdots\cdots\cdots\cdots(答)$$

球面と直線との交点

原点 O を中心とする半径 r の球面 S_1 と，点 $A(4, 5, 2\sqrt{2})$ を中心とする半径 3 の球面 S_2 がある。S_1 と S_2 は互いに外接するものとする。

(1) 球面 S_1 の半径 r の値を求めよ。

(2) 点 $B(\sqrt{2}, \sqrt{2}, 2)$ を通り，方向ベクトル $\vec{d} = (1, 1, -\sqrt{2})$ の直線 L がある。L の方程式を求めよ。

(3) 球面 S_1 と直線 L の交点の座標を求めよ。

ヒント! (1)2 つの球面の中心間の距離 OA が，2 つの半径の和に等しいとき，S_1 と S_2 は外接する。(2) は公式通り，直線 L の方程式を求める。(3) では，直線の方程式を t (媒介変数) とおいて，t の 2 次方程式にもち込めばいいんだよ。

解答 & 解説

(1) 原点 O を中心とする半径 r の球面 S_1 と，点 $A(4, 5, 2\sqrt{2})$ を中心とする半径 3 の球面 S_2 が外接するための条件は，

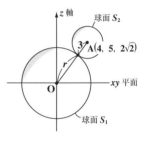

$$\underline{\underline{OA}} = r + 3 \quad \cdots\cdots ①$$

> 2 つの球面の中心間の距離 OA が，2 つの球面の半径の和 $r+3$ に等しいとき，2 つの球面は外接する。(右図参照)

ここで，$OA = \sqrt{4^2 + 5^2 + (2\sqrt{2})^2} = \sqrt{16 + 25 + 8} = \sqrt{49} = \underline{7}$ より

①は，

$$\underline{7} = r + 3 \quad \therefore 球面 S_1 の半径 r = 4 \quad \cdots\cdots\cdots\cdots\cdots\cdots\cdots(答)$$

(2) 点 $B(\sqrt{2}, \sqrt{2}, 2)$ を通り，方向ベクトル $\vec{d} = (1, 1, -\sqrt{2})$ をもつ直線 L の方程式は，

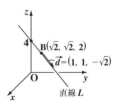

$$L : \frac{x - \sqrt{2}}{1} = \frac{y - \sqrt{2}}{1} = \frac{z - 2}{-\sqrt{2}} \quad \cdots ② \cdots(答)$$

> 点 $B(a, b, c)$ を通る方向ベクトル $\vec{d} = (l, m, n)$ の直線の方程式：$\dfrac{x-a}{l} = \dfrac{y-b}{m} = \dfrac{z-c}{n}$ $(l \neq 0,\ m \neq 0,\ n \neq 0)$

(3) 球面 S_1 は原点 O を中心とする半径 4 の球面より,

$$S_1 : x^2 + y^2 + z^2 = 16 \quad \cdots\cdots③$$

直線 L の方程式は,

$$L : \frac{x - \sqrt{2}}{1} = \frac{y - \sqrt{2}}{1} = \frac{z - 2}{-\sqrt{2}} \quad \cdots\cdots②$$

②$= t$ とおくと,

$$\frac{x - \sqrt{2}}{1} = \frac{y - \sqrt{2}}{1} = \frac{z - 2}{-\sqrt{2}} = t \quad より$$

$$\begin{cases} x = t + \sqrt{2} & \cdots\cdots④ \\ y = t + \sqrt{2} & \cdots\cdots⑤ \\ z = -\sqrt{2}\,t + 2 & \cdots\cdots⑥ \end{cases}$$

$\boxed{\dfrac{x - \sqrt{2}}{1} = t}$

$\boxed{\dfrac{y - \sqrt{2}}{1} = t}$

$\boxed{\dfrac{z - 2}{-\sqrt{2}} = t}$

> 直線の方程式の場合,
> $$\frac{x - a}{l} = \frac{y - b}{m} = \frac{z - c}{n} = t$$
> とおいて, x, y, z を t の
> 式で表すと, 未知数を t
> 1つだけに減らせる。

④, ⑤, ⑥を③に代入して,

$$(t + \sqrt{2})^2 + (t + \sqrt{2})^2 + (-\sqrt{2}\,t + 2)^2 = 16$$

$$2(t^2 + 2\sqrt{2}\,t + 2) + (2t^2 - 4\sqrt{2}\,t + 4) = 16$$

$$4t^2 + 8 = 16 \qquad t^2 = 2$$

$$\therefore t = \pm\sqrt{2}$$

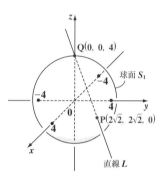

(i) $t = \sqrt{2}$ のとき, ④, ⑤, ⑥より

$$x = 2\sqrt{2}, \quad y = 2\sqrt{2}, \quad z = 0$$

$$\therefore 交点 \; P(2\sqrt{2}, \; 2\sqrt{2}, \; 0)$$

(ii) $t = -\sqrt{2}$ のとき, ④, ⑤, ⑥より

$$x = 0, \quad y = 0, \quad z = 4$$

$$\therefore 交点 \; Q(0, \; 0, \; 4)$$

(i)(ii)より, S_1 と L の交点は, $P(2\sqrt{2}, \; 2\sqrt{2}, \; 0)$, $Q(0, \; 0, \; 4)$ $\cdots$(答)

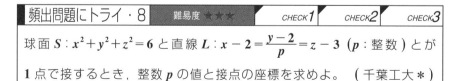

頻出問題にトライ・8 　難易度 ★★★ 　CHECK**1** 　CHECK**2** 　CHECK**3**

球面 $S : x^2 + y^2 + z^2 = 6$ と直線 $L : x - 2 = \dfrac{y - 2}{p} = z - 3$ （p：整数）とが

1 点で接するとき, 整数 p の値と接点の座標を求めよ。 （千葉工大＊）

解答は **P173**

§5. 空間ベクトルの外積も使いこなそう！

これまで，平面ベクトルであれ，空間ベクトルであれ，**2**つのベクトル$\vec{a}$と$\vec{b}$について，"内積" $\vec{a}\cdot\vec{b}$があり，これは**1**つの値として求められることを教えたんだね。だけど，世の中って，一般に"内"があれば"外"があるように，"内積"があれば，実は"外積"も存在するんだね。ただし，この外積は，平面ベクトルでは定義できなくて，空間ベクトルでのみ定義でき，しかも，それは"ある値"ではなく"ベクトル"になることにも注意しよう。

したがって，**2**つの空間ベクトル$\vec{a}$と$\vec{b}$の外積は，$\vec{a}\times\vec{b}$と表し，これはベクトルとなるので，これを$\vec{h}$とおくと，$\vec{a}$と$\vec{b}$の外積は$\vec{a}\times\vec{b}=\vec{h}$ ……① と表せるんだね。

● 外積$\vec{h}$には**3**つの特徴がある！

では，外積$\vec{h}$の**3**つの特徴について解説しよう。

(i)$\vec{h}$は，$\vec{a}$と$\vec{b}$の両方と直交する。つまり，$\vec{a}\perp\vec{h}$，$\vec{b}\perp\vec{h}$より，
$\vec{a}\cdot\vec{h}=\mathbf{0}$ かつ $\vec{b}\cdot\vec{h}=\mathbf{0}$ となる。

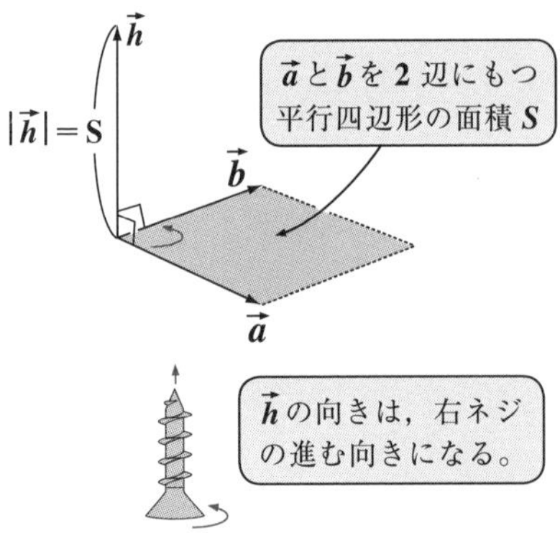

(ii)外積$\vec{h}$の大きさ$|\vec{h}|$は，図**1**に示すように，$\vec{a}$と$\vec{b}$を**2**辺にもつ平行四辺形の面積Sと一致する。つまり$|\vec{h}|=S$となる。

図1　ベクトルの外積
$$\vec{a}\times\vec{b}=\vec{h}$$

$|\vec{h}|=S$

$\vec{a}$と$\vec{b}$を**2**辺にもつ平行四辺形の面積S

$\vec{h}$の向きは，右ネジの進む向きになる。

(iii)さらに，$\vec{h}$の向きは図**1**に示すように，$\vec{a}$から$\vec{b}$に向かうように回転するときに右ネジが進む向きと一致するんだね。

したがって，外積$\vec{b}\times\vec{a}$は，$\vec{b}$から$\vec{a}$に回転するときに右ネジの進む向きと一致するので，$\vec{a}\times\vec{b}$と逆向きになる。つまり， 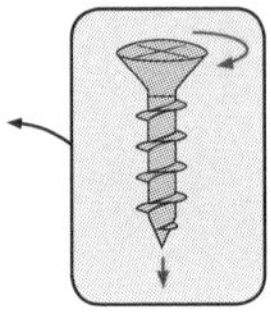
$\vec{b}\times\vec{a}=-\vec{a}\times\vec{b}$ $(=-\vec{h})$ となるんだね。このように外積では，交換の法則は成り立たないことに注意しよう。

それでは，外積の具体的な求め方について解説しよう。2つの空間ベクトル $\vec{a} = (x_1,\ y_1,\ z_1)$，$\vec{b} = (x_2,\ y_2,\ z_2)$ の外積 $\vec{a} \times \vec{b}$ は，次の図2のように求めることができる。

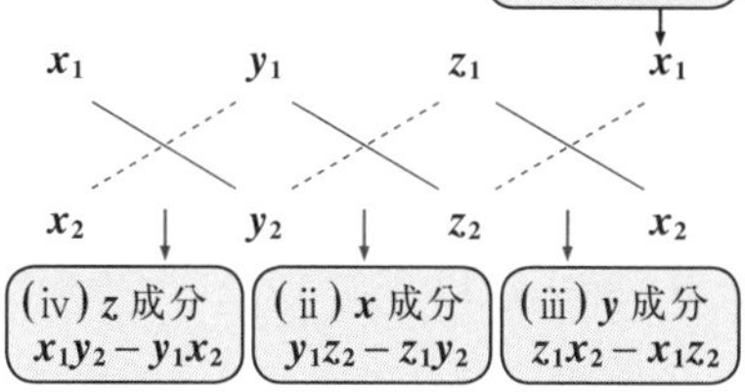

(i) まず，$\vec{a}$ と $\vec{b}$ の各成分を上下に並べて書き，最後に，x_1 と x_2 をもう1度付け加える。

図2 外積 $\vec{a} \times \vec{b}$ の求め方

(i) x_1 と x_2 を加える。

$$x_1 \qquad y_1 \qquad z_1 \qquad x_1$$
$$x_2 \qquad y_2 \qquad z_2 \qquad x_2$$

(iv) z 成分 $x_1y_2 - y_1x_2$

(ii) x 成分 $y_1z_2 - z_1y_2$

(iii) y 成分 $z_1x_2 - x_1z_2$

(ii) 真ん中の $\begin{matrix} y_1 & z_1 \\ y_2 & z_2 \end{matrix}$ をたすきがけに計算した $y_1z_2 - z_1y_2$ を外積の x 成分とする。

(iii) 右の $\begin{matrix} z_1 & x_1 \\ z_2 & x_2 \end{matrix}$ をたすきがけに計算した $z_1x_2 - x_1z_2$ を外積の y 成分とする。

(iv) 左の $\begin{matrix} x_1 & y_1 \\ x_2 & y_2 \end{matrix}$ をたすきがけに計算した $x_1y_2 - y_1x_2$ を外積の z 成分とする。

以上より，$\vec{a} = (x_1,\ y_1,\ z_1)$ と $\vec{b} = (x_2,\ y_2,\ z_2)$ の外積 $\vec{a} \times \vec{b}\ (=\vec{h})$ は，

$$\vec{h} = \vec{a} \times \vec{b} = [y_1z_2 - z_1y_2,\ z_1x_2 - x_1z_2,\ x_1y_2 - y_1x_2]$$ となるんだね。

では，実際に外積の計算練習をやってみよう。

◆例題 4 ◆

次の各問いに答えよ。

(1) $\vec{a} = (2,\ 1,\ -1)$，$\vec{b} = (1,\ 2,\ 2)$ のとき，外積 $\vec{h} = \vec{a} \times \vec{b}$ を求め，$\vec{a} \perp \vec{h}$ かつ $\vec{b} \perp \vec{h}$ であることを確認せよ。

(2) $\vec{a} = (-1,\ 3,\ 4)$，$\vec{b} = (4,\ -2,\ 1)$ のとき，外積 $\vec{h} = \vec{a} \times \vec{b}$ を求め，$\vec{a} \perp \vec{h}$ かつ $\vec{b} \perp \vec{h}$ であることを確認せよ。

(1) $\vec{a} = (2,\ 1,\ -1)$，$\vec{b} = (1,\ 2,\ 2)$ の外積 $\vec{h}$ を右のように計算して求めると，

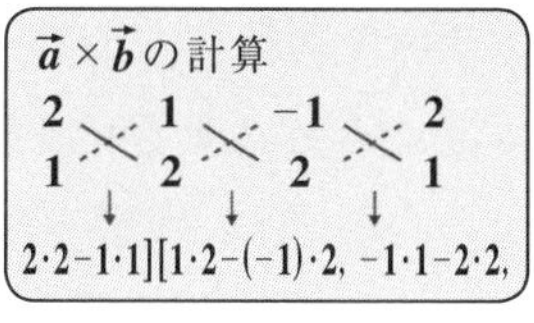

$\vec{a} \times \vec{b}$ の計算
$$2 \quad 1 \quad -1 \quad 2$$
$$1 \quad 2 \quad 2 \quad 1$$
$$2 \cdot 2 - 1 \cdot 1] [1 \cdot 2 - (-1) \cdot 2,\ -1 \cdot 1 - 2 \cdot 2,$$

$\vec{h} = \vec{a} \times \vec{b} = (4,\ -5,\ 3)$ となる。また，

$\begin{cases} \vec{a} \cdot \vec{h} = 2 \cdot 4 + 1 \cdot (-5) + (-1) \cdot 3 = 8 - 5 - 3 = 0 \ \text{であり}, \\ \vec{b} \cdot \vec{h} = 1 \cdot 4 + 2 \cdot (-5) + 2 \cdot 3 = 4 - 10 + 6 = 0 \ \text{である}. \end{cases}$

83

∴ $\vec{a} \perp \vec{h}$ かつ $\vec{b} \perp \vec{h}$ であることが確認できた。

(2) $\vec{a} = (-1, 3, 4)$, $\vec{b} = (4, -2, 1)$ の外積 $\vec{h}$ を

右のように計算して求めると，

$\vec{h} = \vec{a} \times \vec{b} = (11, 17, -10)$ となる。また，

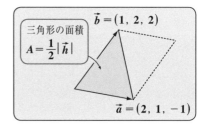

$\vec{a} \times \vec{b}$ の計算
$$-1 \quad 3 \quad 4 \quad -1$$
$$4 \quad -2 \quad 1 \quad 4$$
$$\downarrow \qquad \downarrow \qquad \downarrow$$
$$2-12] [3+8, \quad 16+1,$$

$$\begin{cases} \cdot \vec{a} \cdot \vec{h} = -1 \cdot 11 + 3 \cdot 17 + 4 \cdot (-10) \\ \qquad = -11 + 51 - 40 = 0 \ \text{であり，} \\ \cdot \vec{b} \cdot \vec{h} = 4 \cdot 11 - 2 \cdot 17 + 1 \cdot (-10) = 44 - 34 - 10 = 0 \ \text{である。} \end{cases}$$

∴ $\vec{a} \perp \vec{h}$ かつ $\vec{b} \perp \vec{h}$ であることが確認できた。

どう？ これで外積の計算法にも慣れてきたでしょう？

また，さらに，(1)の $\vec{a} = (2, 1, -1)$, $\vec{b} = (1, 2, 2)$ の場合，この外積 $\vec{h}$ は，

$\vec{h} = (4, -5, 3)$ より，$\vec{a}$ と $\vec{b}$ を 2 辺と
する平行四辺形の面積は $|\vec{h}|$ となる。
よって，右図に示すように，$\vec{a}$ と $\vec{b}$ を
2 辺にもつ三角形の面積 A は，これに
$\dfrac{1}{2}$ をかけて，

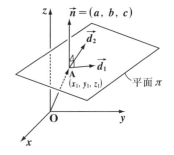

三角形の面積
$$A = \frac{1}{2}|\vec{h}|$$

$\vec{b} = (1, 2, 2)$

$\vec{a} = (2, 1, -1)$

$$A = \frac{1}{2}|\vec{h}| = \frac{1}{2}\sqrt{4^2 + (-5)^2 + 3^2} = \frac{1}{2}\sqrt{16 + 25 + 9}$$

$$= \frac{1}{2}\sqrt{50} = \frac{5\sqrt{2}}{2} \ \text{となることも分かるんだね。どう？ 外積ってとても便利}$$

だということが分かるでしょう。

● 外積は空間座標での平面の法線ベクトルになる！

図 3 に示すように，
点 $A(x_1, y_1, z_1)$ を通り，
2 つの 1 次独立な方向ベ
クトル $\vec{d_1}$ と $\vec{d_2}$ をもつ平面
π の方程式は，P65 の解
説では，2 つの媒介変数
s と t を用いて，

図 3　法線ベクトル $\vec{n}$ と平面 π

$\vec{n} = (a, b, c)$

$\vec{d_2}$

$\vec{d_1}$

A
(x_1, y_1, z_1)

平面 π

O　　　y

x

$\overrightarrow{\mathrm{OP}} = \overrightarrow{\mathrm{OA}} + s\overrightarrow{d_1} + t\overrightarrow{d_2}$ ……(*4)″ （ただし，点 P は平面 π 上の動点）で表されると解説したんだね。

しかし，今回の講義の外積を用いれば，2 つの方向ベクトル $\overrightarrow{d_1}$ と $\overrightarrow{d_2}$ の両方に直交するベクトル，すなわち平面 π の法線ベクトル $\overrightarrow{n}$ は，

$\overrightarrow{n} = \overrightarrow{d_1} \times \overrightarrow{d_2}$ で表されることになり，これを

$\overrightarrow{n} = \overrightarrow{d_1} \times \overrightarrow{d_2} = (a, b, c)$ とおくと，この平面 π は，

点 $\mathrm{A}(x_1, y_1, z_1)$ を通り，法線ベクトル $\overrightarrow{n} = (a, b, c)$ をもつ平面なので，この方程式は，P74 で解説したように

$a(x - x_1) + b(y - y_1) + c(z - z_1) = 0$ ……(*2)′，すなわち

$ax + by + cz + d = 0$ ……(*2)″ （ただし，$d = -ax_1 - by_1 - cz_1$）と表すことができるんだね。外積を用いることにより，平面についてのすべての方程式がスッキリまとまったって感じでしょう？

◆例題 5 ◆

xyz 座標空間上に，3 点 $\mathrm{A}(2, -1, 3)$，$\mathrm{B}(2, 0, 1)$，$\mathrm{C}(3, 0, 3)$ がある。この 3 点を通る平面 ABC の方程式を，媒介変数を使わずに求めよ。

$\overrightarrow{\mathrm{OA}} = (2, -1, 3)$，$\overrightarrow{\mathrm{OB}} = (2, 0, 1)$，$\overrightarrow{\mathrm{OC}} = (3, 0, 3)$ より，$\overrightarrow{d_1}$ と $\overrightarrow{d_2}$ を

$\begin{cases} \overrightarrow{d_1} = \overrightarrow{\mathrm{AB}} = \overrightarrow{\mathrm{OB}} - \overrightarrow{\mathrm{OA}} = (2, 0, 1) - (2, -1, 3) = (0, 1, -2) \\ \overrightarrow{d_2} = \overrightarrow{\mathrm{AC}} = \overrightarrow{\mathrm{OC}} - \overrightarrow{\mathrm{OA}} = (3, 0, 3) - (2, -1, 3) = (1, 1, 0) \end{cases}$ とおき，

さらに，$\overrightarrow{d_1}$ と $\overrightarrow{d_2}$ の外積を $\overrightarrow{n}$ とおくと，

右のように計算して，

$\overrightarrow{n} = \overrightarrow{d_1} \times \overrightarrow{d_2} = (2, -2, -1)$ となる。

よって，平面 ABC は，点 $\mathrm{A}(2, -1, 3)$

を通り，法線ベクトル $\overrightarrow{n} = (2, -2, -1)$

の平面なので，この平面の方程式は，

> $\overrightarrow{d_1} \times \overrightarrow{d_2}$ の計算
>
> | 0 | 1 | −2 | 0 |
> |---|---|---|---|
> | 1 | 1 | 1 | 1 |
> | ↓ | ↓ | ↓ | |
> | −1][| 2, | −2, | |

$2(x - 2) - 2\{y - (-1)\} - 1 \cdot (z - 3) = 0$

$2(x - 2) - 2(y + 1) - (z - 3) = 0$

$2x - 2y - z - 4 - 2 + 3 = 0$ より，

$2x - 2y - z - 3 = 0$ である。どう？ 平面の方程式も簡単に求められるようになったでしょう？

外積と平面の方程式

xyz 座標空間上に，6 点 $A(1, 1, -1)$，$B(1, 2, 1)$，$C(2, 1, 2)$，$D(2, 1, 1)$，$E(1, 1, 3)$，$F(2, 2, 4)$ がある。このとき，次の各問いに答えよ。

(1) 3 点 A，B，C を通る平面 π_1 の方程式を求めよ。

(2) 3 点 D，E，F を通る平面 π_2 の方程式を求めよ。

(3) 2 つの平面 π_1 と π_2 の交線 L の方程式を求めよ。

(4) 点 A を通り，2 つの平面 π_1 と π_2 のいずれとも直交する平面 π の方程式を求めよ。

ヒント！ (1) $\vec{d_1} = \overrightarrow{AB}$，$\vec{d_2} = \overrightarrow{AC}$ とおくと，平面 π_1 の法線ベクトル $\vec{n_1}$ は $\vec{n_1} = \vec{d_1} \times \vec{d_2}$ で求められるんだね。(2) も同様だね。(3) では，π_1 と π_2 の方程式から，たとえば，(ⅰ) $x = (y \text{の式})$，(ⅱ) $x = (z \text{の式})$ を作って，$\dfrac{x-0}{1} = (y \text{の式}) = (z \text{の式})$ とすれば，これが交線 L の方程式になるんだね。(4) では，法線ベクトル $\vec{n}$ と $\vec{n_1}$ をそれぞれもつ 2 つの平面 π と π_1 が直交するとき，法線ベクトル同士も直交して，$\vec{n} \perp \vec{n_1}$ となることに気付けばいいよ。

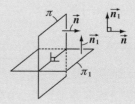

解答 & 解説

(1) $\overrightarrow{OA} = (1, 1, -1)$，$\overrightarrow{OB} = (1, 2, 1)$，$\overrightarrow{OC} = (2, 1, 2)$ より，

$$\begin{cases} \vec{d_1} = \overrightarrow{AB} = \overrightarrow{OB} - \overrightarrow{OA} \\ \quad = (1, 2, 1) - (1, 1, -1) = (0, 1, 2) \ \text{とおき，} \\ \vec{d_2} = \overrightarrow{AC} = \overrightarrow{OC} - \overrightarrow{OA} = (2, 1, 2) - (1, 1, -1) = (1, 0, 3) \end{cases}$$

とおくと，3 点 A，B，C を通る平面 π_1 の法線ベクトル $\vec{n_1}$ は，$\vec{n_1} = \vec{d_1} \times \vec{d_2} = (3, 2, -1)$ となる。

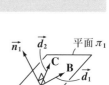

$\vec{d_1} \times \vec{d_2}$ の計算

よって，平面 π_1 は，点 $A(1, 1, -1)$ を通り，法線ベクトル $\vec{n_1} = (3, 2, -1)$ の平面より，この方程式は，

$$\pi_1 : 3(x-1) + 2(y-1) - 1 \cdot (z+1) = 0$$

$$\therefore 3x + 2y - z - 6 = 0 \quad \cdots\cdots ① \ \text{である。} \quad \cdots\cdots\cdots\cdots\cdots (\text{答})$$

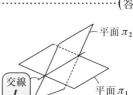

(2) $\overrightarrow{\mathrm{OD}}=(2,\ 1,\ 1)$, $\overrightarrow{\mathrm{OE}}=(1,\ 1,\ 3)$, $\overrightarrow{\mathrm{OF}}=(2,\ 2,\ 4)$ より，同様に，

$\begin{cases} \vec{e_1}=\overrightarrow{\mathrm{DE}}=\overrightarrow{\mathrm{OE}}-\overrightarrow{\mathrm{OD}}=(1,\ 1,\ 3)-(2,\ 1,\ 1)=(-1,\ 0,\ 2) \text{ とおき，} \\ \vec{e_2}=\overrightarrow{\mathrm{DF}}=\overrightarrow{\mathrm{OF}}-\overrightarrow{\mathrm{OD}}=(2,\ 2,\ 4)-(2,\ 1,\ 1)=(0,\ 1,\ 3) \text{ とおくと，} \end{cases}$

3点 D，E，F を通る平面 π_2 の法線ベクトル $\vec{n_2}$ は，
$\vec{n_2}=\vec{e_1}\times\vec{e_2}=(2,\ -3,\ 1)$ となる。

$\vec{e_1}\times\vec{e_2}$ の計算
$$\begin{matrix} -1 & 0 & 2 & -1 \\ 0 & 1 & 3 & \end{matrix}$$
$$\downarrow \qquad \downarrow$$
$$-1\ ][-2,\quad 3,$$
$$\downarrow\ \boxed{-1\text{をかけて}}$$
$$(2,\ -3,\ 1)$$

よって，平面 π_2 は，点 $\mathrm{D}(2,\ 1,\ 1)$ を通り，
法線ベクトル $\vec{n_2}=(2,\ -3,\ 1)$ の平面より，
この方程式は，
$$\pi_2:2(x-2)-3(y-1)+1\cdot(z-1)=0$$
$$\therefore 2x-3y+z-2=0\ \cdots\cdots② \text{ である。}\ \cdots\cdots\text{(答)}$$

(3) $\pi_1:3x+2y-z=6\ \cdots\cdots①$ と，
$\pi_2:2x-3y+z=2\ \cdots\cdots②$ との交線 L
の方程式を求めると，

$\begin{cases} ①+②\text{より，}5x-y=8,\ x=\dfrac{y+8}{5}\ \cdots\cdots\cdots\cdots\cdots③ \\ ①\times3+②\times2\text{より，}13x-z=22,\ x=\dfrac{z+22}{13}\ \cdots\cdots④ \end{cases}$

③，④より，$\dfrac{x-0}{1}=\dfrac{y+8}{5}=\dfrac{z+22}{13}\ \cdots\cdots⑤$ となる。$\cdots\cdots$(答)

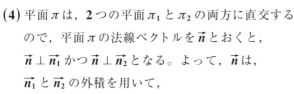

交線
L

平面 π_2

平面 π_1

・$y=(x\text{の式})$，$y=(z\text{の式})$
として，
$(x\text{の式})=\dfrac{y-0}{1}=(z\text{の式})$
としてもいいし，
・$z=(x\text{の式})$，$z=(y\text{の式})$
として，
$(x\text{の式})=(y\text{の式})=\dfrac{z-0}{1}$
としても構わない。

(4) 平面 π は，2つの平面 π_1 と π_2 の両方に直交する
ので，平面 π の法線ベクトルを $\vec{n}$ とおくと，
$\vec{n}\perp\vec{n_1}$ かつ $\vec{n}\perp\vec{n_2}$ となる。よって，$\vec{n}$ は，
$\vec{n_1}$ と $\vec{n_2}$ の外積を用いて，
$$\vec{n}=-\vec{n_1}\times\vec{n_2}=(1,\ 5,\ 13) \text{ となる。}$$

-1 をかけて，向きを逆にしても平面 π の法線
ベクトルであることに変わりはないからね。

$\vec{n_1}\times\vec{n_2}$ の計算
$$\begin{matrix} 3 & 2 & -1 & 3 \\ 2 & -3 & 1 & 2 \end{matrix}$$
$$\downarrow \qquad \downarrow \qquad \downarrow$$
$$-13\ ][\ -1,\quad -5,$$
$$\downarrow\ \boxed{-1\text{をかけて}}$$
$$(1,\ 5,\ 13)$$

よって，平面 π は，点 $\mathrm{A}(1,\ 1,\ -1)$ を通り，
法線ベクトル $\vec{n}=(1,\ 5,\ 13)$ の平面より，
π の方程式は，
$$1\cdot(x-1)+5(y-1)+13(z+1)=0, \text{ すなわち}$$
$$x+5y+13z+7=0 \text{ である。}\cdots\cdots\text{(答)}$$

平面 π の法線ベクトル $\vec{n}=(1,\ 5,\ 13)$ は，交線 L の方向ベクトル $\vec{d}=(1,\ 5,\ 13)$
と同じ（同じ方向）になる。図形的に考えると，当然の結果なんだね。

1. 2点 $A(x_1, y_1, z_1)$，$B(x_2, y_2, z_2)$ 間の距離 AB

$$AB = \sqrt{(x_1 - x_2)^2 + (y_1 - y_2)^2 + (z_1 - z_2)^2}$$

2. 空間ベクトルの 1 次結合

任意の空間ベクトル $\overrightarrow{OP}$ は，3 つの 1 次独立なベクトル $\overrightarrow{OA}$，$\overrightarrow{OB}$，$\overrightarrow{OC}$

の 1 次結合：$\overrightarrow{OP} = s\overrightarrow{OA} + t\overrightarrow{OB} + u\overrightarrow{OC}$（$s$，$t$，$u$：実数）で表される。

3. 内積の成分表示

$\vec{a} = (x_1, y_1, z_1)$，$\vec{b} = (x_2, y_2, z_2)$ のとき，

(i) $\vec{a} \cdot \vec{b} = x_1 x_2 + y_1 y_2 + z_1 z_2$

(ii) $\cos\theta = \dfrac{\vec{a} \cdot \vec{b}}{|\vec{a}||\vec{b}|} = \dfrac{x_1 x_2 + y_1 y_2 + z_1 z_2}{\sqrt{x_1^2 + y_1^2 + z_1^2}\sqrt{x_2^2 + y_2^2 + z_2^2}}$

4. △ABC の面積 S

$$S = \frac{1}{2}\sqrt{|\overrightarrow{AB}|^2 |\overrightarrow{AC}|^2 - (\overrightarrow{AB} \cdot \overrightarrow{AC})^2}$$

5. 球面の方程式

(i) $|\overrightarrow{OP} - \overrightarrow{OA}| = r$ （中心 A，半径 r の球面）

(ii) $(x - a)^2 + (y - b)^2 + (z - c)^2 = r^2$

6. 平面の方程式

(i) $\overrightarrow{OP} = \overrightarrow{OA} + s\vec{d_1} + t\vec{d_2}$

(ii) $\vec{n} \cdot (\overrightarrow{OP} - \overrightarrow{OA}) = 0$

$a(x - x_1) + b(y - y_1) + c(z - z_1) = 0$

$ax + by + cz + d = 0$

7. 直線の方程式

(i) $\overrightarrow{OP} = \overrightarrow{OA} + t\vec{d}$

(ii) $\dfrac{x - a}{l} = \dfrac{y - b}{m} = \dfrac{z - c}{n}$ （ $= t$ ）

（または，$x = lt + a$，$y = mt + b$，$z = nt + c$）

8. ベクトルの外積

$\vec{a} = (x_1, y_1, z_1)$，$\vec{b} = (x_2, y_2, z_2)$ のとき，

外積 $\vec{h} = \vec{a} \times \vec{b} = (y_1 z_2 - z_1 y_2, \ z_1 x_2 - x_1 z_2, \ x_1 y_2 - y_1 x_2)$

講義
Lecture

③ 複素数平面

▶ 複素数平面の基本

▶ 極形式とド・モアブルの定理

▶ 複素数平面と図形

講義 3 # 複素数平面

§1. 複素数平面と平面ベクトルは, よく似てる!

さァ, これから "**複素数平面**" の解説に入ろう。複素数を方程式の面からとらえたものについては, 既に数学Ⅱで勉強したね。今回は複素数を複素数平面上の点と考えることから始めよう。すると, 図形的な性格がでてきてとても面白くなるんだ。数学 B で学んだ平面ベクトルに類似した内容がたくさん出てくるので, 勉強もしやすいはずだ。しっかりマスターして実力アップをはかってくれ。

● 複素数の実部と虚部が x, y 座標になる!

複素数 $\alpha = a + bi \,(a, b :$ 実数, $i = \sqrt{-1})$

が与えられたとき, a を実部, b を虚部といったね。この a, b をそれぞれ x 座標, y 座標と考えると, 複素数 $\alpha = a + bi$ は, xy 平面上の点 $\mathrm{P}(a, b)$ と同じとみることができるんだね。(図 1(ⅰ))

このように, 複素数を, xy 平面上の点に対応させるとき, この平面を "**複素数平面**" と呼び, 実部を表す x 軸を実軸, 虚部を表す y 軸を虚軸というんだ。このとき, 複素数 α は, 図 1 の (ⅱ) のように, 点 $\mathrm{P}(\alpha)$ として表すことが出来るね。この点 $\mathrm{P}(\alpha)$ を, たんに点 α とも呼ぶよ。また, 原点 O と点 $\mathrm{P}(\alpha)$ との距離を複素数 α の絶対値と呼び, これを $|\alpha|$ で表す。当然, 図 1 の (ⅲ) より, $|\alpha| = \sqrt{a^2 + b^2}$ だね。以上をまとめると, 次のようになる。

図 1
(ⅰ) xy 平面上の点 $\mathrm{P}(a, b)$

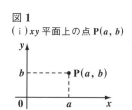

(ⅱ) 複素数平面上の点 $\mathrm{P}(\alpha)$

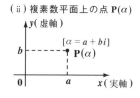

(ⅲ) $|\alpha| = \sqrt{a^2 + b^2}$

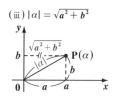

▌複素数平面と絶対値

複素数 $\alpha = a + bi$ $\quad (a, \ b :$ 実数) は, 複素数平面上の点 $\mathrm{P}(\alpha)$ を表し, その絶対値は,

$$|\alpha| = \sqrt{\underset{(\text{実部})^2}{a^2} + \underset{(\text{虚部})^2}{b^2}}$$

これは, 平面ベクトルで, $\overrightarrow{\mathrm{OA}} = (a, b)$ のとき, $|\overrightarrow{\mathrm{OA}}| = \sqrt{a^2 + b^2}$ と同じだ。

例として，$\alpha = 3 + 2i$，$\beta = -2 + i$，$\gamma = -2i$ を複素数平面上の点として図 2 に示すよ。γ は，$\gamma = 0 + (-2)i$ とみれば意味がわかるはずだ。

また，それぞれの絶対値は，$|\alpha| = \sqrt{3^2 + 2^2} = \sqrt{13}$，$|\beta| = \sqrt{(-2)^2 + 1^2} = \sqrt{5}$，$|\gamma| = \sqrt{0^2 + (-2)^2} = 2$ となるんだね。

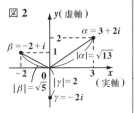

図 2

● 共役複素数 $\overline{\alpha}$ は，複素数平面の重要な鍵だ！

複素数 $\alpha = a + bi$ の共役複素数は，$\overline{\alpha} = a - bi$ だったね。これを複素数平面上で図示すると，図 3 のように，α と $\overline{\alpha}$ は実軸に関して対称になるね。また，$-\alpha$ は，$-\alpha = -(a + bi) = -a - bi$ より，α を原点に関して点対称に移動したものだ。同様に，$-\overline{\alpha}$ も $\overline{\alpha}$ を原点に関して対称移動したものといえる。(図 3)

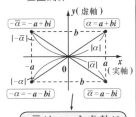

図 3 $\alpha, \overline{\alpha}, -\alpha, -\overline{\alpha}$ の位置関係

$-\overline{\alpha}$ は，α を虚軸に関して対称移動したものとわかるね。

ここで，4 点 α，$\overline{\alpha}$，$-\alpha$，$-\overline{\alpha}$ の原点からの距離はすべて等しいので，

$$|\alpha| = |\overline{\alpha}| = |-\alpha| = |-\overline{\alpha}|$$ となるんだね。

次に，$|\alpha| = \sqrt{a^2 + b^2}$ より，$\underline{|\alpha|^2 = \underline{\underline{a^2 + b^2}}}$ だね。

また，α と $\overline{\alpha}$ の積は，$\underline{\alpha\overline{\alpha}} = (a + bi)(a - bi) = a^2 - b^2\underset{(-1)}{(i^2)} = \underline{\underline{a^2 + b^2}}$ となるので，とっても大事な公式

$$|\alpha|^2 = \alpha\overline{\alpha}$$ が導けるんだね。

以下，複素数平面を図示するとき，実軸，虚軸をそれぞれ x, y とだけ表記することにするよ。

● 共役複素数と絶対値の公式を覚えよう！

共役複素数の和・差・積・商については，次に示す公式があるので覚えてくれ。暗記ものが多くて大変かも知れないけど，これが応用問題を解く基礎力となるんだからシッカリ頭に入れてくれ。

共役複素数の和・差・積・商の公式

(1) $\overline{\alpha + \beta} = \overline{\alpha} + \overline{\beta}$　　　　**(2)** $\overline{\alpha - \beta} = \overline{\alpha} - \overline{\beta}$

(3) $\overline{\alpha \times \beta} = \overline{\alpha} \times \overline{\beta}$　　　　**(4)** $\overline{\left(\dfrac{\alpha}{\beta}\right)} = \dfrac{\overline{\alpha}}{\overline{\beta}}$

　$\alpha = a + bi$, $\beta = c + di$ $(a, b, c, d：実数)$ とおいて, (1) が成り立つことを示すよ。

　$\alpha + \beta = (a + bi) + (c + di) = \underline{(a + c)} + \underline{(b + d)}i$

〔実部〕〔虚部〕

よって, この共役複素数 $\overline{\alpha + \beta}$ は,

$\overline{\alpha + \beta} = (a + c) - (b + d)i$ となって, これは,

$\overline{\alpha} + \overline{\beta} = (a - bi) + (c - di) = (a + c) - (b + d)i$

と同じになるね。ゆえに (1) の $\overline{\alpha + \beta} = \overline{\alpha} + \overline{\beta}$ が

成り立つんだ。$(2), (3), (4)$ も同様に成り立つ。

これらは証明より使うことが大事だ。

　次, 絶対値について, $|\alpha| = 0$ ならば, $\alpha = 0$

$[= 0 + 0i]$ なのは当然だね。また, 絶対値も積と

商について, 次の公式があるので覚えてくれ。

> (3) の証明も書いておくよ。
> $\alpha\beta = (a + bi)(c + di)$ (-1)
> $= ac + adi + bci + bd\,i^2$
> $= (ac - bd) + (ad + bc)i$
> $\therefore \overline{\alpha\beta} = (ac - bd) - (ad + bc)i$
> ......㋐
> また,
> $\overline{\alpha} \cdot \overline{\beta} = (a - bi)(c - di)$ (-1)
> $= ac - adi - bci + bd\,i^2$
> $= (ac - bd) - (ad + bc)i$
> ......㋑
> ㋐, ㋑より, $\overline{\alpha\beta} = \overline{\alpha} \cdot \overline{\beta}$ だ!

絶対値の積・商の公式

$(1)\ |\alpha\beta| = |\alpha||\beta|$　　$(2)\ \left|\dfrac{\alpha}{\beta}\right| = \dfrac{|\alpha|}{|\beta|}$　$(\beta \neq 0)$

> 一般に,
> $|\alpha + \beta| \neq |\alpha| + |\beta|$
> $|\alpha - \beta| \neq |\alpha| - |\beta|$ だ。
> これは要注意だよ!

● 実数条件と純虚数条件も絶対暗記だ!

　複素数 α が, (i) 実数のとき, または (ii) 純虚数のとき, それぞれ次

の公式が成り立つ。

(i) 複素数 α が実数のとき,	$\alpha = \overline{\alpha}$
(ii) 複素数 α が純虚数のとき,	$\alpha + \overline{\alpha} = 0$

> $\alpha = a + bi$ のとき
> $\alpha = \overline{\alpha}$ ならば,
> $\cancel{a} + bi = \cancel{a} - bi$
> $2bi = 0$, $\therefore b = 0$
> となって, α は実
> 数になる。

(i) α が実数 a のとき, $\alpha = a + 0 \cdot i$ より, $\overline{\alpha} = a - 0 \cdot i = a$　$\therefore \alpha = \overline{\alpha}$ だ。

（ⅱ）α が純虚数 bi のとき，$\alpha = 0 + bi$，$\overline{\alpha} = 0 - bi$ となって，$\boxed{\alpha + \overline{\alpha} = 0}$ となる。逆に，$\underline{\alpha + \overline{\alpha} = 0}$ のとき $\alpha = a + bi$ は，$\alpha + \overline{\alpha} = a + \not{bi} + a - \not{bi}$

$\boxed{\text{この式は，}\alpha = 0\,(\text{実数})\text{のときもみたすので，}\alpha \neq 0 \text{ として，これを除かないといけない。}}$

$= 2a = 0$，つまり $a = 0$ より，$\alpha = bi$ となる。よって，$\alpha \neq 0$（つまり，$b \neq 0$）のとき，α は純虚数になると言えるんだね。

● 複素数の和と差は，ベクトルと同じだ！

2つの複素数 $\alpha = a + bi$ と $\beta = c + di$ の和を γ とおくと，$\gamma = \alpha + \beta$ だね。すると，図4に示すように，線分 0α と 0β を2辺にもつ平行四辺形の対角線の頂点の位置に γ はくるんだよ。これは，α，β，γ を点 A，B，C とおくと，

$\overrightarrow{OC} = \overrightarrow{OA} + \overrightarrow{OB}$ と同じなんだね。

図4 複素数の和

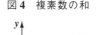

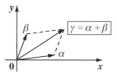

また，α と β の差を δ とおくと，

$\delta = \alpha - \beta = \alpha + (-\beta)$ となるね。よって，図5のように，線分 0α と $0(-\beta)$ を2辺にもつ平行四辺形の頂点の位置に点 δ はくるんだ。これも，点 δ を点 D とおけば，

$\overrightarrow{OD} = \overrightarrow{OA} - \overrightarrow{OB}$ と同様なんだね。

ここで，2点 α，β 間の距離は，図5より，絶対値 $|\alpha - \beta|$ で表されるのがわかるね。これは，ベクトルで考えると，$|\overrightarrow{BA}| = |\overrightarrow{OA} - \overrightarrow{OB}|$ とまったく同じなんだね。

図5 複素数の差

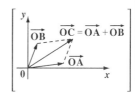

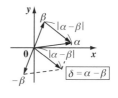

さらに，$\underline{\alpha} - \underline{\underline{\beta}} = (a + bi) - (c + di) = \underbrace{(a - c)}_{\boxed{\text{実部}}} + \underbrace{(b - d)}_{\boxed{\text{虚部}}}i$ だから，

$\boxed{\begin{array}{l} \text{2点 } \alpha, \beta \text{ 間の距離は，次式で表せる。} \\ \quad \text{絶対値 } |\alpha - \beta| = \sqrt{(a - c)^2 + (b - d)^2} \\ \qquad (\alpha = a + bi,\ \beta = c + di) \end{array}}$

共役複素数と絶対値の計算

絶対暗記問題 32　　難易度 ★　　CHECK1　CHECK2　CHECK3

$\alpha = 2 + i$, $\beta = -1 + 3i$ のとき，次の複素数を複素数平面上に図示せよ。

(1) $\overline{\alpha}$　　　　**(2)** $-\overline{\alpha}$　　　　**(3)** $\alpha + \beta$

次に，$|\alpha|$, $|\beta|$, $|\alpha - \beta|$ の値を求めることにより，$\cos \angle \alpha 0 \beta$ の値を求めよ。

> **ヒント！** $\overline{\alpha}$ は，α を実軸に関して対称移動したもの，また $-\overline{\alpha}$ は α を虚軸に関して対称移動したものだ。次に，$\triangle 0\alpha\beta$ の 3 辺の長さ，$|\alpha|$, $|\beta|$, $|\alpha - \beta|$ がわかれば，余弦定理を使って $\cos \angle \alpha 0 \beta$ が計算できるね。

解答 & 解説

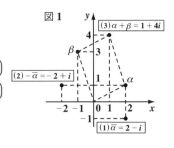

図1

$\alpha = 2 + i$, $\beta = -1 + 3i$

(1) $\overline{\alpha} = 2 - i$　←─［$\overline{\alpha}$ は実軸に関して対称な点］

(2) $-\overline{\alpha} = -2 + i$　←─［$-\overline{\alpha}$ は虚軸に関して対称な点］

(3) $\alpha + \beta = (2 + i) + (-1 + 3i)$
$$= 1 + 4i$$

以上の 3 点を，図 1 の複素数平面上に示す。 ………………………(答)

・$|\alpha| = |2 + i| = \sqrt{2^2 + 1^2} = \sqrt{5}$

・$|\beta| = |-1 + 3i| = \sqrt{(-1)^2 + 3^2} = \sqrt{10}$

・$|\alpha - \beta| = |(2 + i) - (-1 + 3i)|$
$$= |3 - 2i|$$
$$= \sqrt{3^2 + (-2)^2} = \sqrt{13}$$

> α, β を線分 $\alpha\beta$ の長さなどとすると，
> $0\alpha = |\alpha|$, $0\beta = |\beta|$, $\alpha\beta = |\alpha - \beta|$ より，
> $\triangle 0\alpha\beta$ の 3 辺の長さ $|\alpha|$, $|\beta|$, $|\alpha - \beta|$
> を求めてから，余弦定理を利用すれば
> いいね。

ここで，$\triangle 0\alpha\beta$ に余弦定理を用いると，

$$\left(\sqrt{13}\right)^2 = \left(\sqrt{5}\right)^2 + \left(\sqrt{10}\right)^2 - 2\sqrt{5}\sqrt{10} \cos \angle \alpha 0 \beta$$

$$13 = 5 + 10 - 10\sqrt{2}\cos \angle \alpha 0 \beta$$

$$\therefore \cos \angle \alpha 0 \beta = \frac{2}{10\sqrt{2}} = \frac{\sqrt{2}}{10} \quad \text{………………(答)}$$

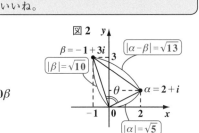

図2

$|\alpha|^2 = \alpha\overline{\alpha}$ などの絶対値の公式の利用

(1) $|\alpha| = 2$, $|\beta| = 1$ のとき,

$\alpha\beta(\alpha\overline{\beta} - \overline{\alpha}\beta) = \alpha^2 - 4\beta^2$ ……($*$) が成り立つことを示せ。

(2) $|\alpha| = 2$, $\alpha \neq \beta$ のとき, $\left|\dfrac{\alpha - \beta}{4 - \overline{\alpha}\beta}\right|$ の値を求めよ。

ヒント! (1) は $\alpha\overline{\alpha} = |\alpha|^2$ の公式だけでうまくいくよ。(2) は, $\alpha\overline{\alpha} = |\alpha|^2$ 以外に, $|\alpha||\beta| = |\alpha\beta|$ や $\left|\dfrac{\alpha}{\beta}\right| = \dfrac{|\alpha|}{|\beta|}$ など, 絶対値についての公式も必要だ。頑張れ!

解答&解説

(1) $|\alpha| = 2$, $|\beta| = 1$ より,

$($*$)$ の左辺 $= \alpha\beta(\alpha\overline{\beta} - \overline{\alpha}\beta) = \alpha^2\beta\overline{\beta} - \alpha\overline{\alpha}\beta^2$

$= \alpha^2|\beta|^2 - |\alpha|^2\beta^2$ 　$\boxed{\alpha\overline{\alpha}=|\alpha|^2,\ \beta\overline{\beta}=|\beta|^2\\ \text{これは重要公式だ!}}$

$= \alpha^2 \times 1^2 - 2^2 \times \beta^2$

$= \alpha^2 - 4\beta^2 = ($*$)$ の右辺

$\therefore ($*$)$ は成り立つ。 ………………………………(終)

(2) $|\alpha| = 2$, $\alpha \neq \beta$ のとき,

$\left|\dfrac{\alpha - \beta}{4 - \overline{\alpha}\beta}\right| = \dfrac{|\alpha - \beta|}{|4 - \overline{\alpha}\beta|}$ 　$\boxed{\left|\dfrac{\alpha}{\beta}\right|=\dfrac{|\alpha|}{|\beta|}\ \text{だ。}}$

$= \dfrac{|\alpha - \beta| \times |\alpha|}{|4 - \overline{\alpha}\beta| \times |\alpha|}$ 　$\boxed{\text{分母・分子に}|\alpha|\text{をかけるとうまくいく!}\\ \text{分母は}|\alpha||\beta|=|\alpha\beta|\text{を使うよ。}}$

$= \dfrac{2|\alpha - \beta|}{|(4 - \overline{\alpha}\beta)\alpha|} = \dfrac{2|\alpha - \beta|}{|4\alpha - \overline{\alpha\alpha}\beta|}$ 　$\boxed{\text{ここでも, }\alpha\overline{\alpha}=|\alpha|^2\\ \text{の公式を使う!}}$

$= \dfrac{2|\alpha - \beta|}{|4\alpha - |\alpha|^2\beta|} = \dfrac{2|\alpha - \beta|}{|4\alpha - 4\beta|}$ 　$\boxed{\text{分母}=|4(\alpha-\beta)|\\ =4|\alpha-\beta|\ \text{だ!}}$

$= \dfrac{2|\alpha - \beta|}{4|\alpha - \beta|} = \dfrac{1}{2}$ ………………………………(答)

$\dfrac{z}{1 + z^2}$ が純虚数であるとき, z はどのような複素数か。 　（大阪歯大*）

解答は P174

95

§2. 複素数同士の "かけ算" では, 偏角は "たし算" になる!

これから複素数平面の 2 回目の解説に入ろう。ここでは, まず複素数の極形式を勉強する。複素数を**絶対値**と**偏角**で表すことに慣れてくれ。この極形式で考えると, 複素数同士のかけ算が, 平面図形上では回転などと関係してくるんだ。また, "**ド・モアブルの定理**" など, 応用の範囲がさらに広がって, 面白くなってくるので, 楽しみにしてくれ。

● 複素数は, 絶対値と偏角を使って極形式で表せる!

図 1 (i) のように複素数 $z = a + bi\,(a, b:$実数$)$ を複素数平面上に表して, $0, z$ 間の距離, すなわち絶対値 $|z|$ を r とおくよ。また, 線分 $0z$ と x 軸 (実軸) の正の向きとのなす角を**偏角**といい, θ とおくことにする。

すると, 図 1 の (ii) のように, 三角関数の定義より, $\dfrac{a}{r} = \cos\theta, \dfrac{b}{r} = \sin\theta$ だから $\underline{a = r\cos\theta}, \underline{\underline{b = r\sin\theta}}$ となる。これから,

$$z = \underline{a} + \underline{\underline{b}}i = \underline{r\cos\theta} + \underline{\underline{ir\sin\theta}}$$

だね。よって, 複素数 z は次の**極形式**の形に書ける。

図 1　極形式
(i)

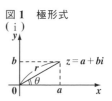

(ii)

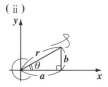

> ### 複素数 z の極形式
>
> $z = r\,(\cos\theta + i\,\sin\theta)$
>
> 　$(r:$絶対値, $\theta:$偏角$)$

> "アーギュメント・ゼット" と読むよ。

$z = a + bi$ のとき, この絶対値 r は, $r = |z| = \sqrt{a^2 + b^2}$ で計算できるね。また, 偏角 θ は, $\underline{arg\ z}$ とも表されることを覚えておいてくれ。

> 偏角 θ は, 通常
> **$0 \leqq \theta < 2\pi$**
> または,
> $-\pi \leqq \theta < \pi$
> の範囲で考えることが多いけれど, 一般角で表すこともある。

例題を 1 つやっておこう。$z = 1 - \sqrt{3}i$ について, $z = 1 + \left(-\sqrt{3}\right)i$ と考えると, $a = 1, b = -\sqrt{3}$ だね。

よって, この絶対値 r は, $r = \sqrt{1^2 + \left(-\sqrt{3}\right)^2} = 2$ だ。

この 2 をくくり出すと，図 2 より，z は

$$z = 2\left\{\frac{1}{2} + \left(-\frac{\sqrt{3}}{2}\right)i = \boxed{2}\left(\cos\boxed{\frac{5}{3}\pi} + i\sin\boxed{\frac{5}{3}\pi}\right)\right\}$$

絶対値 r　　偏角 θ

と極形式で表せるんだ。納得いった？

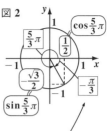

図 2

この θ は $-\frac{\pi}{3}$ でもいいので，
$z = 2\left\{\cos\left(-\frac{\pi}{3}\right) + i\sin\left(-\frac{\pi}{3}\right)\right\}$
また，一般角で表すと，
$z = 2\left\{\cos\left(\frac{5}{3}\pi + 2\pi n\right)\right.$
$\left. + i\sin\left(\frac{5}{3}\pi + 2\pi n\right)\right\}$
（n：整数）としてもいい。

● 複素数のかけ算では偏角はたし算になる！

2 つの複素数 z_1, z_2 が，それぞれ次のように極形式で表されているとするよ。

$z_1 = r_1(\cos\theta_1 + i\sin\theta_1)$, $z_2 = r_2(\cos\theta_2 + i\sin\theta_2)$

このとき，この z_1 と z_2 の積と商は次のようになるんだよ。

(1) $z_1 \times z_2 = r_1 \times r_2\{\cos(\theta_1 + \theta_2) + i\sin(\theta_1 + \theta_2)\}$

(2) $\dfrac{z_1}{z_2} = \dfrac{r_1}{r_2}\{\cos(\theta_1 - \theta_2) + i\sin(\theta_1 - \theta_2)\}$

実際に，(1) の左辺を変形すると，

$z_1 \times z_2 = r_1(\cos\theta_1 + i\sin\theta_1) \times r_2(\cos\theta_2 + i\sin\theta_2)$

$= r_1 r_2(\cos\theta_1\cos\theta_2 + i\cos\theta_1\sin\theta_2$

$\qquad + i\sin\theta_1\cos\theta_2 + \overset{(-1)}{i^2}\sin\theta_1\sin\theta_2)$

$= r_1 r_2\{(\cos\theta_1\cos\theta_2 - \sin\theta_1\sin\theta_2)$

$\qquad + i(\sin\theta_1\cos\theta_2 + \cos\theta_1\sin\theta_2)\}$

$= r_1 r_2\{\cos(\theta_1 + \theta_2) + i\sin(\theta_1 + \theta_2)\}$

加法定理：
$\cos(\theta_1 + \theta_2) = \cos\theta_1\cos\theta_2 - \sin\theta_1\sin\theta_2$
$\sin(\theta_1 + \theta_2) = \sin\theta_1\cos\theta_2 + \cos\theta_1\sin\theta_2$

となって，(1) が成り立つね。大丈夫？

このポイントは，複素関数同士を"かけている"のに偏角は"たし算"になっていることなんだね。
(2) も同様に，複素数同士の"割り算"では，偏角は"引き算"になることに注意してくれ。

(ex)
$z_1 = 4(\cos 50° + i\sin 50°)$
$z_2 = 3(\cos 10° + i\sin 10°)$
のとき，
$z_1 z_2 = 4 \times 3\{\cos(50° + 10°)$
$\qquad + i\sin(50° + 10°)\}$
$= 12(\cos 60° + i\sin 60°)$
$= 12\left(\dfrac{1}{2} + \dfrac{\sqrt{3}}{2}i\right)$
$= 6 + 6\sqrt{3}\,i$　だね。

● 複素数の積の図形的な意味を押さえよう！

複素数 $z = r_0(\cos\theta_0 + i\sin\theta_0)$ に，もう1つの複素数 $r(\cos\theta + i\sin\theta)$ をかけたものを w とおくよ。つまり，$w = r(\cos\theta + i\sin\theta)z$ だね。このとき点 z と点 w の図形的な意味は次のようになるんだよ。

■ 原点のまわりの回転と拡大（縮小）

$$w = r(\cos\theta + i\sin\theta)z \quad \Longleftrightarrow \quad$$

点 w は点 z を原点 0 のまわりに θ だけ回転して，r 倍に拡大（または縮小）したものである。

$z = r_0(\cos\theta_0 + i\sin\theta_0)$ に $r(\cos\theta + i\sin\theta)$ をかけると，偏角は和になることに注意して，

$$w = r(\cos\theta + i\sin\theta) \times r_0(\cos\theta_0 + i\sin\theta_0)$$
$$= \underbrace{r \times r_0}_{w\text{の絶対値}}\{\cos\underbrace{(\theta + \theta_0)}_{} + i\sin\underbrace{(\theta + \theta_0)}_{w\text{の偏角}}\} \quad \text{となる。}$$

図3

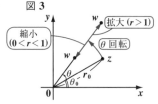

これから，w の偏角は $\theta + \theta_0$ より，点 z をまず原点のまわりに θ だけ回転するんだね。次に，w の絶対値は $r \times r_0$ なので，回転した後 r 倍に拡大または縮小することになるんだね。当然 r が，(i) $r > 1$ ならば拡大，(ii) $0 < r < 1$ ならば縮小になるんだ。図3をよく見てくれ。また，図4の例題も確認してくれ。

図4 （ex）

$w = \frac{3}{2}(\cos 45° + i\sin 45°)z$ のとき，点 w は，点 z を原点 0 のまわりに 45° 回転して，$\frac{3}{2}$ 倍に拡大した点だね。

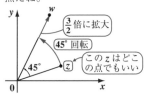

● ド・モアブルの定理にチャレンジだ！

複素数同士の積の場合，偏角は和（たし算）になるので，$(\cos\theta + i\sin\theta)^2$ は，

$$(\cos\theta + i\sin\theta)^2 = (\cos\theta + i\sin\theta)(\cos\theta + i\sin\theta)$$
$$= \cos(\theta + \theta) + i\sin(\theta + \theta)$$
$$= \cos 2\theta + i\sin 2\theta \quad \text{となるね。}$$

角度は，$180° = \pi$ より，$30° = \frac{\pi}{6}$, $45° = \frac{\pi}{4}$, $60° = \frac{\pi}{3}$, $90° = \frac{\pi}{2}$, $120° = \frac{2}{3}\pi$ など，……と表せるんだね。

同様に，$(\cos\theta + i\sin\theta)^3$ は，

$$(\cos\theta + i\sin\theta)^3 = \underline{(\cos\theta + i\sin\theta)^2}(\cos\theta + i\sin\theta)$$
$$= \underline{(\cos 2\theta + i\sin 2\theta)(\cos\theta + i\sin\theta)}$$
$$= \cos 3\theta + i\sin 3\theta \quad \text{だね。}$$

一般に，次のド・モアブルの定理が成り立つ。

ド・モアブルの定理

$$(\cos\theta + i\sin\theta)^n = \cos n\theta + i\sin n\theta$$
$$(\underline{\boldsymbol{n}} : 整数)$$

この $\boldsymbol{n}$ は，$\boldsymbol{0}$ や負の整数でもいいんだよ。

(ex) ド・モアブルの定理
$$\left(\cos\frac{\pi}{10} + i\sin\frac{\pi}{10}\right)^{10}$$
$$= \cos\left(10 \times \frac{\pi}{10}\right) + i\sin\left(10 \times \frac{\pi}{10}\right)$$
$$= \cos\pi + i\sin\pi$$
$$= -1$$

これは応用上とても大切な定理なので，是非覚えてくれ。

● 複素数 α の n 乗根はこうして求めよう！

この n 乗根の問題は，受験では頻出なので，1 つ例題で解説しておくよ。
$z^3 = 1$ ……① をみたす複素数 z を求めてみよう！

この未知数 z を，$z = r(\cos\theta + i\sin\theta)$ ……② と極形式でおいて，r と θ の値を求めればいいんだね。また①の右辺も，$1 + 0i$ と考えて，絶対値 $\sqrt{1^2 + 0^2}$ $= 1$ をくくり出すと，右辺 $= 1(\underline{1} + \underline{0}i)$ より，$\underline{\cos}$ が $\underline{1}$, $\underline{\sin}$ が $\underline{0}$ なので，偏角は $2\pi n$（$\underline{n = 0, 1, 2}$）だね。よって，①の右辺は

偏角を一般角 $2\pi n$ とおいて，$n = 0, 1, 2$ の 3 つだけに変化させているのに注意してくれ。

0，または，2π または 4π だ！

$$1 = 1\{\cos(2\pi n) + i\sin(2\pi n)\} \cdots③ \ (n = 0, 1, 2)$$

となるんだ。②，③を①に代入して，

$$\{r(\cos\theta + i\sin\theta)\}^3 = 1\{\cos(2\pi n) + i\sin(2\pi n)\}$$
$$r^3(\cos\underline{3\theta} + i\sin\underline{3\theta}) = \underline{1}\{\cos(\underline{2\pi n}) + i\sin(\underline{2\pi n})\}$$

両辺の絶対値と偏角を比較して，

ド・モアブルの定理より，
左辺 $= \{r(\cos\theta + i\sin\theta)\}^3$
$= r^3(\cos\theta + i\sin\theta)^3$
$= r^3(\cos 3\theta + i\sin 3\theta)$
となるね。

$$\underline{r^3 = \underline{1}} \ \cdots④, \quad \underline{3\theta = 2\pi n} \ \cdots⑤ \ (n = 0, 1, 2)$$

④をみたす正の実数 r は，当然 1 だね。$\therefore r = \underline{1}$
次に，$n = 0, 1, 2$ より，⑤は

$$3\theta = 0, 2\pi, 4\pi \quad \therefore \theta = \underline{0}, \frac{2}{3}\pi, \frac{4}{3}\pi$$

よって②より，1 の 3 乗根 z は

$$z = \underline{1}(\cos\underline{0} + i\sin\underline{0}), \ または \underline{1}\left(\cos\frac{2}{3}\pi + i\sin\frac{2}{3}\pi\right),$$
$$または \ \underline{1}\left(\cos\frac{4}{3}\pi + i\sin\frac{4}{3}\pi\right) \ の 3 つだ。$$

$n = 3, 4, 5, \cdots$ のとき⑤は
$3\theta = 6\pi, 8\pi, 10\pi\cdots$
よって，
$\theta = 2\pi, \dfrac{8}{3}\pi, \dfrac{10}{3}\pi$

$\boxed{\dfrac{2}{3}\pi}$ $\boxed{\dfrac{4}{3}\pi}$

となって，実質的に同じ角度が繰り返し出てくるだけだね。
$\therefore z^3 = 1$ のとき，$n = 0, 1, 2$ の 3 通りだけでいいんだ。

極形式と複素数の積・商

3 つの複素数 $\alpha = 1 + i$, $\beta = \sqrt{3} - i$, $\gamma = -3$ がある。

(1) α, β, γ を，それぞれの極形式で表せ。

(2) $\alpha\beta$, $\dfrac{\beta}{\gamma}$ を極形式で表せ。

（ただし，偏角 θ は，どれも $-\pi < \theta \leqq \pi$ とする。）

ヒント! (1)$r(\cos\theta + i\sin\theta)$ の極形式にもち込むんだね。(2) の複素数のかけ算では偏角はたし算に，また割り算では偏角は引き算になるんだね。

解答&解説

(1)(i) $|\alpha| = \sqrt{1^2 + 1^2} = \sqrt{2}$　より

$$\alpha = \sqrt{2}\left(\frac{1}{\sqrt{2}} + \frac{1}{\sqrt{2}}i\right)$$
$$= \sqrt{2}\left(\cos\frac{\pi}{4} + i\sin\frac{\pi}{4}\right) \quad \cdots\cdots\text{(答)}$$

（ii）$|\beta| = \sqrt{(\sqrt{3})^2 + (-1)^2} = 2$　より

$$\beta = 2\left\{\frac{\sqrt{3}}{2} + \left(-\frac{1}{2}\right)i\right\} = 2\left\{\cos\left(-\frac{\pi}{6}\right) + i\sin\left(-\frac{\pi}{6}\right)\right\} \quad \cdots\cdots\cdots\text{(答)}$$

（iii）$|\gamma| = \sqrt{(-3)^2 + 0^2} = 3$　より　←── $\boxed{\gamma = -3 + 0\,i\text{と考える！}}$

$$\gamma = 3(-1 + 0i) = 3(\cos\pi + i\sin\pi) \quad \cdots\cdots\cdots\cdots\cdots\cdots\text{(答)}$$

(2)(i) $\alpha\beta = \sqrt{2}\left(\cos\frac{\pi}{4} + i\sin\frac{\pi}{4}\right)\cdot 2\left\{\cos\left(-\frac{\pi}{6}\right) + i\sin\left(-\frac{\pi}{6}\right)\right\}$

$$= 2\sqrt{2}\left\{\cos\left(\frac{\pi}{4} - \frac{\pi}{6}\right) + i\sin\left(\frac{\pi}{4} - \frac{\pi}{6}\right)\right\}$$
$$= 2\sqrt{2}\left(\cos\frac{\pi}{12} + i\sin\frac{\pi}{12}\right) \quad \cdots\cdots\text{(答)}$$

（ii）$\dfrac{\beta}{\gamma} = \dfrac{2\left\{\cos\left(-\frac{\pi}{6}\right) + i\sin\left(-\frac{\pi}{6}\right)\right\}}{3(\cos\pi + i\sin\pi)}$

$$= \frac{2}{3}\left(\cos\frac{5}{6}\pi + i\sin\frac{5}{6}\pi\right) \quad \cdots\cdots\text{(答)}$$

> $\dfrac{\beta}{\gamma}$ の偏角は，引き算になるから，$-\dfrac{\pi}{6} - \pi = -\dfrac{7}{6}\pi$ だ。これを $-\pi < \theta \leqq \pi$ の範囲で考えると，$\dfrac{5}{6}\pi$ になるんだね。

（図中）
(i) $\arg\alpha = \dfrac{\pi}{4}$
(iii) $\arg\gamma = \pi$
(ii) $\arg\beta = -\dfrac{\pi}{6}$

極形式による計算とド・モアブルの定理

絶対暗記問題 35	難易度 ★★	CHECK1	CHECK2	CHECK3

(1) 次の複素数の値を求めよ。

（ i ）$(-1+\sqrt{3}i)^6$　　　（ ii ）$\left(\dfrac{\cos12°-i\sin12°}{\cos9°-i\sin9°}\right)^{10}$

(2) $z=1+i$ のとき，$1+z+z^2+\cdots\cdots+z^7$ の値を求めよ。

ヒント! (1) の (ii) の分子は極形式ではないので，分子 $=\cos(-12°)+i\sin(-12°)$ と極形式に変形する。分母も同様だ。(2) は，$1+z+\cdots\cdots+z^7$ が等比数列の和になっていることに気付くことだ。後は，ド・モアブルを使えばいいよ。

解答＆解説

(1)（ i ）$-1+\sqrt{3}i=2(\cos120°+i\sin120°)$ より

$$(-1+\sqrt{3}i)^6=\{2(\cos120°+i\sin120°)\}^6 \longrightarrow \boxed{\text{ド・モアブルだ！}}$$

$$=2^6\{\cos(6\times120°)+i\sin(6\times120°)\}$$
$$\boxed{6\times120°=720° \text{ は } 0° \text{ と同じだ。}}$$

$$=64(\cos0°+i\sin0°)=64 \quad\cdots\cdots\text{（答）}$$

（ ii ）$\left(\dfrac{\cos12°-i\sin12°}{\cos9°-i\sin9°}\right)^{10}=\left\{\dfrac{\cos(-12°)+i\sin(-12°)}{\cos(-9°)+i\sin(-9°)}\right\}^{10}$

$\boxed{\begin{array}{l}\cos(-\theta)=\cos\theta\\ \sin(-\theta)=-\sin\theta\\ \text{これを使って分母・}\\ \text{分子を極形式に書き}\\ \text{かえたんだ！}\end{array}}$

$$=\{\cos(-3°)+i\sin(-3°)\}^{10}$$

$$=\cos(-30°)+i\sin(-30°)$$

$$=\dfrac{\sqrt{3}}{2}-\dfrac{1}{2}i \quad\cdots\cdots\cdots\text{（答）}$$

$\boxed{\begin{array}{l}\text{割り算では，偏角が引}\\ \text{き算になるから，}\\ -12°-(-9°)=-3°\end{array}}$

(2) $z=1+i=\sqrt{2}(\cos45°+i\sin45°)$ より

$$\overbrace{1+z+z^2+\cdots\cdots+z^7}^{8項の和}=\dfrac{1\cdot(1-z^8)}{1-z}$$

$\boxed{\begin{array}{l}\text{初項 1，公比 } z\text{，項数}\\ 8 \text{の等比数列の和だ！}\end{array}}$

$$=\dfrac{1-\{\sqrt{2}(\cos45°+i\sin45°)\}^8}{1-(1+i)}$$

$\boxed{\begin{array}{l}\{\sqrt{2}(\cos45°+i\sin45°)\}^8\\ =(\sqrt{2})^8(\cos45°+i\sin45°)^8\\ =16\{\cos(8\times45°)+i\sin(8\times45°)\}\\ =16(\cos360°+i\sin360°)\\ =16 \text{ だね。}\end{array}}$

$$=\dfrac{1-16(\cos360°+i\sin360°)}{-i}$$

$$=\dfrac{1-16}{-i}=\dfrac{15}{i}=\dfrac{15i}{i^2}=-15i \quad\cdots\cdots\cdots\cdots\text{（答）}$$

4次方程式の複素数解

方程式 $z^4 = -8 + 8\sqrt{3}i$ を解け。　　　　　　　　　　（大阪教育大 *）

ヒント！ $z = r(\cos\theta + i\sin\theta)$ とおいて，r と θ の値を求めればいいんだね。ポイントは，$-8 + 8\sqrt{3}i$ を極形式にしたときの偏角を $\theta + 2\pi n$ で表すこと，そして 4 次方程式より $n = 0, 1, 2, 3$ の 4 通りとすることだ。

解答＆解説

> 予め，θ を $0 \leq \theta < 2\pi$ の範囲にしておくといいよ。

$z^4 = -8 + 8\sqrt{3}i$ ……① とおく。

ここで，$z = r(\cos\theta + i\sin\theta)$ ……② $(r > 0, \ 0 \leq \theta < 2\pi)$ とおくと，

$z^4 = \{r(\cos\theta + i\sin\theta)\}^4 = r^4(\cos 4\theta + i\sin 4\theta)$ ……………③

また，$-8 + 8\sqrt{3}i = 16\left(-\dfrac{1}{2} + \dfrac{\sqrt{3}}{2}i\right) = 16\left(\cos\dfrac{2}{3}\pi + i\sin\dfrac{2}{3}\pi\right)$

$= 16\left\{\cos\left(\dfrac{2}{3}\pi + 2\pi n\right) + i\sin\left(\dfrac{2}{3}\pi + 2\pi n\right)\right\}$ ……④ （n：整数）

③，④を①に代入して，

$\underline{r^4}(\cos\underline{4\theta} + i\sin\underline{4\theta}) = \underline{16}\left\{\cos\left(\underline{\dfrac{2}{3}\pi + 2\pi n}\right) + i\sin\left(\underline{\dfrac{2}{3}\pi + 2\pi n}\right)\right\}$

両辺の絶対値と偏角を比較して，

> $0 \leq \theta < 2\pi$ だから，$n = 0, 1, 2, 3$ として，$\theta = \dfrac{\pi}{6}, \dfrac{2}{3}\pi, \dfrac{7}{6}\pi, \dfrac{5}{3}\pi$ となるんだね。

$\begin{cases} \underline{r^4} = \underline{16} & \text{……⑤} \\ \underline{4\theta} = \dfrac{2}{3}\pi + 2\pi n & \text{……⑥} \end{cases}$

⑤より，$r = 2$　また⑥より $\theta = \dfrac{\pi}{6} + \dfrac{\pi}{2}n$ $(n = 0, 1, 2, 3)$

よって②より，求める解 z は，次の 4 つである。

> 解 z は，中心原点，半径 $r = 2$ の円周を 4 等分割する点だ。

$z = 2\left(\underset{\frac{\sqrt{3}}{2}}{\boxed{\cos\dfrac{\pi}{6}}} + i\underset{\frac{1}{2}}{\boxed{\sin\dfrac{\pi}{6}}}\right), \ 2\left(\underset{-\frac{1}{2}}{\boxed{\cos\dfrac{2}{3}\pi}} + i\underset{\frac{\sqrt{3}}{2}}{\boxed{\sin\dfrac{2}{3}\pi}}\right),$

$2\left(\underset{-\frac{\sqrt{3}}{2}}{\boxed{\cos\dfrac{7}{6}\pi}} + i\underset{-\frac{1}{2}}{\boxed{\sin\dfrac{7}{6}\pi}}\right), \ 2\left(\underset{\frac{1}{2}}{\boxed{\cos\dfrac{5}{3}\pi}} + i\underset{-\frac{\sqrt{3}}{2}}{\boxed{\sin\dfrac{5}{3}\pi}}\right)$

$= \sqrt{3} + i, \ -1 + \sqrt{3}i,$

$-\sqrt{3} - i, \ 1 - \sqrt{3}i$ ……（答）

$z = -1 + \sqrt{3}i$ 　 $z = \sqrt{3} + i$ 　 $z = -\sqrt{3} - i$ 　 $z = 1 - \sqrt{3}i$

2直線の直交条件

(1) $\dfrac{w}{z} = ki$ $(k > 0)$ のとき, $0z \perp 0w$ (垂直) となることを示せ。

(2) 2つの0でない複素数 z と w について, $0z \perp 0w$ となるための条件
は $\bar{z}w + z\bar{w} = 0$ であることを示せ。 　　　　　　(岩手大*)

ヒント！ (1) i を極形式で表すと $i = \cos 90° + i \sin 90°$ だね。よって, 与式より, 点 w は点 z を原点 0 のまわりに 90° だけ回転して, k 倍した点だ。(2) では, 純虚数 α は $\alpha + \bar{\alpha} = 0$ をみたすことを, 用いるんだね。

解答&解説

(1) 虚数単位 i を極形式で表すと,

角度を"度"で表した。

$$i = 0 + 1 \cdot i = \cos 90° + i \sin 90°$$

よって, $\dfrac{w}{z} = ki$ は, $\dfrac{w}{z} = k(\cos 90° + i \sin 90°)$

$$w = k(\cos 90° + i \sin 90°)z \quad (k > 0)$$

∴点 w は, 点 z を原点 0 のまわりに 90° 回転して, k 倍したものだから, $0z \perp 0w$ である。 …………(終)

$w = kiz$ k倍 90°回転 $\theta = 90°$ z 0 ∴$0z \perp 0w$

これは純虚数だ！

(2) $0z \perp 0w$ $(z \neq 0,\ w \neq 0)$ のとき, (1) と同様に, $\dfrac{w}{z} = ki$ (k:0 でない実数) と表せるから, $\dfrac{w}{z}$ は純虚数となる。

∴ $\dfrac{w}{z} + \overline{\left(\dfrac{w}{z}\right)} = 0$, $\dfrac{w}{z} + \dfrac{\bar{w}}{\bar{z}} = 0$ ← 公式 : $\overline{\left(\dfrac{\beta}{\alpha}\right)} = \dfrac{\bar{\beta}}{\bar{\alpha}}$ より

両辺に $z\bar{z}$ をかけて, $\bar{z}w + z\bar{w} = 0$ となる。これが, $0z \perp 0w$ となるための z と w の条件である。…………(終)

2つの複素数 $\alpha = 2 + i$, $\beta = 3 + i$ の偏角をそれぞれ θ_1, θ_2 とおく。このとき, $\theta_1 + \theta_2$ の値を求めよ。ただし, $0 < \theta_1 < \dfrac{\pi}{4}$, $0 < \theta_2 < \dfrac{\pi}{4}$ とする。

解答は P174

§3. 複素数の和・差では，平面ベクトルの知識が使える！

さァ，いよいよ**複素数平面と図形**の問題に入るよ。複素数の和・差，そして絶対値については，平面ベクトルとまったく同じだったね。だから，複素数平面でも，ベクトルで勉強した**内分点・外分点の公式**が同様に成り立つんだ。ここではさらに**円の方程式**についても極めよう。

● 複素数でも内分点・外分点の公式が成り立つ！

まず，2 点 α, β を結ぶ線分の内分点の公式は次の通りだ。

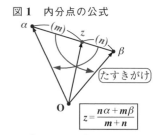

内分点の公式
点 z が 2 点 α, β を結ぶ線分を $m:n$ の比に内分するとき， $z = \dfrac{n\alpha + m\beta}{m + n}$

図1　内分点の公式

これは，$A(\alpha)$, $B(\beta)$, $C(z)$ として，α を $\overrightarrow{OA}$, β を $\overrightarrow{OB}$, z を $\overrightarrow{OP}$ とおくと，平面ベクトルの内分点の公式とまったく同じだね。分子で m と n が α と β にたすきにかかっているのが要注意だったんだね。

特に，点 z が線分 $\alpha\beta$ の中点の場合，$m = n = 1$ とおいて，

$z = \dfrac{\alpha + \beta}{2}$ となるのも同様だ。

また，内分点公式の発展形として，点 z が線分 $\alpha\beta$ を $m:n$ に内分するという代わりに，$t:1-t$ の比に内分すると考えると，

$z = (1 - t)\alpha + t\beta$

となるのも一緒だ。

さらに，$\triangle \alpha\beta\gamma$ の重心を g とおくと，

$g = \dfrac{1}{3}(\alpha + \beta + \gamma)$ となるのもわかるだろう。

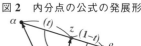

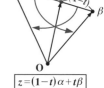

図2　内分点の公式の発展形

$z = (1 - t)\alpha + t\beta$

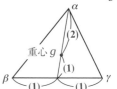

図3　三角形の重心 g

次に，外分点の公式も平面ベクトルとまったく
同じで，内分点の公式の n の代わりに $-n$ を代入
すればいいんだ。

図4　外分点の公式

(i) $m > n$ のとき

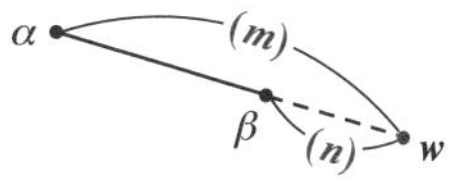

(ii) $m < n$ のとき

外分点の公式

点 w が 2 点 α，β を結ぶ線分を $m : n$ の比に外
分するとき，

$$w = \frac{-n\alpha + m\beta}{m - n}$$

それでは例題を 1 つやっておこう。

$\alpha = 3 + 2i$，$\beta = -2 + i$ とする。線分 $\alpha\beta$ を $3:1$ に内分する点 z と，$2:3$
に外分する点 w を求めてみるよ。まず，点 z は，線分 $\alpha\beta$ を $3:1$ に内分す
るので，

$$z = \frac{1\alpha + 3\beta}{3 + 1} = \frac{1(3 + 2i) + 3(-2 + i)}{4} = \frac{3 + 2i - 6 + 3i}{4}$$

$$= \frac{-3 + 5i}{4} = -\frac{3}{4} + \frac{5}{4}i \quad \text{となるね。}$$

次，点 w は，この線分 $\alpha\beta$ を $2:3$ に外分するので，

$$w = \frac{-3\alpha + 2\beta}{2 - 3} = \frac{-3(3 + 2i) + 2(-2 + i)}{-1} = \frac{-9 - 6i - 4 + 2i}{-1}$$

$$= 13 + 4i \quad \text{となるんだね。大丈夫？}$$

● 垂直二等分線とアポロニウスの円にチャレンジだ！

試験では，$|z - \alpha| = k|z - \beta|$ をみたす点 z の描く図形 (軌跡) を求めさせる
問題が非常によく出題されるんだ。ここで，z は動点，α と β は定点，そ
して k は正の定数だ。この問題の結果を先に書いておくと，ズバリ次の通
りだ。

> $|z-\alpha|=k|z-\beta|$ ……① をみたす点 z の軌跡は,
>
> （ⅰ） $k=1$ のとき, 線分 $\alpha\beta$ の**垂直二等分線**。
>
> （ⅱ） $k\neq1$ のとき, **アポロニウスの円**。
>
> （z：動点, α,β：定点, k：正の定数）

（ⅰ）$k=1$ のとき, ①は $|z-\alpha|=\underline{|z-\beta|}$ となるので, $\underline{\alpha \text{と} z \text{との間の距離}}$ と, $\underline{\beta \text{と} z \text{との間の距離}}$ が等しいといってるわけだね。だから, 図5のように, 点 z の描く図形は, 線分 $\alpha\beta$ の**垂直二等分線**になるのがわかるはずだ。

図5 $k=1$ のとき 垂直二等分線

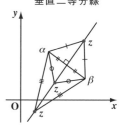

（ⅱ）$k\neq1$ のとき, 点 z は円を描くんだけれど, この円のことを**アポロニウスの円**と呼ぶ。これについては, 次の例題で解説しよう。

$\alpha=2i,\ \beta=-i,\ k=2$ とすると, ①は $|z-2i|=2|z+i|$ となる。

ここで, $z=x+yi$（x,y：実数）とおくと

$|x+yi-2i|=2|x+yi+i|$

$|x+(y-2)i|=2|x+(y+1)i|$ これから

$\sqrt{x^2+(y-2)^2}=2\sqrt{x^2+(y+1)^2}$

> $z=x+yi$ とおいて, x と y の関係式から動点 z の軌跡を求めるやり方にも慣れてくれ

両辺を2乗して,

$x^2+(y-2)^2=4\{x^2+(y+1)^2\}$

$x^2+y^2-4y+4=4(x^2+y^2+2y+1)$

$3x^2+3y^2+12y=0$　　両辺を3で割って,

$x^2+y^2+4y=0$　　　$x^2+(y^2+4y+4)=0+4$

> 2で割って2乗!

$x^2+(y+2)^2=4$

> 中心 $(0,-2)$ より

これより, 点 $z=x+yi$ は中心 $-2i$, 半径2の円（**アポロニウスの円**）を描くことがわかるんだね。図6で確認してくれ。

図6 アポロニウスの円
$\alpha=2i,\beta=-i,k=2$
とおくと,
$|z-2i|=2|z+i|$ より
$|z-2i|:|z+i|=2:1$

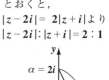

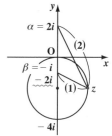

● 円の方程式もベクトルとソックリだ！

それじゃ，一般的な円の方程式も書いておくよ。

図7 円の方程式

$$|z - \alpha| = r$$

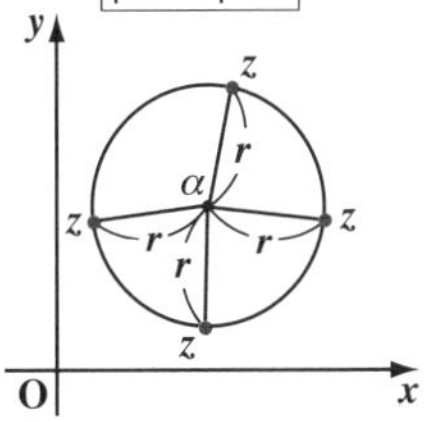

円の方程式

$$|z - \alpha| = r \quad \cdots\cdots ②$$

（中心 α，半径 r の円）

$\left(\begin{array}{l} z \text{ を } \overrightarrow{OP}, \alpha \text{ を } \overrightarrow{OA} \text{ と} \\ \text{おくと} \\ |\overrightarrow{OP} - \overrightarrow{OA}| = r \\ \text{これは中心 A, 半径 } r \\ \text{の円のベクトル方程} \\ \text{式だね} \end{array} \right)$

これは，動点 z と定点 α との間の距離が常に一定値 r になるといってるわけだから，図7のように，動点 z は点 α を中心とする半径 r の円周上を動くことになる。これは平面ベクトルのときと同じだね。

では，次にもっとハイレベルな話に入るよ。②の両辺を2乗すると，

$$|z - \alpha|^2 = r^2$$

公式：$|\beta|^2 = \beta\bar{\beta}$ より

$$(z - \alpha)\overline{(z - \alpha)} = r^2$$

公式：$\overline{z - \alpha} = \bar{z} - \bar{\alpha}$ より

$$(z - \alpha)(\bar{z} - \bar{\alpha}) = r^2$$

この左辺を展開して，

$$z\bar{z} - z\bar{\alpha} - \alpha\bar{z} + \underbrace{\boxed{\alpha\bar{\alpha}}}_{|\alpha|^2} = r^2$$

$$z\bar{z} - \bar{\alpha}z - \alpha\bar{z} + \underbrace{\boxed{|\alpha|^2 - r^2}}_{\text{実数 } k} = 0$$

したがって，②以外にも

$$z\bar{z} - \bar{\alpha}z - \alpha\bar{z} + k = 0 \quad (k : \text{実数定数})$$

の形が出てきたら，右上の例題のように，これを逆にたどって，②の形の円の方程式にもち込む練習をしておくと，実践的で役に立つんだよ。

(ex) $k = 0$ のとき

$$z\bar{z} - \bar{\alpha}z - \alpha\bar{z} = 0$$

この両辺に $\alpha\bar{\alpha} = |\alpha|^2$ を加えて，

$$z\bar{z} - \bar{\alpha}z - \alpha\bar{z} + \alpha\bar{\alpha} = |\alpha|^2$$

$$z(\bar{z} - \bar{\alpha}) - \alpha(\bar{z} - \bar{\alpha}) = |\alpha|^2$$

$$(z - \alpha)(\bar{z} - \bar{\alpha}) = |\alpha|^2$$

$$(z - \alpha)\overline{(z - \alpha)} = |\alpha|^2$$

$$|z - \alpha|^2 = |\alpha|^2 \quad \therefore |z - \alpha| = \boxed{|\alpha|}^r$$

これは，中心 α，半径 $r = |\alpha|$ の円を表す！

線分の内分点・外分点と三角形の重心

3つの複素数 $\alpha = -2 - i$, $\beta = 2 + 3i$, $\gamma = -3 + 4i$ の表す点をそれぞれ A, B, C, とおく。次の点を表す複素数を求めよ。

(1) 線分 AB を $2:1$ の比に内分する点 P

(2) 線分 AB を $3:2$ の比に外分する点 Q

(3) △ABC の重心 G

(4) AB, AC を 2 辺とする平行四辺形のもう 1 つの頂点 D

ヒント！ (1), (2) は，それぞれ内分点・外分点の公式に当てはめればいいだけだね。(3) も，三角形の重心の公式を使えばいいだろう。(4) についてはベクトルと同様に考えて，$\overrightarrow{OD} = \overrightarrow{OA} + \overrightarrow{AD}$ から考えていくとわかり易いよ。

解答&解説

(1) 線分 AB を $2:1$ に内分する点 P を表す複素数 p は，

$$p = \frac{1\alpha + 2\beta}{2+1} = \frac{1(-2-i) + 2(2+3i)}{3}$$

内分点の公式：
$$p = \frac{n\alpha + m\beta}{m+n}$$

$$= \frac{2+5i}{3} = \frac{2}{3} + \frac{5}{3}i \quad \cdots\cdots\cdots\cdots\text{(答)}$$

(2) 線分 AB を $3:2$ に外分する点 Q を表す複素数 q は，

$$q = \frac{-2\alpha + 3\beta}{3-2} = -2(-2-i) + 3(2+3i)$$

外分点の公式：
$$q = \frac{-n\alpha + m\beta}{m-n}$$

$$= 4 + 2i + 6 + 9i = 10 + 11i \quad \cdots\cdots\cdots\text{(答)}$$

(3) △ABC の重心 G を表す複素数 g は，

$$g = \frac{1}{3}(\alpha + \beta + \gamma) = \frac{1}{3}(-2-i+2+3i-3+4i)$$

△$\alpha\beta\gamma$ の重心公式：
$$g = \frac{1}{3}(\alpha + \beta + \gamma)$$

$$= -1 + 2i \quad \cdots\cdots\cdots\cdots\cdots\text{(答)}$$

(4) AB, AC を 2 辺とする平行四辺形のもう 1 つの頂点 D を表す複素数 δ は，

$$\delta = \alpha + (\beta - \alpha) + (\gamma - \alpha) = \beta + \gamma - \alpha$$

$$= 2 + 3i + (-3 + 4i) - (-2 - i)$$

$$= 1 + 8i \quad \cdots\cdots\cdots\cdots\text{(答)}$$

$\overrightarrow{OD} = \overrightarrow{OA} + \overrightarrow{AD}$
$= \overrightarrow{OA} + \overrightarrow{AB} + \overrightarrow{AC}$
$\therefore \delta = \alpha + (\beta - \alpha) + (\gamma - \alpha)$
となるんだね。

線分の垂直二等分線とアポロニウスの円

複素数平面上で，次の方程式をみたす点 z が描く図形を求めよ。

(1) $|z - 3 + i| = |\bar{z} + 1 + 2i|$

(2) $|z - 1| = |2i + 2\bar{z}|$

ヒント！　(1) $\overline{1 - 2i} = 1 + 2i$ だから，右辺 $= |\bar{z} + \overline{1 - 2i}| = |\bar{z} + 1 - 2i|$ となるね。ここで，公式 $|\bar{\alpha}| = |\alpha|$ を使うといい。(2) も同様に変形してごらん。すると，(1) は垂直二等分線，(2) はアポロニウスの円の式が見えてくるよ。

解答 & 解説

(1) $\bar{z} + 1 + 2i = \bar{z} + \overline{1 - 2i} = \overline{z + 1 - 2i}$ より，与式は

$|z - 3 + i| = |\overline{z + 1 - 2i}|$ ← 公式 : $|\bar{\alpha}| = |\alpha|$ より

$|z - 3 + i| = |z + 1 - 2i|$

$|z - (3 - i)| = |z - (-1 + 2i)|$

よって，点 z は，2 点 $3 - i$ と $-1 + 2i$ から等距離にあるので，2 点 $3 - i$ と $-1 + 2i$ を結ぶ線分の垂直二等分線を描く。…(答)

(2) $2\bar{z} + 2i = 2\bar{z} + 2(\overline{-i}) = \overline{2z - 2i}$ より，与式は

$i = 0 + i = \overline{0 - i} = \overline{-i}$ だね。

$|z - 1| = |\overline{2z - 2i}| = |2z - 2i| = 2|z - i|$

公式 : $|\bar{\alpha}| = |\alpha|$ を使った！

$\therefore |z - 1| = 2|z - i|$ ……①

$|z - \alpha| = k|z - \beta|$ で $k \neq 1$ の形より，アポロニウスの円になるよ。$z = x + yi$ とおいて，x と y の関係式を導けばいいんだね。

$z = x + yi$ $(x, y : 実数)$ とおくと，①より

$|(x - 1) + yi| = 2|x + (y - 1)i|$

$\sqrt{(x - 1)^2 + y^2} = 2\sqrt{x^2 + (y - 1)^2}$ 両辺を 2 乗して，

$(x - 1)^2 + y^2 = 4\{x^2 + (y - 1)^2\}$, $x^2 - 2x + 1 + y^2 = 4(x^2 + y^2 - 2y + 1)$

$3x^2 + 3y^2 + 2x - 8y = -3$ 両辺を 3 で割って，

$x^2 + \dfrac{2}{3}x + \dfrac{1}{9} + y^2 - \dfrac{8}{3}y + \dfrac{16}{9} = -1 + \dfrac{1}{9} + \dfrac{16}{9}$

2 で割って 2 乗　　2 で割って 2 乗

$\left(x + \dfrac{1}{3}\right)^2 + \left(y - \dfrac{4}{3}\right)^2 = \dfrac{8}{9}$

中心 $\left(-\dfrac{1}{3}, \dfrac{4}{3}\right)$ を複素数平面上では $-\dfrac{1}{3} + \dfrac{4}{3}i$ と表すんだね。

よって，点 z の描く図形は，中心 $-\dfrac{1}{3} + \dfrac{4}{3}i$，半径 $\dfrac{2\sqrt{2}}{3}$ の円。……(答)

円の方程式と動点の軌跡

(1) 複素数平面上で，点 z が $|(1-i)z - 3 + i| = 2\sqrt{2}$ をみたすとき，点 z の描く円の中心と半径を求めよ。

(2) 点 z と w が $w = iz$ をみたす。z が中心 $2i$，半径 1 の円周上を動くとき，点 w の描く図形を求めよ。　　　　　　　　　　　（京都工繊大＊）

ヒント！ (1) では，与式をうまく変形して，円の方程式 $|z-\alpha| = r$ の形にもち込めばいいよ。(2) でも，z が中心 $2i$，半径 1 の円を描くので，$|z - 2i| = 1$ だね。これを w の式に書きかえれば，点 w も円を描くことがわかるはずだ。

解答 & 解説

(1) $|(1-i)z - 3 + i| = 2\sqrt{2}$,　$\left|(1-i)\left(z - \dfrac{3-i}{1-i}\right)\right| = 2\sqrt{2}$

　　よって，$\underline{|1-i|}\left|z - \dfrac{3-i}{1-i}\right| = 2\sqrt{2}$　……①　← 公式 : $|\alpha\beta| = |\alpha||\beta|$ より

　　ここで，$|1-i| = \sqrt{1 + (-1)^2} = \sqrt{2}$　……②

　　（分母・分子に $1+i$ をかけて分母を実数化する。）

　　$\dfrac{3-i}{1-i} = \dfrac{(3-i)(1+i)}{(1-i)(1+i)} = \dfrac{3 + 2i - \overset{-1}{i^2}}{1 - \underset{-1}{i^2}} = \dfrac{4+2i}{2} = 2 + i$　……③

　　②，③を①に代入して，$\sqrt{2}|z - (2+i)| = 2\sqrt{2}$　∴$|z - (2+i)| = 2$

　　よって，点 z の描く円の中心は $2+i$，半径は 2 である。…………（答）

(2) $w = iz$ より，$z = \dfrac{w}{i}$　……④

　　点 z は中心 $2i$，半径 1 の円周上の点より，

　　$|z - 2i| = 1$　　……⑤

　　④を⑤に代入して，

　　$\left|\dfrac{w}{i} - 2i\right| = 1$, $\left|\dfrac{1}{i}(w - 2\overset{-1}{i^2})\right| = 1$　← 公式 : $\left|\dfrac{\alpha}{\beta}\right| = \dfrac{|\alpha|}{|\beta|}$ より

　　$\dfrac{1}{|i|}|w + 2| = 1$, $\dfrac{1}{|i|}|w - (-2)| = 1$　　両辺に $|i|$ をかけて

　　$|w - (-2)| = |i| = 1$　← （$|i| = |0 + 1\cdot i| = \sqrt{0^2 + 1^2} = 1$ だ。）

　　よって，点 w の描く図形は，中心 -2，半径 1 の円である。………（答）

110

円の方程式の応用

| 絶対暗記問題 41 | 難易度 ★★★ | CHECK*1* | CHECK*2* | CHECK*3* |

複素数平面上で式 $z\bar{z} + (2 + i)z + (2 - i)\bar{z} - 4 = 0$ をみたす複素数 z は，どのような図形を描くか。また，この図形が実軸から切り取る線分の長さ l を求めよ。　　　　　　　　　　　　　　　　　　　　　　　（群馬大*）

ヒント！ $z\bar{z} - \bar{\alpha}z - \alpha\bar{z} + k = 0$ の形の式は，円の方程式 $|z - \alpha| = r$ の形にもち込むんだね。また，l は三平方の定理で求めればいいよ。

解答&解説

与式を変形して，$z\bar{z} - \overset{\bar{\alpha}}{(-2 - i)}z - \overset{\alpha}{(-2 + i)}\bar{z} = 4$　　……①

ここで，$\alpha = -2 + i$　とおくと，$\bar{\alpha} = -2 - i$

①に代入して，

$z\bar{z} - \bar{\alpha}z - \alpha\bar{z} = 4$ ← 円の方程式：$z\bar{z} - \bar{\alpha}z - \alpha\bar{z} + k = 0$ の形だ！

両辺に $\alpha\bar{\alpha} = |\alpha|^2 = (-2)^2 + 1^2 = 5$　を加えて，

$z\bar{z} - \bar{\alpha}z - \alpha\bar{z} + \alpha\bar{\alpha} = 4 + 5$

$z(\bar{z} - \bar{\alpha}) - \alpha(\bar{z} - \bar{\alpha}) = 9, \quad (z - \alpha)(\bar{z} - \bar{\alpha}) = 9$

$(z - \alpha)\overline{(z - \alpha)} = 9, \quad |z - \alpha|^2 = 9 \quad \therefore |z - \alpha| = 3$

これに $\alpha = -2 + i$ を代入して，$|z - (-2 + i)| = 3$

よって，点 z の描く図形は，中心 $-2 + i$，半径 3 の円である。　………(答)

次に，この円の中心を C とおく。C から実軸に下ろした垂線の足を H，また，円と実軸との 2 交点を A，B とおく。直角三角形 ACH に三平方の定理を用いると，右図より，

$AH = \sqrt{AC^2 - CH^2} = \sqrt{3^2 - 1^2} = 2\sqrt{2}$

よって，求める線分 AB の長さ l は，$l = 2 \cdot AH = 4\sqrt{2}$　………………(答)

| 頻出問題にトライ・11 | 難易度 ★★★ | CHECK*1* | CHECK*2* | CHECK*3* |

z が条件 $|z| = 1$ をみたしながら動くとき，$w = (z + \sqrt{2} + \sqrt{2}i)^2$ の絶対値と偏角のとり得る値の範囲を求めよ。

解答は **P175**

§4. 頻出テーマ 回転と拡大 (縮小) をマスターしよう！

複素数平面も今回で最終回だ。複素数平面のラストを飾るのは，**回転と拡大** (または**縮小**) の問題だ。これについては，前々回の講義でその基本を話したけれど，ここではさらに本格的な解説をしよう。レベルは高いけど，今回も楽しくわかりやすく教えるから，しっかりマスターしてくれ。

● 原点のまわりの回転と拡大 (縮小) に再トライだ！

これから，複素数平面上で，点 z を点 w に移動させる問題について解説するよ。

次の公式は，前々回の講義で勉強したんだけど，この種の問題の基本形だから，シッカリ頭に入れてくれ。

原点のまわりの回転と拡大 (縮小)

$$\frac{w}{z} = r(\cos\theta + i\,\sin\theta) \quad \cdots\cdots① \qquad (z \neq 0)$$

このとき，点 w は，点 z を原点のまわりに θ だけ回転して，r 倍に拡大 (または縮小) した点である。

図 1　回転と拡大 (縮小)

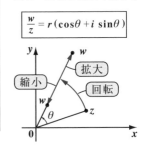

①を $w = r(\cos\theta + i\,\sin\theta)z$ と変形すれば，図 1 のように，点 z を原点 0 のまわりに θ だけ回転し，r 倍に拡大 (または縮小) した位置に，点 w がくるのがわかるはずだ。ここでは，この特殊な場合についても考えてみるよ。

(I) $\frac{w}{z}$ が純虚数の場合，$\frac{w}{z} = ki$ (純虚数) だね。

ここで，ki を変形して，

$$ki = k(\underbrace{\cos90°}_{0} + i\underbrace{\sin90°}_{1}))$$

だから，点 w は点 z を原点 0 のまわりに 90° 回転し，k 倍した位置にくる。よって，図 2 のように，$0z \perp 0w$ (垂直) となるんだね。

図 2　$\frac{w}{z} = ki$ (純虚数)

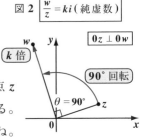

一般に，α が純虚数ならば，$\alpha + \overline{\alpha} = 0$ だから，

$\dfrac{w}{z}$ が純虚数のとき，$\dfrac{w}{z} + \overline{\left(\dfrac{w}{z}\right)} = 0$ とも書けるのはいいね。

(Ⅱ) $\dfrac{w}{z}$ が実数の場合，$\dfrac{w}{z} = k$ （実数） だね。

このkは
$$k = k(\underbrace{\cos 0°}_{1} + i\underbrace{\sin 0°}_{0})$$

なので，点zを回転せずに，k倍だけした位置に点wはくるんだ。よって，図3のように，
3点 0, z, w は同一直線上 にある。

また，α の実数条件は $\alpha = \overline{\alpha}$ なので，$\dfrac{w}{z}$ が実数であるための条件は，$\dfrac{w}{z} = \overline{\left(\dfrac{w}{z}\right)}$ とも書けるんだね。

図3 $\boxed{\dfrac{w}{z} = k\ (実数)}$

$\boxed{\begin{array}{l}3点\,0, z, w は\\同一直線上\end{array}}$

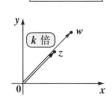

それじゃ，例題をやっておこう。複素数 $\alpha = 1 + i, \beta,$ それに原点0で出来ている $\triangle\,0\alpha\beta$ が，図4のように，$0\alpha : 0\beta : \alpha\beta = 1 : 2 : \sqrt{3}$ の直角三角形となるような点 β を求めてみよう。

図4 例題

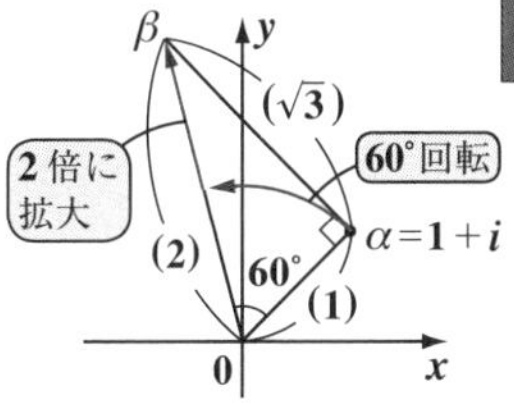

図4から，点βは，点αを原点0のまわりに$60°$だけ回転して，2倍に拡大した位置にくるので，

$\dfrac{\beta}{\alpha} = 2(\cos 60° + i \cdot \sin 60°)$ だね。

$\therefore \beta = 2\left(\dfrac{1}{2} + \dfrac{\sqrt{3}}{2}i\right)\underset{\sim}{\alpha}$

$= (1 + \sqrt{3}i)(1 + i)$

$= 1 + i + \sqrt{3}i + \sqrt{3}\underset{(-1)}{i^2}$

$= 1 - \sqrt{3} + (1 + \sqrt{3})i$ となって，答えだ。

どう？面白かった？式と図形が自由に連動できるように，さらにパワー・アップしてくれ！

● 点 α のまわりの回転と拡大 (縮小) にチャレンジだ！

次に，原点以外の点 α のまわりに回転して拡大 (または縮小) する問題を考えるよ。

回転と拡大 (縮小) の合成変換

$\dfrac{w - \alpha}{z - \alpha} = r(\cos\theta + i\,\sin\theta)$ ……② $(z \neq \alpha)$

このとき，点 w は，点 z を点 α のまわりに θ だけ回転して，r 倍に拡大 (または縮小) した点である。

図5　回転と拡大 (縮小)

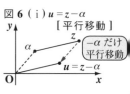

これは $\alpha = 0$ のとき，前に説明した原点 0 のまわりの回転と拡大 (縮小) になるんだね。では，この②式について，順に解説していくよ。

(ⅰ) まず，$u = \underline{z - \alpha}$ ……③ とおくと，図6のように，点 u は点 z を $-\alpha$ だけ平行移動した位置にくるね。

図6 (ⅰ) $u = z - \alpha$

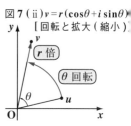

(ⅱ) 次に，$v = r(\cos\theta + i\,\sin\theta)\underline{u}$ ……④ とおくと，図7のように，点 v は点 u を原点のまわりに θ だけ回転して，r 倍に拡大 (または縮小) した位置にくるんだね。

図7 (ⅱ) $v = r(\cos\theta + i\sin\theta)u$

(ⅲ) さらに，$w = \underline{v} + \alpha$ ……⑤ とおくと，図8のように，点 w は点 v を α だけ平行移動した位置にくるのがわかるだろう。

以上，③を④に代入して，

$v = r(\cos\theta + i\,\sin\theta)\underline{(z - \alpha)}$

さらに，これを⑤に代入すると，

$w = r(\cos\theta + i\,\sin\theta)(z - \alpha) + \alpha$

これを変形すると，なるほど②式になるね。

$\dfrac{w - \alpha}{z - \alpha} = r(\cos\theta + i\,\sin\theta)$……②

(ⅰ) (ⅱ) (ⅲ) をまとめて，α と z と w の関係を図9に示

図9

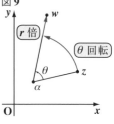

114

した。これから，点 w が，点 z を点 α のまわりに θ だけ回転して，r 倍に拡大 (または縮小) した位置にくるのがわかったね。

次に，この特殊な場合についても書いておくよ。

(I) $\dfrac{w-\alpha}{z-\alpha}=ki$ (純虚数) のとき，図 10 のように，

$\alpha z \perp \alpha w$ (垂直) になるね。また，このとき

$\dfrac{w-\alpha}{z-\alpha}$ は純虚数より，$\dfrac{w-\alpha}{z-\alpha}+\overline{\left(\dfrac{w-\alpha}{z-\alpha}\right)}=0$ だ。

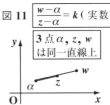

図 10　$\dfrac{w-\alpha}{z-\alpha}=ki$ (純虚数)

$\alpha z \perp \alpha w$

$\theta = 90°$

(II) $\dfrac{w-\alpha}{z-\alpha}=k$ (実数) のとき，図 11 のように，

3 点 α, z, w は同一直線上 にあるんだね。また，

$\dfrac{w-\alpha}{z-\alpha}$ の実数条件は，$\dfrac{w-\alpha}{z-\alpha}=\overline{\left(\dfrac{w-\alpha}{z-\alpha}\right)}$ となる。

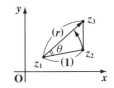

図 11　$\dfrac{w-\alpha}{z-\alpha}=k$ (実数)

3 点 α, z, w は同一直線上

それでは例題をやっておくよ。2 つの三角形 $\triangle z_1 z_2 z_3$ と $\triangle w_1 w_2 w_3$ が相似となるとき，

$$\frac{z_3-z_1}{z_2-z_1}=\frac{w_3-w_1}{w_2-w_1} \quad\cdots\cdots\text{⑦}$$

が成り立つんだ。この理由を説明するよ。

⑦ $= r(\cos\theta + i\sin\theta)$ とおくと，

$\dfrac{z_3-z_1}{z_2-z_1}=r(\cos\theta+i\sin\theta)$ より，点 z_3 は，点 z_2 を点 z_1 のまわりに θ だけ回転して，r 倍に拡大 (縮小) したものだね。また，$\dfrac{w_3-w_1}{w_2-w_1}=r(\cos\theta+i\sin\theta)$ より，点 w_3 も点 w_2 を点 w_1 のまわりに同様に回転して，拡大 (縮小) したものだから，図 12 のように，2 つの三角形は相似になるんだね。

図 12　例題

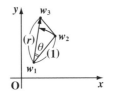

$\begin{cases}\angle z_2 z_1 z_3 = \angle w_2 w_1 w_3 \\ z_1 z_2 : z_1 z_3 = w_1 w_2 : w_1 w_3\end{cases}$

$\therefore \triangle z_1 z_2 z_3 \backsim \triangle w_1 w_2 w_3$ だ。
(相似)

この回転と拡大 (縮小) の公式②は，複素数平面と図形の融合問題を考える上で，重要なポイントになるんだよ。さらに，次の "**絶対暗記問題**" と "**頻出問題にトライ**" で，実践力に磨きをかけてくれ！

絶対暗記問題 42　難易度 ★★　CHECK1　CHECK2　CHECK3

0 でない複素数 α, β が $\alpha^2 - 2\alpha\beta + 2\beta^2 = 0$ をみたすとき,

(1) $z = \dfrac{\alpha}{\beta}$ とおいて, z を求めよ。ただし, z の虚部は正とする。

(2) 3点 0, α, β を頂点とする三角形はどのような三角形か。(星薬大 *)

ヒント！ (1) $\beta \neq 0$ より, $\alpha^2 - 2\alpha\beta + 2\beta^2 = 0$ の両辺を β^2 で割ると話が見えてくるはずだ。(2) では, z を $\dfrac{\alpha}{\beta} = r(\cos\theta + i\sin\theta)$ の形にして, 回転と拡大 (縮小) を考えればいいよ。

解答 & 解説

(1) $\alpha^2 - 2\alpha\beta + 2\beta^2 = 0$ ……①

　　$\beta \neq 0$ より, ①の両辺を β^2 で割って,

　　$\left(\dfrac{\alpha}{\beta}\right)^2 - 2 \cdot \left(\dfrac{\alpha}{\beta}\right) + 2 = 0$ ……②

　　$z = \dfrac{\alpha}{\beta}$ とおくと, ②は $z^2 - 2z + 2 = 0$

> $\boxed{1} \cdot z^2 \overset{a}{\underset{}{}} \boxed{-2} \cdot z \overset{2b'}{\underset{}{}} + \boxed{2} \overset{c}{\underset{}{}} = 0$ のとき
> $z = \dfrac{-b' \pm \sqrt{b'^2 - ac}}{a}$ だ。

　　$\therefore z = 1 + \boxed{\sqrt{1^2 - 1 \cdot 2}} = 1 + i$ ……③ ($\because z$ の虚部は正) …………(答)

　　（$\sqrt{-1} = i$）

(2) ③の右辺 $= 1 + i = \sqrt{2}\left(\overset{\frac{1}{\sqrt{2}}}{\boxed{\cos 45°}} + i\overset{\frac{1}{\sqrt{2}}}{\boxed{\sin 45°}}\right)$

　　より, $z = \dfrac{\alpha}{\beta} = \sqrt{2}(\cos 45° + i\sin 45°)$

　　よって, 点 α は, 点 β を原点 0 のまわりに

　　$45°$ だけ回転して, さらに $\sqrt{2}$ 倍に拡大した

　　ものである。

　　$\therefore \angle \alpha 0\beta = 45°$, $0\alpha : 0\beta = \sqrt{2} : 1$ より,

　　$\triangle 0\alpha\beta$ は, $\angle 0\beta\alpha = 90°$ の直角二等辺三角形

　　である。………………………………………(答)

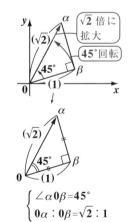

$\begin{cases} \angle \alpha 0\beta = 45° \\ 0\alpha : 0\beta = \sqrt{2} : 1 \end{cases}$

原点以外の点のまわりの回転と拡大

(1) $z_1 = 1 + i$, $z_2 = 3 + 2i$, $z_3 = 3 - \sqrt{3} + 2(\sqrt{3}+1)i$ のとき，$\angle z_2 z_1 z_3$ の大きさを求めよ。

(2) 点 z が原点 0 を中心とする半径 1 の円周上を動くとき，点 2 を点 z のまわりに 90° だけ回転した点 w の描く図形を求めよ。

ヒント! (1), (2) 共に，原点以外の点のまわりの回転と拡大 (縮小) の問題だ。点 w が，点 z を点 α のまわりに θ 回転し，さらに r 倍した点のとき，
$\dfrac{w-\alpha}{z-\alpha} = r(\cos\theta + i\sin\theta)$ となる。

解答&解説

(1) $z_1 = 1 + i$, $z_2 = 3 + 2i$, $z_3 = 3 - \sqrt{3} + 2(\sqrt{3}+1)i$ のとき，

$$\frac{z_3 - z_1}{z_2 - z_1} = \frac{3 - \sqrt{3} + 2(\sqrt{3}+1)i - (1+i)}{3 + 2i - (1+i)} = \frac{2 - \sqrt{3} + (2\sqrt{3}+1)i}{2 + i}$$

$$= \frac{\{(2-\sqrt{3}) + (2\sqrt{3}+1)i\}(2-i)}{(2+i)(2-i)}$$

> 分母・分子に $2-i$ をかけて，分母を実数化する !

$$= \frac{2(2-\sqrt{3}) - (2-\sqrt{3})i + 2(2\sqrt{3}+1)i - (2\sqrt{3}+1)\underset{-1}{i^2}}{4 - \underset{-1}{i^2}}$$

$$= \frac{5 + 5\sqrt{3}i}{5} = 1 + \sqrt{3}i = 2(\cos 60° + i\sin 60°)$$

$$\therefore \frac{z_3 - z_1}{z_2 - z_1} = 2(\cos 60° + i\sin 60°)$$

> 点 z_3 は，点 z_2 を点 z_1 のまわりに 60° だけ回転して，2 倍したものだ。

$$\therefore \angle z_2 z_1 z_3 = 60° \quad \cdots\cdots\cdots\cdots\cdots\text{(答)}$$

(2) 点 z は，原点中心，半径 1 の円周上の点より，$|z| = 1$　……①

点 w は，点 2 を点 z のまわりに 90° だけ回転したものだから，

$$\frac{w - z}{2 - z} = 1 \cdot (\underset{0}{\cos 90°} + i\underset{1}{\sin 90°}) = i, \quad w - z = (2 - z)i$$

$$w - z = 2i - zi, \quad (1-i)z = w - 2i, \quad z = \frac{w - 2i}{1-i} \quad \cdots\cdots②$$

②を①に代入して，$\left|\dfrac{w-2i}{1-i}\right| = 1$, $\dfrac{|w-2i|}{|1-i|} = 1$　$\therefore |w - 2i| = \sqrt{2}$

$\underset{\sqrt{1^2 + (-1)^2} = \sqrt{2}}{}$

よって，点 w は，中心 $2i$，半径 $\sqrt{2}$ の円を描く。………(答)

同一直線上に3点が並ぶ条件

3点 0, z, z^2+9 が同一直線上に存在するとき，複素数 z のみたすべき条件を求め，それを複素数平面に図示せよ。

ただし，$z \neq 0$ とする。

ヒント！ 3点 0, z, z^2+9 が $\dfrac{(z^2+9)-0}{z-0} = $実数 をみたすとき，この3点は同一直線上に存在するんだね。後は，実数条件：$\alpha = \overline{\alpha}$ を使って，式を変形していけばいいよ。頑張れ！

解答&解説

3点 $0, z, z^2+9$ が同一直線上にあるとき，

$$\frac{(z^2+9)-0}{z-0} = k \quad (\text{実数}) \quad (z \neq 0)$$

左辺 $= \dfrac{z^2+9}{z} = \dfrac{z^2}{z} + \dfrac{9}{z} = z + \dfrac{9}{z}$

これが実数となるための条件は，

$$z + \frac{9}{z} = \overline{\left(z + \frac{9}{z}\right)}$$

> α の実数条件：$\alpha = \overline{\alpha}$

$$z + \frac{9}{z} = \overline{z} + \frac{\overline{9}}{\overline{z}} \quad \cdots\cdots ①$$

> 9 は実数より，$\overline{9} = 9$ だ！

①の両辺に $z\overline{z}$ をかけて

$$z^2\overline{z} + 9\overline{z} = z\overline{z}^2 + 9z$$

> $\overline{9} = 9 + 0\cdot i = 9 - 0\cdot i = 9$
> $\therefore \overline{9} = 9$ だね

$$z\overline{z}(z-\overline{z}) - 9(z-\overline{z}) = 0$$

$$(z\overline{z}-9)(z-\overline{z}) = 0, \quad (|z|^2-9)(z-\overline{z}) = 0$$

$\therefore$ (i) $|z|^2 = 9$，または (ii) $z = \overline{z}$

> これは実数条件より，z は実数

(i) より，$|z| = 3$

> $|z-0| = 3$ とみて，点 z は，原点中心，半径3の円周を描く！

(ii) より，z は実数。

以上 (i)(ii) より，z の条件は，$|z| = 3$ または z は実数。これを右図に太線で示す。ただし，$z \neq 0$ より原点を除く。$\cdots\cdots\cdots\cdots$(答)

3点 α, β, γ が同一直線上にあるとき，

$$\frac{\gamma-\alpha}{\beta-\alpha} = k(\underset{1}{\cos 0°} + i\underset{0}{\sin 0°}) = k$$

または，

$$\frac{\gamma-\alpha}{\beta-\alpha} = k'(\underset{-1}{\cos 180°} + i\underset{0}{\sin 180°}) = -k'$$

いずれにしても，$\dfrac{\gamma-\alpha}{\beta-\alpha} = $実数 だ。

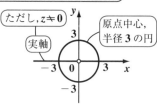

> ただし，$z \neq 0$　実軸　原点中心，半径3の円

3点が直角三角形をつくる条件

絶対暗記問題 45　難易度 ★☆　CHECK1　CHECK2　CHECK3

複素数平面上で 1 が表す点を P, $z = a + i$ （a：実数）が表す点を Q,

$\frac{1}{z}$ が表す点を R とする。このとき，$\triangle PQR$ が $\angle P = 90°$ の直角三角形

となるための a の条件を求めよ。　　　　　　　　　　　　　　　（神奈川工科大＊）

ヒント！　$\overrightarrow{PQ} \perp \overrightarrow{PR}$ となるための条件は，$\dfrac{z-1}{\frac{1}{z}-1} = ki$（純虚数）となること

だね。この左辺を実際に計算して，$x + yi$（x, y：実数）の形にもち込み，それ
が純虚数，つまり $x = 0$ かつ $y \neq 0$ となるような a の値を求めるんだ。

解答＆解説

$\triangle PQR$ が，$\angle P = 90°$ の直角三角形となる，すなわち
$\overrightarrow{PQ} \perp \overrightarrow{PR}$ となるための条件は，

$\dfrac{z-1}{\frac{1}{z}-1}$ が純虚数 $\cdots\cdots\cdots\cdots$（＊）となること。

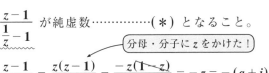

分母・分子に z をかけた！

$\dfrac{z-1}{\frac{1}{z}-1} = \dfrac{z(z-1)}{1-z} = \dfrac{-z(1-z)}{1-z} = -z = -(a+i) = -a-i$

これはイメージで，正確じゃない！

よって，（＊）から，$-a-i$ が純虚数となればよいので，

$-a = 0$ ← このとき，$-a-i = 0-i = -i$ と純虚数だ

$\therefore$ 求める a の条件は，$a = 0$ $\cdots\cdots\cdots\cdots\cdots\cdots\cdots\cdots\cdots\cdots\cdots$（答）

頻出問題にトライ・12　難易度 ★★★　CHECK1　CHECK2　CHECK3

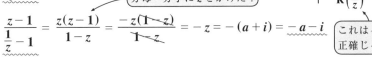

右図のように複素数平面の原点を P_0 とし，P_0 か
ら実軸の正の方向に 1 進んだ点を P_1 とする。以下，
点 P_n（$n = 1, 2, \cdots$）に到達した後，$45°$ 回転してか
ら前回進んだ距離の $\frac{1}{\sqrt{2}}$ 倍進んで到達する点を P_{n+1}
とする。このとき点 P_{10} を表す複素数を求めよ。

（日本女子大＊）

解答は P175

1. 絶対値

$\alpha = a + bi$ のとき, $|\alpha| = \sqrt{a^2 + b^2}$ ← これは, 原点 0 と点 α との間の距離を表す。

2. 共役複素数と絶対値の公式

(1) $\overline{\alpha \pm \beta} = \overline{\alpha} \pm \overline{\beta}$　　(2) $\overline{\alpha \times \beta} = \overline{\alpha} \times \overline{\beta}$　　(3) $\overline{\left(\dfrac{\alpha}{\beta}\right)} = \dfrac{\overline{\alpha}}{\overline{\beta}}$

(4) $|\alpha| = |\overline{\alpha}| = |-\alpha| = |-\overline{\alpha}|$　　(5) $|\alpha|^2 = \alpha\overline{\alpha}$

3. 実数条件と純虚数条件

(ⅰ) α が実数 $\leftrightarrows \alpha = \overline{\alpha}$　　(ⅱ) α が純虚数 $\leftrightarrows \alpha + \overline{\alpha} = 0$ $(\alpha \neq 0)$

4. 2点間の距離

$\alpha = a + bi$, $\beta = c + di$ のとき, 2 点 α, β 間の距離は,

$|\alpha - \beta| = \sqrt{(a - c)^2 + (b - d)^2}$

5. 複素数の積と商

$z_1 = r_1(\cos\theta_1 + i\sin\theta_1)$, $z_2 = r_2(\cos\theta_2 + i\sin\theta_2)$ のとき,

(1) $z_1 \times z_2 = r_1 r_2 \{\cos(\theta_1 + \theta_2) + i\sin(\theta_1 + \theta_2)\}$

(2) $\dfrac{z_1}{z_2} = \dfrac{r_1}{r_2}\{\cos(\theta_1 - \theta_2) + i\sin(\theta_1 - \theta_2)\}$

6. 絶対値の積と商

(1) $|\alpha\beta| = |\alpha||\beta|$　　(2) $\left|\dfrac{\alpha}{\beta}\right| = \dfrac{|\alpha|}{|\beta|}$

7. ド・モアブルの定理

$(\cos\theta + i\sin\theta)^n = \cos n\theta + i\sin n\theta$　$(n：整数)$

8. 内分点, 外分点, 三角形の重心の公式, および円の方程式は, ベクトルと同様である。

9. 垂直二等分線とアポロニウスの円

$|z - \alpha| = k|z - \beta|$　　をみたす動点 z の軌跡は,

(ⅰ) $k = 1$ のとき, 線分 $\alpha\beta$ の**垂直二等分線**。

(ⅱ) $k \neq 1$ のとき, **アポロニウスの円**。

10. 回転と拡大(縮小)の合成変換

$\dfrac{w - \alpha}{z - \alpha} = r(\cos\theta + i\sin\theta)$　$(z \neq \alpha)$

$\leftrightarrows$ 点 w は, 点 z を点 α のまわりに θ だけ回転し, r 倍に拡大(縮小)した点である。

④ 式と曲線

- ▶ 2次曲線（放物線・だ円・双曲線）

- ▶ 媒介変数表示された曲線

- ▶ 極座標と極方程式

講義④ 式と曲線

§1. 放物線，だ円，双曲線の基本をマスターしよう！

これから "式と曲線" の解説に入るよ。文字通り，"2次曲線"，"媒介変数表示された曲線"，"極座標表示の曲線" など，様々な曲線を教えるんだけれど，ここでは，2次曲線 (放物線，だ円，双曲線) について教えよう。

● 放物線は準線と焦点を押さえよう！

定点 $F(0, 1)$ と，直線 $l : y = -1$ をとる。ここで，点 F からの距離と直線 l からの距離が等しくなるように動く点 $Q(x, y)$ をとる。Q から l におろした垂線の足を H とおくと，条件より，$QF = QH$ ……① となる。よって，

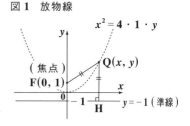

図1　放物線

$\sqrt{x^2 + (y-1)^2} = |y+1|$　この両辺を 2 乗して

$x^2 + (y-1)^2 = (y+1)^2$,　$x^2 + y^2 - 2y + 1 = y^2 + 2y + 1$

ゆえに，**放物線**の方程式 $x^2 = 4 \cdot \overset{p}{\textcircled{1}} \cdot y$ が導かれる。表現が面白い？

一般に，放物線 $x^2 = 4 \cdot p \cdot y$ が与えられると，逆に，この放物線の**焦点**は $F(0, p)$，**準線**は $y = -p$ とわかるんだね。そして，①の条件をみたしながら動く動点 Q の軌跡の方程式が $x^2 = 4py$ になるんだ。

放物線の公式

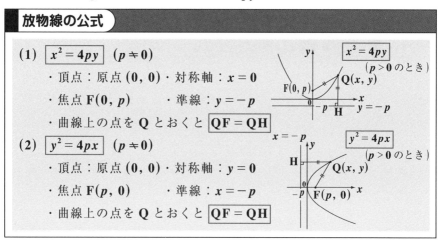

(1)　$\boxed{x^2 = 4py}$　$(p \neq 0)$

・頂点：原点 $(0, 0)$ ・対称軸：$x = 0$

・焦点 $F(0, p)$　　　・準線：$y = -p$

・曲線上の点を Q とおくと $\boxed{QF = QH}$

(2)　$\boxed{y^2 = 4px}$　$(p \neq 0)$

・頂点：原点 $(0, 0)$ ・対称軸：$y = 0$

・焦点 $F(p, 0)$　　　・準線：$x = -p$

・曲線上の点を Q とおくと $\boxed{QF = QH}$

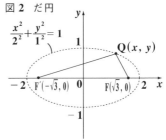

(2) の例として, $y^2 = -12x$ の場合, $y^2 = 4 \cdot \boxed{(-3)} \cdot x$ とみて, 焦点 $F(\boxed{-3}, 0)$, 準線 $x = \boxed{3}$ の横になった放物線であることがわかる。さらに, $(y+2)^2 = -12x + 12$ の場合, これは, $(y+2)^2 = 4 \cdot (-3)(x-1)$ と変形できるので, これは下の模式図に示すように, $y^2 = 4 \cdot (-3)x$ を $(1, -2)$ だけ平行移動した放物線になるんだね。大丈夫?

$$y^2 = 4 \cdot (-3)x \quad \xrightarrow[\begin{cases} x \text{ の代わりに } x-1 \\ y \text{ の代わりに } y+2 \end{cases}]{(1, -2) \text{ 平行移動}} \quad (y+2)^2 = 4 \cdot (-3)(x-1)$$

● だ円の公式群を使いこなそう!

図 2 に示すように, xy 座標平面上に 2 つの定点 $F(\sqrt{3}, 0)$, $F'(-\sqrt{3}, 0)$ と, 動点 $Q(x, y)$ が与えられているものとする。ここで, この動点 Q が, $QF + QF' = 4 \cdots$② をみたしながら動くとき, 動点 Q の描く軌跡の方程式を求めてみよう。

②より, $\sqrt{(x-\sqrt{3})^2 + y^2} + \sqrt{(x+\sqrt{3})^2 + y^2} = 4$

$\sqrt{(x+\sqrt{3})^2 + y^2} = 4 - \sqrt{(x-\sqrt{3})^2 + y^2}$　この両辺を 2 乗して,

$(x+\sqrt{3})^2 + y^2 = 16 - 8\sqrt{(x-\sqrt{3})^2 + y^2} + (x-\sqrt{3})^2 + y^2$

$\quad y^2 + 2\sqrt{3}x + 3 \qquad\qquad\qquad\qquad y^2 - 2\sqrt{3}x + 3$

$4\sqrt{3}x = 16 - 8\sqrt{(x-\sqrt{3})^2 + y^2}$　両辺を 4 で割ってまとめると,

$2\sqrt{(x-\sqrt{3})^2 + y^2} = 4 - \sqrt{3}x$　さらにこの両辺を 2 乗して,

$4\{(x-\sqrt{3})^2 + y^2\} = (4 - \sqrt{3}x)^2, \ 4(x^2 - 2\sqrt{3}x + 3 + y^2) = 16 - 8\sqrt{3}x + 3x^2$

$x^2 + 4y^2 = 4 \qquad \dfrac{x^2}{4} + y^2 = 1 \qquad \therefore \dfrac{x^2}{2^2} + \dfrac{y^2}{1^2} = 1$

よって, ちょっと計算が大変だったけれど, 図 2 に示すようなだ円の方程式が導かれたんだ。

一般に, だ円 : $\dfrac{x^2}{a^2} + \dfrac{y^2}{b^2} = 1$ ($a > 0$, $b > 0$) が与えられたら, x 軸上に, $\pm a$ の点を, y 軸上に $\pm b$ の点をとって, なめらかな曲線で結べばいいんだよ。そして,

図 3 だ円の描き方

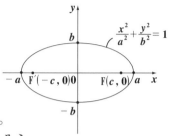

(ⅰ) $a > b$ のときは, 横長型のだ円

(ⅱ) $a < b$ のときは, たて長型のだ円になる。

それでは, だ円についての公式群を以下に示そう。

だ円の公式

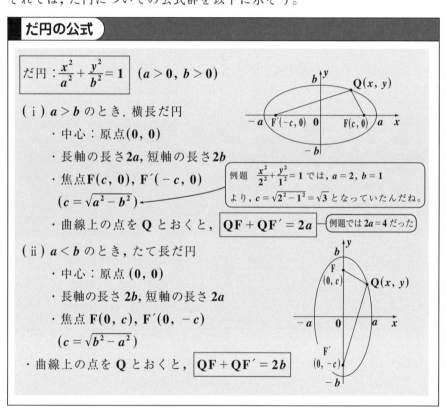

だ円 : $\dfrac{x^2}{a^2} + \dfrac{y^2}{b^2} = 1$ ($a > 0$, $b > 0$)

(ⅰ) $a > b$ のとき, 横長だ円

・中心 : 原点 $(0, 0)$

・長軸の長さ $2a$, 短軸の長さ $2b$

・焦点 $F(c, 0)$, $F'(-c, 0)$

$(c = \sqrt{a^2 - b^2})$

例題 $\dfrac{x^2}{2^2} + \dfrac{y^2}{1^2} = 1$ では, $a = 2$, $b = 1$ より, $c = \sqrt{2^2 - 1^2} = \sqrt{3}$ となっていたんだね。

・曲線上の点を Q とおくと, $QF + QF' = 2a$ 例題では $2a = 4$ だった

(ⅱ) $a < b$ のとき, たて長だ円

・中心 : 原点 $(0, 0)$

・長軸の長さ $2b$, 短軸の長さ $2a$

・焦点 $F(0, c)$, $F'(0, -c)$

$(c = \sqrt{b^2 - a^2})$

・曲線上の点を Q とおくと, $QF + QF' = 2b$

● 双曲線では, 公式の右辺の 1 の符号に注意しよう!

双曲線の方程式は, $\dfrac{x^2}{a^2} - \dfrac{y^2}{b^2} = \pm 1$ ($a > 0$, $b > 0$) で与えられるんだよ。

このグラフの描き方は, x 軸上に $\pm a$, y 軸上に $\pm b$ の点をとるところまでは, だ円と同じだ。でも双曲線では, この後が違う。

まず，この **4** 点を通る長方形を作り，この
対角線 $y = \pm \dfrac{b}{a}x$ を引く。この **2** 直線を**漸
近線**といい，$x \to \pm\infty$ のとき，双曲線は，こ
の漸近線に限りなく近づいていくんだね。
そして，ここで場合分けが必要だ。

図 **4** 双曲線の描き方

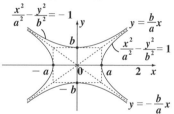

$\begin{cases} (\text{i}) \ \dfrac{x^2}{a^2} - \dfrac{y^2}{b^2} = 1 \ \text{のとき，点} \ (\pm a, 0) \ \text{を頂点とする左右対称の双曲線になり，} \\ (\text{ii}) \ \dfrac{x^2}{a^2} - \dfrac{y^2}{b^2} = -1 \ \text{のとき，点} \ (0, \pm b) \ \text{を頂点とする上下対称の双曲線になる。} \end{cases}$

それでは，その焦点も含めて，双曲線についての公式群を下に示そう。

双曲線の公式

(1) 左右の双曲線 $\boxed{\dfrac{x^2}{a^2} - \dfrac{y^2}{b^2} = 1}$ $(a > 0, b > 0)$

・中心：原点 $(0, 0)$

・頂点 $(a, 0), (-a, 0)$

・焦点 $F(c, 0), F'(-c, 0)$
  $(c = \sqrt{a^2 + b^2})$

・漸近線：$y = \pm \dfrac{b}{a}x$

・曲線上の点を **Q** とおくと，$\boxed{|QF - QF'| = 2a}$

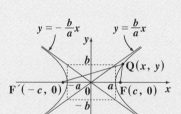

この条件の下，動く動点 **Q** の軌跡が，左右の（または，上下の）双曲線になるんだね。

(2) 上下の双曲線 $\boxed{\dfrac{x^2}{a^2} - \dfrac{y^2}{b^2} = -1}$ $(a > 0, b > 0)$

・中心：原点 $(0, 0)$

・頂点 $(0, b), (0, -b)$

・焦点 $F(0, c), F'(0, -c)$
  $(c = \sqrt{a^2 + b^2})$

・漸近線：$y = \pm \dfrac{b}{a}x$

・曲線上の点を **Q** とおくと，$\boxed{|QF - QF'| = 2b}$

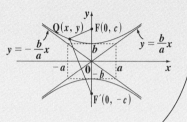

放物線と双曲線の平行移動

(1) 放物線 $x^2 - 2x - 8y + 17 = 0$ ……① で表される放物線の焦点の座標と準線の方程式を求めよ。

(2) 1つの焦点の座標が $(3, 0)$ で, 2直線 $y = x - 1$, $y = -x + 1$ を漸近線とする双曲線の方程式を求めよ。

> **ヒント!** **(1)(2)** 共に平行移動された放物線と双曲線の問題だ。この場合, まず, 頂点や中心が原点となるもので計算するのがコツだ。

解答 & 解説

(1) ①を変形して, $x^2 - 2x + 1 = 8(y - 2)$ ∴ $(x-1)^2 = 8(y-2)$ ……①´

これは, 放物線 $x^2 = 4 \cdot \underset{p}{\underbrace{\boxed{2}}} \cdot y$ ……② を $(1, 2)$ だけ平行移動したものである。ここで②の焦点 $F_0(0, \underset{p}{\underbrace{\boxed{2}}})$, 準線 $l_0 : y = \underset{-p}{\underbrace{\boxed{-2}}}$ より, 求める①の焦点 F の座標と準線 l の方程式は $F(1, 4)$, $l : y = 0$ …………(答)

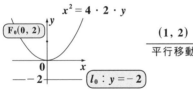

$x^2 = 4 \cdot 2 \cdot y$

$F_0(0, 2)$

$l_0 : y = -2$

$(1, 2)$ 平行移動

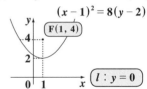

$(x-1)^2 = 8(y-2)$

$F(1, 4)$

$l : y = 0$

(2) 求める双曲線は, 中心が原点, 焦点の1つが $F_0(2, 0)$ で漸近線が $y = x$, $y = -x$ の双曲線を, $(1, 0)$ だけ平行移動したものである。

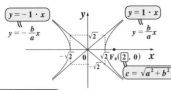

$y = -1 \cdot x$

$y = -\dfrac{b}{a}x$

$y = 1 \cdot x$

$y = \dfrac{b}{a}x$

$F_0(2, 0)$

$c = \sqrt{a^2 + b^2}$

$(1, 0)$ 平行移動

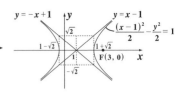

$y = -x + 1$

$y = x - 1$

$\dfrac{(x-1)^2}{2} - \dfrac{y^2}{2} = 1$

$F(3, 0)$

> **移動前の双曲線**

この漸近線 $y = \pm \dfrac{\boxed{b}}{\boxed{a}} x = \pm \boxed{1} x$ より, $\dfrac{b}{a} = 1$ ∴ $a = b$ ……③

また, $F_0(c, 0) = F_0(2, 0)$ より, $c = \boxed{\sqrt{a^2 + b^2} = 2}$ ∴ $a^2 + b^2 = 4$ ……④

③を④に代入して, $2a^2 = 4$ ∴ $a^2 = b^2 = 2$ この双曲線を $(1, 0)$ だけ平行移動したものが求める双曲線より, $\dfrac{(x-1)^2}{\underset{a^2}{\boxed{2}}} - \dfrac{y^2}{\underset{b^2}{\boxed{2}}} = 1$ …………(答)

だ円と，原点を通る直線との接点の x 座標

だ円 $C : \dfrac{(x-3)^2}{4} + (y-1)^2 = 1$ 上の点 A における接線が原点を通り，傾きが正であるとき，点 A の x 座標を求めよ。　　　　(東京医大＊)

ヒント！ 接線の方程式を $y = mx$ とおき，これをだ円 C の式に代入した x の 2 次方程式が重解をもつようにすればいい。

解答&解説

$\dfrac{(x-3)^2}{4} + (y-1)^2 = 1$ ……①

求める点 A における接線を，

$y = mx \ (m > 0)$ ……②　とおく。

②を①に代入して，変形すると

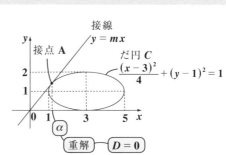

接線 $y = mx$

接点 A

だ円 C　$\dfrac{(x-3)^2}{4} + (y-1)^2 = 1$

重解　$D = 0$

$(x-3)^2 + 4(mx-1)^2 = 4$　　　$x^2 - 6x + 9 + 4(m^2x^2 - 2mx + 1) = 4$

$\underset{a}{(\underline{(4m^2+1)})}x^2 \underset{b=2b'}{\underline{-2(4m+3)}}x + \underset{c}{\underline{9}} = 0$ …③　　　これは重解をもつ。よって，

判別式 $\dfrac{D}{4} = \boxed{(4m+3)^2 - 9(4m^2+1) = 0}$（$b'^2 - ac = 0$）, $-20m^2 + 24m = 0$

$m(5m-6) = 0$　$\therefore m = \dfrac{6}{5}$　$(\because m > 0)$　$\therefore$ 接点 A の x 座標は

$x = \boxed{\dfrac{4m+3}{4m^2+1}}\left(-\dfrac{b}{2a}\right) = \dfrac{4 \cdot \dfrac{6}{5} + 3}{4 \cdot \left(\dfrac{6}{5}\right)^2 + 1} = \dfrac{20 \times 6 + 75}{4 \times 6^2 + 25} = \dfrac{\overset{15}{\cancel{195}}}{\underset{13}{\cancel{169}}} = \dfrac{15}{13}$ …………………(答)（③の重解）

一辺が x 軸に平行な長方形で，だ円 $\dfrac{x^2}{4} + \dfrac{y^2}{2} = 1$ に内接するもの全体の中で，最大の面積をもつ長方形の面積を求めよ。

(慶応大＊)

解答は P176

§2. 典型的な媒介変数表示された曲線をマスターしよう！

これから，"媒介変数表示された曲線"について詳しく解説しよう。xy 座標平面上の曲線で，$x = f(\theta)$，$y = g(\theta)$ の形で表される場合，θ を"媒介変数"と呼び，この曲線を"媒介変数 θ で表された曲線"という。何だか難しそうだって？ 確かに初めは難しく感じるかもしれないけれど，今回もわかりやすく教えるから大丈夫だよ。

● 円とだ円も，媒介変数表示できる！

図1のような，中心 O，半径 r の円の周上に点 $P(x, y)$ をとり，OP が x 軸の正の向きとなす角を θ とおくと，三角関数の定義より，

図1 円の媒介変数表示

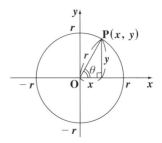

$$\frac{x}{r} = \cos\theta, \quad \frac{y}{r} = \sin\theta \quad だね。$$

これを書きかえると即，円の媒介変数表示 $x = r\cos\theta$，$y = r\sin\theta$ となるんだよ。

円の媒介変数表示

円：$x^2 + y^2 = r^2$ ……① の媒介変数表示は

$$\begin{cases} x = r\cos\theta \\ y = r\sin\theta \end{cases} ……② \ (\theta：媒介変数)\,(r：正の定数)$$

ここで，$r = 1$ のとき，図2のような単位円ができるね。この媒介変数表示は，当然

$\overbrace{\qquad}^{\text{半径1の円}}$

$$\begin{cases} x = 1 \cdot \cos\theta \\ y = 1 \cdot \sin\theta \end{cases} ……②'\ だ。$$

ここで，この単位円を，横方向に a 倍，たて方向に b 倍，バンバンと拡大（または縮小）し

図2 円とだ円

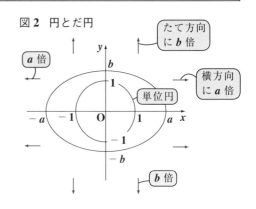

128

たものがだ円なんだよ。乱暴なようだけれど，これでいい。よって，②′の x と y も，それぞれバンバンと a 倍，b 倍したものになるので，だ円の媒介変数表示は次のようになる。

だ円の媒介変数表示

だ円：$\dfrac{x^2}{a^2}+\dfrac{y^2}{b^2}=1$ ……③ の媒介変数表示は

$$\begin{cases} x=a\cos\theta \\ y=b\sin\theta \end{cases} \text{……④ }(\theta：媒介変数)\,(a,\,b：正の定数)$$

　ここで，②を①に代入すると

$(r\cos\theta)^2+(r\sin\theta)^2=r^2$　　　両辺を $r^2\,(>0)$ で割って

$\cos^2\theta+\sin^2\theta=1$　と，三角関数の基本公式が導ける。

同様に，④を③に代入しても

$\dfrac{(a\cos\theta)^2}{a^2}+\dfrac{(b\sin\theta)^2}{b^2}=1$　　　$\therefore\ \cos^2\theta+\sin^2\theta=1$　となるね。

　このように円やだ円の媒介変数表示は最終的には，公式

$\cos^2\theta+\sin^2\theta=1$　に帰着するんだよ。

　だから逆に，「だ円 $\dfrac{\overset{2\cos\theta+3}{(\overbrace{x-3)^2}}}{\underset{2^2}{\boxed{4}}}+\dfrac{\overset{3\sin\theta-1}{(\overbrace{y+1)^2}}}{\underset{3^2}{\boxed{9}}}=1$ を媒介変数表示しろ」と言わ

れても，ヒェ～！となる必要はないんだよ。最終的に

$\dfrac{(2\cos\theta)^2}{2^2}+\dfrac{(3\sin\theta)^2}{3^2}=\cos^2\theta+\sin^2\theta=1$ となるようにいいわ

けだから，$x=2\cos\theta+3,\ y=3\sin\theta-1$ と媒介変数表示できるんだね。

　円：$(x+3)^2+(y-2)^2=\overset{5^2}{\boxed{25}}$ でも，同様に，

$x=5\cos\theta-3,\ y=5\sin\theta+2$ と媒介変数表示できるのも大丈夫だね。

これを，元の円の方程式に代入すると $\pm3,\ \pm2$ で打ち消し合って，

$(5\cos\theta)^2+(5\sin\theta)^2=25,\ \cos^2\theta+\sin^2\theta=1$ の式が導けるからだ。

要領を覚えた？

● 円の媒介変数表示を求めてみよう！

三角関数の **2** 倍角の公式：

$$\begin{cases} \cos 2\alpha = \cos^2\alpha - \sin^2\alpha & \cdots\cdots ① \\ \sin 2\alpha = 2\sin\alpha\,\cos\alpha & \cdots\cdots ② \end{cases}$$

を変形して，①，②共に **tan**α で
表すと，

$$\begin{cases} \cos 2\alpha = \dfrac{1-\tan^2\alpha}{1+\tan^2\alpha} & \cdots\cdots ①' \\ \sin 2\alpha = \dfrac{2\tan\alpha}{1+\tan^2\alpha} & \cdots\cdots ②' \end{cases}$$

①より，$\cos 2\alpha = \cos^2\alpha\left(1-\dfrac{\sin^2\alpha}{\cos^2\alpha}\right)$

$\underbrace{\cos^2\alpha}_{\dfrac{1}{1+\tan^2\alpha}}\qquad \underbrace{\dfrac{\sin^2\alpha}{\cos^2\alpha}}_{\tan^2\alpha}$

$\dfrac{\sin\alpha}{\cos\alpha}=\tan\alpha,\ 1+\tan^2\alpha=\dfrac{1}{\cos^2\alpha}$ より

$$= \dfrac{1-\tan^2\alpha}{1+\tan^2\alpha}$$

②より，$\sin 2\alpha = 2\cdot\underbrace{\dfrac{\sin\alpha}{\cos\alpha}}_{\tan\alpha}\underbrace{\cos^2\alpha}_{\dfrac{1}{1+\tan^2\alpha}}$

$$= \dfrac{2\tan\alpha}{1+\tan^2\alpha}$$

となるのはいいね。

よって，$2\alpha=\theta$ とおくと，$\tan\alpha=\tan\dfrac{\theta}{2}$ となるので，これをさらに **t**
とおくと，$\cos\theta$ と $\sin\theta$ は，①'，②'より，媒介変数 **t** を用いて，

$$\cos\theta = \dfrac{1-t^2}{1+t^2} \quad\cdots\cdots③\ ,\quad \sin\theta = \dfrac{2t}{1+t^2} \quad\cdots\cdots④\ とおけるんだね。$$

これから，円の方程式 $x^2+y^2=r^2$ は，媒介変数 θ により $\begin{cases} x = r\cos\theta \\ y = r\sin\theta \end{cases}$

と表されたけれど，③，④を用いると，これはさらに媒介変数 **t** で，

$$x = r\cdot\dfrac{1-t^2}{1+t^2}\ ,\quad y = r\cdot\dfrac{2t}{1+t^2}$$ と表すこともできるんだね。これも

覚えておこう。

● らせんは円の変形ヴァージョンだ！

円の媒介変数表示 $x=r\cdot\cos\theta$，$y=r\cdot\sin\theta$ では，r は正の定数だけれど，
この r が，θ の関数として変動すると，回転しながら円とは違った曲線を
描くことになる。ここで，$r=e^{-\theta}$ や，$r=e^{\theta}$ の形のものを，特に "らせん"
と呼ぶ。この e は **1** より大きい約 **2.7** の定数のことだ。

(i) $r=e^{-\theta}$ のとき，θ が大きくなる，つまり回転が進むに
　　つれて，半径 r が小さく縮んでいくのがわかるだろう。

(ⅱ) 逆に，$r = e^{\theta}$ のときは，θ が大きくなるにつれて，

半径 r も指数関数的に増大していくのも大丈夫だね。

以上より，2 種類のらせん曲線の概形を下に示す。

らせん

(ⅰ) らせん (Ⅰ) (収縮型)

$$\begin{cases} x = \overbrace{e^{-\theta}}^{r}\cos\theta \\ y = \underbrace{e^{-\theta}}_{r}\sin\theta \quad (\theta：媒介変数) \end{cases}$$

(ⅱ) らせん (Ⅱ) (拡大型)

$$\begin{cases} x = \overbrace{e^{\theta}}^{r}\cos\theta \\ y = \underbrace{e^{\theta}}_{r}\sin\theta \quad (\theta：媒介変数) \end{cases}$$

この e は，今は約 2.7 の定数と覚えておこう。

● サイクロイドとアステロイドにも挑戦だ！

図 3 に示すように，初め原点 0 で x 軸と接していた中心 A，半径 a の円が，x 軸上をスリップすることなくゴロゴロと回転していくとき，初めに原点にあった円周上の点 P の描く曲線が，サイクロイド曲線なんだ。図 3 では，θ だけ回転したときの動点 P の様子を示した。

図 3　サイクロイド曲線

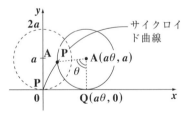

ここで，動点 $P(x,\ y)$ とおいて，この $x,\ y$ を回転角 (媒介変数)θ で表してみよう。

右図の扇形 $\triangle APQ$ の円弧 $\overset{\frown}{PQ}$ の長さは $a\theta$ となる。そして，この円はスリップすることなく回転しているので，円が x 軸と接触した長さ $\overline{OQ}$ は，当然円弧 $\overset{\frown}{PQ}$ の長さと等しくなる。

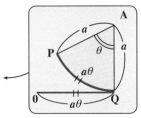

131

よって，図 4 に示すように，θ だけ回転した 円の中心 A の座標は $A(a\theta, a)$ となるのはいいね。

$\boxed{PQ = \overline{OQ}}$

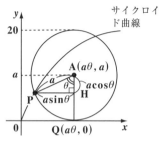

図 4　サイクロイド曲線

ここで，P から AQ に下した垂線の足を H とおいて，直角三角形 APH で考えると，

$$\frac{PH}{a} = \sin\theta, \quad \frac{AH}{a} = \cos\theta \quad \text{より}$$

$PH = a\sin\theta, \quad AH = a\cos\theta$ となる。

以上より，動点 $P(x, y)$ の x と y は，それぞれ

$$\begin{cases} x = \underset{\boxed{\substack{\text{中心 A の}\\ x\,\text{座標}}}}{a\theta} - \underset{\boxed{a\sin\theta}}{PH} = a\theta - a\sin\theta = a(\theta - \sin\theta) \\[2em] y = \underset{\boxed{\substack{\text{中心 A の}\\ y\,\text{座標}}}}{a} - \underset{\boxed{a\cos\theta}}{AH} = a - a\cos\theta = a(1 - \cos\theta) \quad \text{となる。} \end{cases}$$

これが，媒介変数 θ で表されたサイクロイド曲線の公式になるんだね。θ が $0 \leqq \theta \leqq 2\pi$ の範囲を動いて，円が一回転すると，サイクロイド曲線は下に示すようなカマボコ型の曲線になるんだね。大丈夫？

サイクロイド曲線

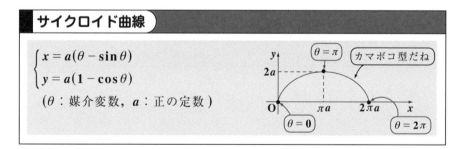

$$\begin{cases} x = a(\theta - \sin\theta) \\ y = a(1 - \cos\theta) \end{cases}$$

（θ：媒介変数，a：正の定数）

では次，アステロイド曲線（星芒形^{せいぼうけい}）についても，これを媒介変数 θ で

$\boxed{\text{これはお星様がキラリと光った形の曲線って意味だ。}}$

表した方程式と，その概形を次に表そう。

132

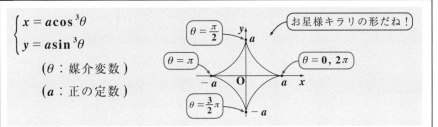

アステロイド曲線

$$
\begin{cases}
x = a\cos^3\theta \\
y = a\sin^3\theta
\end{cases}
$$

（θ：媒介変数）

（a：正の定数）

$\theta = \dfrac{\pi}{2}$　$\theta = \pi$　$\theta = 0, 2\pi$　$\theta = \dfrac{3}{2}\pi$

お星様キラリの形だね！

図5に示すように，原点 0 を中心とする半径 $a(>0)$ の円 C_1 と，これに内接する半径 $\dfrac{a}{4}$ の円 C_2 を考える。初めに点 $(a, 0)$ で円 C_1 と接していた円 C_2 が，円 C_1 に沿ってスリップすることなくゴロゴロと回転していくとき，初めに点 $(a, 0)$ にあった円 C_2 上の点 P の描く曲線が，お星様キラリのアステロイド曲線になるんだね。

図5　アステロイド曲線

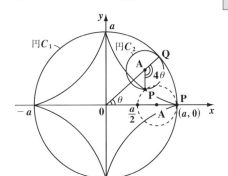

そして，円 C_2 の中心を A とすると，動径 OA が x 軸の正の向きとなす角を θ とおく。この θ を媒介変数として，動点 $P(x, y)$ の x 座標と y 座標を表すと，

$$
\begin{cases}
x = a\cos^3\theta \\
y = a\sin^3\theta \quad \text{となるんだね。}
\end{cases}
$$

何故，このように表せるのか，知りたいって!?これについては "**頻出問題にトライ・14**" でチャレンジしてみよう！

133

だ円の媒介変数表示と最大値・最小値

だ円 $E : \dfrac{(x+1)^2}{4} + y^2 = 1$ 上の点 $P(x,\ y)$ について，$x + y^2$ の値の最大値と最小値を求めよ。

ヒント！　円やだ円が出てきたら，媒介変数表示でスッキリ解けることもあるので，必ず，この解法も試してみてくれ。今回は $x = 2\cos\theta - 1$，$y = \sin\theta$ とおくことにより，スッキリ解けるよ。

解答＆解説

だ円 $E : \dfrac{(\overbrace{(x)+1}^{2\cos\theta-1})^2}{2^2} + \dfrac{\overbrace{y}^{1\cdot\sin\theta}{}^2}{1^2} = 1$ 上の点 $P(x,\ y)$ は，媒介変数 θ によって，次のように表される。

$$\begin{cases} x = 2\cos\theta - 1 \\ y = \sin\theta \end{cases} \cdots\cdots ①$$

$(0 \le \theta < 2\pi)$ これで，P はだ円 E を 1 周まわれる！

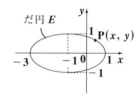

このとき，$z = x + y^2 \cdots\cdots ②$ とおくと，①を②に代入して

$$z = 2\cos\theta - 1 + \sin^2\theta = 2\cos\theta - 1 + 1 - \cos^2\theta$$
$$= -\cos^2\theta + 2\cos\theta$$

ここで，$\cos\theta = t$ とおくと，$0 \le \theta < 2\pi$ より，$-1 \le t \le 1$

さらに $z = f(t)$ とおくと，

$$z = f(t) = -t^2 + 2t$$
$$= -(t-1)^2 + 1 \quad (-1 \le t \le 1)$$

右図より z，すなわち $x + y^2$ の

$$\begin{cases} \text{最大値は } 1 \\ \text{最小値は } -3 \text{ である。} \end{cases} \cdots\cdots\cdots(答)$$

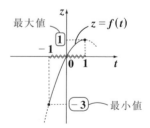

双曲線の媒介変数表示

三角関数の公式 $1+\tan^2\theta = \dfrac{1}{\cos^2\theta}$ ……① を使って，

（ⅰ）$x^2 - y^2 = 1$ および （ⅱ）$\dfrac{x^2}{a^2} - \dfrac{y^2}{b^2} = 1$ を，媒介変数 θ で表示せよ。

ヒント！ ①より，$\dfrac{1}{\cos^2\theta} - \tan^2\theta = 1$ ……①′ となるので，（ⅰ）は $x = \dfrac{1}{\cos\theta}$，$y = \tan\theta$ と表せばよいことに気付くはずだ。（ⅱ）も，①′ にあてはめよう。

解答&解説

①より，$\underline{\dfrac{1}{\cos^2\theta} - \tan^2\theta = 1}$ ……①′ となる。よって

（ⅰ）双曲線 $\underline{x^2} \underset{=}{-} \underline{y^2} = 1$ は，θ を用いて，

$$x = \dfrac{1}{\cos\theta}, \quad y = \tan\theta \quad \text{と表される。}$$

・$-1 \leqq \cos\theta \leqq 1$ より

$\dfrac{1}{\cos\theta} \leqq -1$，または $1 \leqq \dfrac{1}{\cos\theta}$

・また，$-\infty < \tan\theta < \infty$ より

$\mathrm{P}(x, y) = \left(\dfrac{1}{\cos\theta}, \tan\alpha\right)$ は，

双曲線 $x^2 - y^2 = 1 (x \leqq -1, 1 \leqq x,$

$-\infty < y < \infty)$ 上のすべての点を

表せる。

（ⅱ）双曲線 $\dfrac{x^2}{a^2} - \dfrac{y^2}{b^2} = 1$ も，同様に，

$\dfrac{x^2}{a^2} = \dfrac{1}{\cos^2\theta}$，$\dfrac{y^2}{b^2} = \tan^2\theta$ より θ を用いて，

$$x = \dfrac{a}{\cos\theta}, \quad y = b\tan\theta \quad \text{と表すことができる。}$$

（ⅰ）双曲線 $x^2 - y^2 = 1$ は，x 軸と y 軸に関して対称より，$x = \pm\dfrac{1}{\cos\theta}$，$y = \pm\tan\theta$ とおいても構わないが，上記は公式として覚えよう。（ⅱ）も同様だよ。

P133 で解説した半径 a の円 C_1 と，それに内接しながら回転する半径 $\dfrac{a}{4}$ の円 C_2 を用いて，アステロイド曲線が，媒介変数 θ を用いて，$x = a\cos^3\theta$，$y = a\sin^3\theta$ と表されることを示せ。

解答は P177

§3. 極方程式で，さまざまな曲線を表せる！

これまで，平面の座標系としてxy座標系を使ってきたけれど，ここでは，これと違った"極座標"について詳しく解説するよ。ちょうど，同じ内容を日本語と英語といった別々の言葉で表せるのと同様に，平面上の同じ点や曲線も，xy座標と極座標では別の表現で表せるんだよ。

● 極座標では，点を(r, θ)で表す！

図$1-($ⅰ$)$，$($ⅱ$)$に示すように，xy座標系の点$\mathrm{P}(x, y)$は，**極座標**では点$\mathrm{P}(r, \theta)$と表す。

"しせん" "どうけい" "へんかく"と読む

極座標では，Oを**極**，OXを**始線**，OPを**動径**，そしてθを**偏角**と呼ぶ。ここで，点Pについて，始線OXからの角θと，極Oからの距離$r($これは，$\ominus$もあり得る！$)$を指定すれば，点Pの位置が決まる。よって，極座標では，点Pを$\mathrm{P}(r, \theta)$と表す。

図1 (ⅰ) xy座標 　(ⅱ) 極座標

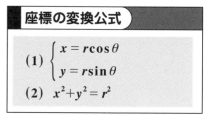

座標の変換公式

$$(1) \begin{cases} x = r\cos\theta \\ y = r\sin\theta \end{cases}$$
$$(2) \quad x^2 + y^2 = r^2$$

図$1-($ⅰ$)$から，xy座標のx, yと，極座標のr, θとの間に上に示した変換公式が成り立つのは大丈夫だね。これによって，点だけでなく，曲線などの図形も，xy座標と極座標の間を自由に行き来できるようになる。

ここで，$\mathrm{P}(x, y)$の表し方は1通りに決まるんだけれど，極座標による同じ点の表し方は複数存在するんだよ。たとえば，図2の点$\mathrm{P}\left(2, \dfrac{2}{3}\pi\right)$は，動径$\mathrm{OP}$が何周回って同じ位置にきてもいいから，

図2 極座標による表現

$$\mathrm{P}\left(2, \frac{2}{3}\pi + 2n\pi\right) = \mathrm{P}\left(-2, -\frac{\pi}{3}\right)$$
$$(n：整数)$$

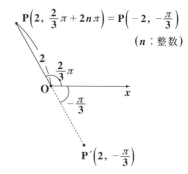

これは一般角

$P\left(2, \dfrac{2}{3}\pi\right) = P\left(2, \dfrac{2}{3}\pi + 2n\pi\right)$ （n：整数）と表すことができる。

さらに，r は，負の数でもいい。図 2 の点 $P'\left(2, -\dfrac{\pi}{3}\right)$ を $\left(-2, -\dfrac{\pi}{3}\right)$ にする と，反転してこれは点 P の位置にくる。よって，

これがまた，一般角になってもいい！

$$P\left(2, \dfrac{2}{3}\pi\right) = P\left(2, \dfrac{2}{3}\pi + 2n\pi\right) = P\left(-2, \boxed{-\dfrac{\pi}{3}}\right)$$

となって，同じ点に対して，いろんな表し方ができてしまうんだね。

しかし，ここで，$r > 0$，$0 \leqq \theta < 2\pi$ というように自分で定義することに より，原点以外の点 $P(r, \theta)$ を一通りに決めることができる。

それでは，具体的に変換公式を使って練習しておこう。

(ⅰ) xy 座標の点 $P(\overset{x}{\boxed{-2\sqrt{3}}}, \overset{y}{\boxed{2}})$ を極座標

　　$P(r, \theta)$ （$r > 0$，$0 \leqq \theta < 2\pi$）で表す。

$P\left(4, \dfrac{5}{6}\pi\right)$

$r^2 = (\overset{x}{\boxed{-2\sqrt{3}}})^2 + \overset{y}{\boxed{2}}^2 = 12 + 4 = 16$

$\therefore r = \sqrt{16} = 4$

$r = 4$　　$\theta = \dfrac{5}{6}\pi$

$-2\sqrt{3}$

$\cos\theta = \dfrac{\overset{x}{\boxed{-2\sqrt{3}}}}{\underset{r}{\boxed{4}}} = -\dfrac{\sqrt{3}}{2}$ ，　$\sin\theta = \dfrac{\overset{y}{\boxed{2}}}{\underset{r}{\boxed{4}}} = \dfrac{1}{2}$ 　$\therefore \theta = \dfrac{5}{6}\pi$

以上より，点 P の極座標は $P\left(4, \dfrac{5}{6}\pi\right)$ となる。

(ⅱ) 極座標で表された点 $Q\left(5, \dfrac{4}{3}\pi\right)$ を xy

　　座標で表す。

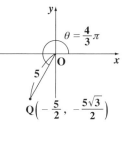

$x = \overset{r}{\boxed{5}} \cdot \cos\overset{\theta}{\boxed{\dfrac{4}{3}\pi}} = 5 \cdot \left(-\dfrac{1}{2}\right) = -\dfrac{5}{2}$

$\theta = \dfrac{4}{3}\pi$

$y = \overset{r}{\boxed{5}} \cdot \sin\overset{\theta}{\boxed{\dfrac{4}{3}\pi}} = 5 \cdot \left(-\dfrac{\sqrt{3}}{2}\right) = -\dfrac{5\sqrt{3}}{2}$

$Q\left(-\dfrac{5}{2}, -\dfrac{5\sqrt{3}}{2}\right)$

以上より，点 Q の xy 座標は，$Q\left(-\dfrac{5}{2}, -\dfrac{5\sqrt{3}}{2}\right)$ となる。

● 極方程式にチャレンジしよう！

xy 座標平面上で，$y = x^2 - 1$ とか，$x^2 + y^2 = 4$ など，x と y の関係式 (方程式) を使って，さまざまな直線や曲線を表したね。これと同様に，極座標平面上でも，r と θ の関係式を使って，いろんな図形を表せるんだよ。この r と θ の関係式のことを**極方程式**という。

ここで大活躍するのが，また，変換公式だから，自由に使いこなせるように練習しておこう。それでは，さっきの放物線と円を，この変換公式を使って，実際に極方程式に変換してみるよ。

(ⅰ) $\underline{\underline{y}} = \underline{\underline{x^2 - 1}}$ に，$y = r\sin\theta$，$x = r\cos\theta$ ←──[変換公式！] を代入して，

$\quad \underline{\underline{r\sin\theta}} = \underline{\underline{r^2\cos^2\theta - 1}}$ ←── [変換公式！]

(ⅱ) $\underset{\sim}{x^2 + y^2} = 4$ には，$\underset{\sim}{x^2 + y^2} = r^2$ を代入して，

$\quad \underset{\sim}{r^2} = 4$ 　ここで，$r > 0$ とおくと

$\quad \underset{\sim}{r = 2}$ 　これも極方程式だ。

これは，θ について何も言ってないので，θ は自由に動いていいけれど，r の値は 2 を常に保つので，動点は右図のような極 O を中心とする半径 2 の円を描くんだね。

極方程式って，意外と簡単でしょ？ では次に，極方程式 $r = 2\cos\theta$ が円を表すことを，xy 座標平面上の方程式に変換することによって確かめてみよう。

$\quad r = 2\cos\theta$ 　この両辺に r をかけて

$\quad \underset{x^2+y^2}{\boxed{r^2}} = 2 \cdot \underset{x}{\boxed{r\cos\theta}}$ 　……㋐

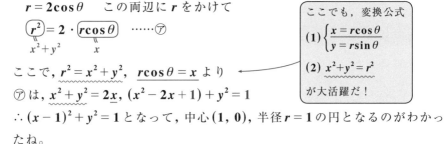

ここでも，変換公式
(1) $\begin{cases} x = r\cos\theta \\ y = r\sin\theta \end{cases}$
(2) $\underset{\sim}{x^2 + y^2} = r^2$
が大活躍だ！

ここで，$\underset{\sim}{r^2 = x^2 + y^2}$，$\underline{r\cos\theta = x}$ より

㋐ は，$\underset{\sim}{x^2 + y^2 = 2x}$，$(x^2 - 2x + 1) + y^2 = 1$

$\therefore (x - 1)^2 + y^2 = 1$ となって，中心 $(1, 0)$，半径 $r = 1$ の円となるのがわかったね。

このように，たとえよくわからない極方程式が出てきても，変換公式を使って，見慣れた x と y の方程式にもち込めば，どんな図形の方程式かがわかるんだね。だから，どんどん変換するといいよ！

138

● 3つの2次曲線が，1つの極方程式で表せる！

xy 座標平面上の曲線の方程式で，$y = f(x)$ の形のものが多かったように，極方程式においても，$r = f(\theta)$ の形のものが結構多いんだね。これは，偏角 θ の値によって，動径 OP の長さ r が変化するので，図3のようなイメージをもってくれたらいいよ。

図3　$r = f(\theta)$ の形の極方程式

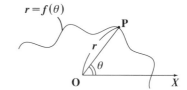

それで，これから解説する2次曲線 (だ円，放物線，双曲線) の極方程式も，実は $r = f(\theta)$ 型なんだね。しかも，驚くべきことに，だ円，放物線，双曲線の3つの2次曲線が，たった1つの極方程式で表せてしまうんだ。スバラシイだろ？　受験では，この公式は頻出となるはずだから，是非覚えておくといいよ。

2次曲線の極方程式

$r = \dfrac{k}{1 - e\cos\theta}$ ……① $\quad$ [$r = \dfrac{k}{1 + e\cos\theta}$ ……②]

（$r = f(\theta)$ 型）

この形で出題されることもある。

(k：正の定数) $\quad$ $\theta = \dfrac{\pi}{2}$ のとき，$r = \dfrac{k}{1 - e \cdot 0} = k$ より，$\theta = \dfrac{\pi}{2}$ のときの r の値

(e：離心率) $\begin{cases} (\text{i})\ 0 < e < 1 & \text{のとき} & \text{だ円} \\ (\text{ii})\ e = 1 & \text{のとき} & \text{放物線} \\ (\text{iii})\ 1 < e & \text{のとき} & \text{双曲線} \end{cases}$

この公式の中の定数 e を**離心率**といい，これは (i) $0 < e < 1$，(ii) $e = 1$，(iii) $1 < e$ の値の範囲によって，それぞれ，だ円，放物線，双曲線に対応している。エッ，本当かって？　変換公式を使って変形してみればよくわかるよ。絶対暗記問題52で，実際に全パターンを調べてみよう。

ここで，①や②の形の極方程式で表される2次曲線はすべて，その1つの焦点が極 O と一致するんだよ。これも要注意事項だ。

極座標と三角形の面積

極座標で表された 3 点 $A\left(1, \dfrac{\pi}{6}\right)$, $B\left(2, \dfrac{\pi}{3}\right)$, $C\left(2, \dfrac{5}{6}\pi\right)$ がある。

$\triangle OAB$, $\triangle OBC$, $\triangle OAC$ の面積を求めることにより, $\triangle ABC$ の面積を求めよ。

ヒント！　3 点 A, B, C の位置関係を調べることにより, $\triangle ABC = \triangle OAB +$ $\triangle OBC - \triangle OAC$ となることがわかるはずだ！

解答＆解説

3 点 $A\left(1, \dfrac{\pi}{6}\right)$, $B\left(2, \dfrac{\pi}{3}\right)$, $C\left(2, \dfrac{5}{6}\pi\right)$

の位置関係を右図に示す。
この図から, 三角形 ABC の面積を
$\triangle ABC$ などと表すことにすると次
式が成り立つ。

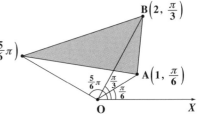

$$\triangle ABC = \triangle OAB + \triangle OBC - \triangle OAC \quad \cdots\cdots①$$

（ i ）$\triangle OAB = \dfrac{1}{2} \cdot 1 \cdot 2 \cdot \boxed{\sin\dfrac{\pi}{6}}^{\frac{1}{2}} = \dfrac{1}{2}$ ……………②

（ ii ）$\triangle OBC = \dfrac{1}{2} \cdot 2 \cdot 2 \cdot \boxed{\sin\dfrac{\pi}{2}}^{1} = 2$ …………③

（iii）$\triangle OAC = \dfrac{1}{2} \cdot 1 \cdot 2 \cdot \boxed{\sin\dfrac{2}{3}\pi}^{\frac{\sqrt{3}}{2}} = \dfrac{\sqrt{3}}{2}$ …………④

以上②, ③, ④を①に代入して, 求める三角形 ABC の面積$\triangle ABC$ は

$$\triangle ABC = \dfrac{1}{2} + 2 - \dfrac{\sqrt{3}}{2} = \dfrac{5 - \sqrt{3}}{2} \quad \cdots\cdots(答)$$

極方程式で表された円と直線が交点をもたない条件

正の定数 a について，極座標で表された円 $r = 4\cos\theta$ と直線 $r = \dfrac{a}{\cos\theta}$ とが交点をもたないような a の範囲を求めよ。

(神奈川大)

ヒント！ 円と直線の方程式から，r を消去して，$\cos\theta$ の方程式にもち込み，これが実数解をもたないようにすればいいんだね。

解答＆解説

円：$r = 4\cos\theta$ ……① 　直線：$r = \dfrac{a}{\cos\theta}$ ……② 　(a：正の定数)

①，②より，r を消去して

【1 以下】【1 より大】←このとき③は実数解 θ をもたない。

$$4\cos\theta = \frac{a}{\cos\theta} \qquad \text{よって，} \boxed{\cos^2\theta} = \boxed{\frac{a}{4}} \cdots\cdots③$$

ここで，θ の方程式③が実数解 θ_1 をもつと仮定すると，①，②を同時にみたす実数 r の値 r_1 も決まるので，①，②は交点 (r_1, θ_1) をもつことになる。よって，①，②が交点をもたないためには，θ の方程式③が実数解をもってはならない。

$0 \leq \cos^2\theta \leq 1$, $a > 0$ より，$\dfrac{a}{4} > 1$ のとき，③は実数解をもたない。

∴求める a の範囲は，$a > 4$ ……………………………………………(答)

別解

(i) ①の両辺に r をかけて，$\boxed{r^2} = 4\boxed{r\cos\theta}$

　　　$\boxed{x^2 + y^2}$　$\boxed{x}$←変換公式

$$x^2 + y^2 = 4x \quad \therefore (x-2)^2 + y^2 = 4 \cdots\cdots①'$$

(ii) ②より，$\boxed{r\cos\theta} = a \quad \therefore x = a \cdots\cdots②'$

　　　$\boxed{x}$←変換公式　　($a > 0$)

以上，①´ と ②´ が交点をもたないための条件は，xy 座標平面上のグラフより明らかに，$a > 4$ （∵ $a > 0$）……………………………(答)

右図：$x = a \cdots②'$，$(x-2)^2 + y^2 = 4 \cdots①'$ ($a > 0$)

2次曲線の極方程式とグラフ

次の極方程式を，xy 座標系の方程式に書きかえて，そのグラフの概形を描け。

(1) $r = \dfrac{2}{1 - \cos\theta}$　　　(2) $r = \dfrac{3}{2 + \cos\theta}$　　　(3) $r = \dfrac{3}{1 - 2\cos\theta}$

レクチャー　2次曲線の極方程式は，

$$r = \dfrac{k}{1 \pm e\cos\theta}$$ で

(i) $0 < e < 1$ のとき，だ円
(ii) $e = 1$ 　　　のとき，放物線
(iii) $1 < e$ 　　　のとき，双曲線

となることがわかっているんだね。
よって，問題の各方程式が表す2次曲線は，

(1) $r = \dfrac{2}{1 - \boxed{1} \cdot \cos\theta}$　：放物線
　　　　　　　　e

(2) $r = \dfrac{\dfrac{3}{2}}{1 + \boxed{\dfrac{1}{2}}\cos\theta}$　：だ円
　　　　　　　　　e

(3) $r = \dfrac{3}{1 - \boxed{2} \cdot \cos\theta}$　：双曲線
　　　　　　　　e

となることが，予めわかるんだよ。

解答＆解説

(1) $r = \dfrac{2}{1 - \cos\theta}$ より，$r(\overbrace{1 - \cos\theta}) = 2$,　$r - \underbrace{(r\cos\theta)}_{x} = 2$　←　変換公式

　　$r = x + 2$　　　両辺を2乗して

　　$\underbrace{\boxed{r^2}}_{x^2 + y^2} = (x + 2)^2$　←　変換公式　　$\cancel{x^2} + y^2 = \cancel{x^2} + 4x + 4$

　　∴ 放物線：$y^2 = 4 \cdot 1 \cdot (x + 1)$ …………(答)

　　これは，$y^2 = 4 \cdot 1 \cdot x$ を $(-1, 0)$ だけ平行移動したものだ！

$y^2 = 4(x + 1)$　これが焦点

(2) $r = \dfrac{3}{2 + \cos\theta}$ より，$r(\overbrace{2 + \cos\theta}) = 3$,　$2r + \underbrace{(r\cos\theta)}_{x} = 3$　←　変換公式

　　$2r = 3 - x$　　　この両辺を2乗して

　　$4\underbrace{\boxed{r^2}}_{x^2 + y^2} = (3 - x)^2$　　$4\overbrace{(x^2 + y^2)} = 9 - 6x + x^2$　←　変換公式

　　$3x^2 + 6x + 4y^2 = 9$,　$3(x^2 + 2 \cdot x + 1) + 4y^2 = 9 + 3$

　　2で割って2乗

142

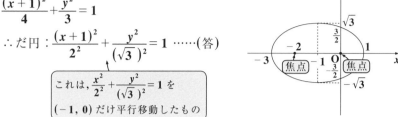

$$3(x+1)^2+4y^2=12 \qquad \text{両辺を } 12 \text{ で割って}$$

$$\frac{(x+1)^2}{4}+\frac{y^2}{3}=1$$

$$\therefore \text{だ円}:\frac{(x+1)^2}{2^2}+\frac{y^2}{(\sqrt{3})^2}=1 \quad \cdots\cdots(答)$$

これは、$\dfrac{x^2}{2^2}+\dfrac{y^2}{(\sqrt{3})^2}=1$ を $(-1, 0)$ だけ平行移動したもの

(3) $r=\dfrac{3}{1-2\cos\theta}$ より, $r(1-2\cos\theta)=3$, $r-2\underbrace{(r\cos\theta)}_{x} =3$ ← 変換公式

$$r=2x+3 \qquad \text{この両辺を } 2 \text{ 乗して}$$

$$\boxed{r^2}=(2x+3)^2, \quad \underbrace{x^2+y^2}=4x^2+12x+9, \quad \underline{3x^2+12x-y^2=-9}$$

x^2+y^2 ← 変換公式

$$\underline{3(x^2+4x+\underline{4})}-y^2=-9+\underline{12} \qquad 3(x+2)^2-y^2=3$$

2 で割って 2 乗

両辺を 3 で割って, $(x+2)^2-\dfrac{y^2}{3}=1$

$$\therefore \text{双曲線}:\frac{(x+2)^2}{1^2}-\frac{y^2}{(\sqrt{3})^2}=1 \quad \cdots(答)$$

これは、$\dfrac{x^2}{1^2}-\dfrac{y^2}{(\sqrt{3})^2}=1$ を $(-2, 0)$ だけ平行移動したもの

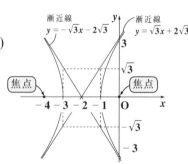

漸近線 $y=-\sqrt{3}x-2\sqrt{3}$
漸近線 $y=\sqrt{3}x+2\sqrt{3}$
焦点   焦点

頻出問題にトライ・15 難易度 ★★   CHECK1 CHECK2 CHECK3

0 でない定数 k について, 極方程式で表されただ円 $r=\dfrac{3}{2-\cos\theta}$ と,

直線 $r=\dfrac{k}{\cos\theta}$ とが, 2 つの異なる共有点をもつような k の値の範囲を

求めよ。

解答は **P178**

1. 放物線の公式

（ i ）$x^2 = 4py\ (p \neq 0)$ の場合, （ア）焦点 $\mathrm{F}(0, p)$ （イ）準線：$y = -p$

（ウ）$\boxed{\mathrm{QF} = \mathrm{QH}}$ （Q：曲線上の点, QH：Q と準線との距離）

（ ii ）$y^2 = 4px\ (p \neq 0)$ の場合, （ア）焦点 $\mathrm{F}(p, 0)$ （イ）準線：$x = -p$

（ウ）$\boxed{\mathrm{QF} = \mathrm{QH}}$ （Q：曲線上の点, QH：Q と準線との距離）

2. だ円：$\dfrac{x^2}{a^2} + \dfrac{y^2}{b^2} = 1$ の公式

（ i ）$a > b$ の場合, （ア）焦点 $\mathrm{F}(c, 0)$, $\mathrm{F}'(-c, 0)$ $(c = \sqrt{a^2 - b^2})$

（イ）$\boxed{\mathrm{QF} + \mathrm{QF}' = 2a}$ （Q：曲線上の点）

（ ii ）$b > a$ の場合, （ア）焦点 $\mathrm{F}(0, c)$, $\mathrm{F}'(0, -c)$ $(c = \sqrt{b^2 - a^2})$

（イ）$\boxed{\mathrm{QF} + \mathrm{QF}' = 2b}$ （Q：曲線上の点）

3. 双曲線の公式

（ i ）$\dfrac{x^2}{a^2} - \dfrac{y^2}{b^2} = 1$ の場合, （ア）焦点 $\mathrm{F}(c, 0)$, $\mathrm{F}'(-c, 0)$ $(c = \sqrt{a^2 + b^2})$

（イ）漸近線：$y = \pm \dfrac{b}{a}x$ （ウ）$\boxed{|\mathrm{QF} - \mathrm{QF}'| = 2a}$ （Q：曲線上の点）

（ ii ）$\dfrac{x^2}{a^2} - \dfrac{y^2}{b^2} = -1$ の場合, （ア）焦点 $\mathrm{F}(0, c)$, $\mathrm{F}'(0, -c)$ $(c = \sqrt{a^2 + b^2})$

（イ）漸近線：$y = \pm \dfrac{b}{a}x$ （ウ）$\boxed{|\mathrm{QF} - \mathrm{QF}'| = 2b}$ （Q：曲線上の点）

4. アステロイド曲線の媒介変数表示

$x = a\cos^3\theta,\ y = a\sin^3\theta$ （θ：媒介変数, a：正の定数）

5. サイクロイド曲線の媒介変数表示

$x = a(\theta - \sin\theta),\ y = a(1 - \cos\theta)$ （θ：媒介変数, a：正の定数）

6. 座標の変換公式

（1）$\begin{cases} x = r\cos\theta \\ y = r\sin\theta \end{cases}$ （2）$x^2 + y^2 = r^2$

7. 極方程式は, r と θ の関係式。$r = f(\theta)$ の形のものが代表的。

2 次曲線の極方程式　$r = \dfrac{k}{1 \pm e\cos\theta}$ （e：離心率）

講義 Lecture ⑤ 数列の極限

- ▶ 数列の極限の基本

- ▶ 無限級数（等比数列型，部分分数分解型）

- ▶ 漸化式と数列の極限

§1. 極限の思考パターンをマスターしよう！

さァ，これから "**数列の極限**" の講義を始めよう。極限は，初心者にとって一番学習しづらいところなんだけれど，親切にわかりやすく解説するから，心配はいらない。必ずマスターできるよ。

● まず，極限 $\lim\limits_{n \to \infty}$ の意味をつかもう！

一般に，数列の極限の式は，$\lim\limits_{n \to \infty}$ (n の式) の形で出題されることが多い。

> これを，"リミット" と読む。limit の略だね。

これは，$n = 1, 2, 3, \cdots\cdots$ と，n を限りなく大きく (無限大に) していったとき，この (n の式) がどうなるかを調べる式なんだ。

この例を，次に示すよ。

> 具体的に $n = 10, 100, 1000, \cdots$ と大きくすると

(1) $\lim\limits_{n \to \infty} \dfrac{1}{n} = \boxed{0}$ （収束） ← 極限値

$$\left[\frac{1}{\infty} \to 0 \right]$$

> $\dfrac{1}{n} = \boxed{\dfrac{1}{10}}, \boxed{\dfrac{1}{100}}, \boxed{\dfrac{1}{1000}}, \cdots\cdots$ と限りなく 0 に近
> 0.1　0.01　0.001
> づく (収束する) ので，この**極限値**は **0** だ！

(2) $\lim\limits_{n \to \infty} \dfrac{n}{2} = \infty$ （発散）

$$\left[\frac{\infty}{2} \to \infty \right]$$

> $\dfrac{n}{2} = 5, 50, 500, \cdots\cdots$ と，限りなく大きくなっていくので，これは ∞ (無限大) に**発散**する。

このように，(n の式) が限りなくある値に近づいていくとき，この (n の式) は**収束する**といい，その近づいていく値を**極限値**という。これに対して (n の式) が $+\infty$ になったり，$-\infty$ になったり，または値が**振動**したりして，特定の値に近づかない場合，この (n の式) は**発散する**というんだよ。

上の例では，(1) の $\dfrac{1}{n}$ は極限値 0 に収束し，(2) の $\dfrac{n}{2}$ は $+\infty$ に発散するんだね。

このように，$\dfrac{1}{\infty} \to 0$，$\dfrac{\infty}{2} \to \infty$ になるのは大丈夫だね。それでは，$\dfrac{\infty}{\infty}$ の形の極限がどうなるか？ さらに，深めてみよう。

● $\dfrac{\infty}{\infty}$ の不定形をマスターしよう！

分母も分子も，共に∞に大きくなっていく $\dfrac{\infty}{\infty}$ の極限のイメージとして，次の 3 つの例を頭に描くといいよ。

（ i ）圧倒的に，分母の∞の方が分子の∞より強い！

（ i ） $\dfrac{100}{2000000000}$ ⟶ 0 （収束） $\left[\dfrac{弱い∞}{強い∞} ⟶ 0 \right]$

（ ii ）圧倒的に，分子の∞の方が分母の∞より強い！

（ ii ） $\dfrac{2000000000}{3000}$ ⟶ ∞ （発散） $\left[\dfrac{強い∞}{弱い∞} ⟶ ∞ \right]$

（ iii ）試験では，このパターンが狙われる！

（ iii ） $\dfrac{30000}{40000}$ ⟶ $\dfrac{3}{4}$ （収束） $\left[\dfrac{同じ強さの∞}{同じ強さの∞} ⟶ 極限値 \right]$

極限は，n がどんどん大きくなっていくように，動きがあるので，これを紙面に正確に書き表わすことはできない。でも，動いているものでも，パチリとある瞬間のスナップ写真をとることはできるだろう。それが上に示した 3 つのイメージで，無限大にも，強弱のあるのがわかると思う。

このように，$\dfrac{\infty}{\infty}$ は，(i)(iii) のようにある値に収束するか，(ii) のように発散するか，定まっていないので，これを“$\dfrac{\infty}{\infty}$ の**不定形**”というんだよ。

それでは，この例を下に書いておこう。

$n = 10, 100, 1000, \cdots$ とすると，

（ i ）$\displaystyle\lim_{n \to \infty} \dfrac{n+1}{n^2} = 0$ $\left[\dfrac{1 次の（弱い）∞}{2 次の（強い）∞} \right]$ $\dfrac{n+1}{n^2} = \dfrac{11}{100},\ \dfrac{101}{10000},\ \dfrac{1001}{1000000}, \cdots \to \boxed{0}$ 収束

答案には，$\displaystyle\lim_{n \to \infty} \dfrac{n+1}{n^2} = \lim_{n \to \infty}\left(\overset{0}{\dfrac{1}{n}} + \overset{0}{\dfrac{1}{n^2}} \right) = 0$ と書く！

（ ii ）$\displaystyle\lim_{n \to \infty} \dfrac{n^2-1}{\sqrt{n}} = \infty$ $\left[\dfrac{2 次の（強い）∞}{\frac{1}{2} 次の（弱い）∞} \right]$ $\dfrac{n^2-1}{\sqrt{n}} = \underset{3.2}{\dfrac{99}{\sqrt{10}}},\ \dfrac{9999}{10},\ \underset{32}{\dfrac{999999}{10\sqrt{10}}}, \cdots \to \boxed{\infty}$ 発散

これは，このまま答えにしてもいいよ。

（ iii ）$\displaystyle\lim_{n \to \infty} \dfrac{n+1}{2n} = \dfrac{1}{2}$ $\left[\dfrac{1 次（同じ強さ）の∞}{1 次（同じ強さ）の∞} \right]$ $\dfrac{n+1}{2n} = \dfrac{11}{20},\ \dfrac{101}{200},\ \dfrac{1001}{2000}, \cdots \to \boxed{\dfrac{1}{2}}$ 収束

答案には，$\displaystyle\lim_{n \to \infty} \dfrac{n+1}{2n} = \lim_{n \to \infty}\left(\dfrac{1}{2} + \overset{0}{\dfrac{1}{2n}} \right) = \dfrac{1}{2}$ と書く！

147

● $\lim_{n \to \infty} r^n$ の極限は，r の値によって変化する！

次，$\lim_{n \to \infty} r^n$ の形の極限について，解説しよう。これは，実数 r の値によって，次のように極限が分類されるんだ。

$\lim_{n \to \infty} r^n$ の極限

$$\lim_{n \to \infty} r^n = \begin{cases} 0 & (-1 < r < 1 \text{ のとき}) \\ 1 & (r = 1 \text{ のとき}) \\ \text{発散} & (r \leqq -1, 1 < r \text{ のとき}) \end{cases}$$

$\lim_{n \to \infty} \left(\frac{1}{2}\right)^n = 0$（収束）

$\lim_{n \to \infty} \left(-\frac{1}{2}\right)^n = 0$（収束）

$\lim_{n \to \infty} 1^n = 1$（収束）

$\lim_{n \to \infty} 2^n = \infty$（発散）

$\lim_{n \to \infty} (-1)^n$ は振動（発散）

$\lim_{n \to \infty} (-2)^n$ は振動（発散）

$r^n = r \times r \times \cdots\cdots \times r$ と，r^n は n 個の r の積のことだから，この n を ∞ にするということは，r を無限回かけていくということなんだね。

$n = 1, 2, 3, 4, \cdots\cdots$ のとき　　$\frac{1}{2}, \frac{1}{4}, \frac{1}{8}, \frac{1}{16}, \cdots \to 0$　　$-\frac{1}{2}, \frac{1}{4}, -\frac{1}{8}, \frac{1}{16}, \cdots \to 0$

よって，$r = \frac{1}{2}$，$-\frac{1}{2}$ のとき，$\lim_{n \to \infty} \left(\frac{1}{2}\right)^n = 0$ だし，$\lim_{n \to \infty} \left(-\frac{1}{2}\right)^n = 0$ となるのはいいね。また，$r = 1$ のとき，$\lim_{n \to \infty} 1^n = 1$ も当然だね。

$2, 4, 8, 16, \cdots \to \infty$

ところが，$r = 2$ のとき $\lim_{n \to \infty} 2^n = \infty$ に発散していく。また，$r = -1$ のとき $(-1)^n$ は，n が奇数のとき -1，偶数のとき 1 となって，

$-1, 1, -1, 1, \cdots\cdots$（振動）

$\lim_{n \to \infty} (-1)^n$ は永遠に -1 と 1 に交互にパタパタと変化（振動）して，ある値に収束することはない。よって，発散するんだね。さらに，$r = -2$ のときも，$\lim_{n \to \infty} (-2)^n$ は，$-2, 4, -8, 16, \cdots\cdots$ と，$\ominus$，$\oplus$ に振動しながら，その絶対値を増加させていくから，これも発散だね。

ただし，$r < -1$，$1 < r$ のときでも，$-1 < \frac{1}{r} < 1$ となるので，次の公式

$r > 0$ より，この両辺を r で割って，$\frac{1}{r} < \frac{r}{r}$ より $\frac{1}{r} < 1$

$r < 0$ より，この両辺を $-r\,(>0)$ で割って，$\frac{r}{-r} < \frac{-1}{-r}$ より $-1 < \frac{1}{r}$

が成り立つことも覚えておくといいよ。

これは "なぜなら" 記号

$r < -1$，$1 < r$ のとき，$\lim_{n \to \infty} \left(\frac{1}{r}\right)^n = 0$（収束）　$\left(\because -1 < \frac{1}{r} < 1\right)$

● 数列の極限に，∑ 計算は不可欠だ！

数列の極限を計算する上で，頻繁に ∑ 計算を使うことになるよ。だから，次の公式は，必ず使いこなせるようになっておこう！

∑ 計算の公式

(1) $\displaystyle\sum_{k=1}^{n} k = 1 + 2 + 3 + \cdots + n = \frac{1}{2}n(n+1)$

(2) $\displaystyle\sum_{k=1}^{n} k^2 = 1^2 + 2^2 + 3^2 + \cdots + n^2 = \frac{1}{6}n(n+1)(2n+1)$

(3) $\displaystyle\sum_{k=1}^{n} k^3 = 1^3 + 2^3 + 3^3 + \cdots + n^3 = \frac{1}{4}n^2(n+1)^2$

(4) $\displaystyle\sum_{k=1}^{n} c = \underbrace{c + c + c + \cdots + c}_{n \text{ 個の } c \text{ の和}} = nc$　(c：定数)

◆ 例題 6 ◆

極限 $\displaystyle\lim_{n \to \infty} \frac{1^2 + 2^2 + 3^2 + \cdots + n^2}{n^3}$ ……① を求めよ。

解答 この分子は，

$1^2 + 2^2 + 3^2 + \cdots + n^2 = \displaystyle\sum_{k=1}^{n} k^2 = \frac{1}{6}n(n+1)(2n+1)$ ……② 〔公式通り〕

②を①に代入して，

$\displaystyle\lim_{n \to \infty} \frac{\frac{1}{6}n(n+1)(2n+1)}{n^3}$ $\left[\dfrac{3\text{ 次 (同じ強さ) の }\infty}{3\text{ 次 (同じ強さ) の }\infty}\right]$

イメージとして，$\dfrac{100000}{300000}$ のようなものだ！

$= \displaystyle\lim_{n \to \infty} \frac{1}{6} \cdot \frac{n}{n} \cdot \frac{n+1}{n} \cdot \frac{2n+1}{n}$

$= \displaystyle\lim_{n \to \infty} \frac{1}{6} \cdot 1 \cdot \left(1 + \frac{1}{n}^{\,0}\right) \cdot \left(2 + \frac{1}{n}^{\,0}\right)$

$= \dfrac{1}{6} \cdot 1 \cdot 1 \cdot 2 = \dfrac{1}{3}$ …………………………………(答)

数列の極限の基本

次の極限を求めよ。

(1) $\displaystyle\lim_{n\to\infty}\dfrac{2^n+3}{2^{n+2}+5}$

（日本大＊）

(2) $\displaystyle\lim_{n\to\infty}\sqrt{n}\,(2\sqrt{n}-\sqrt{4n-3})$

ヒント！　(1)は，$2^n\to\infty$から，与式の分母・分子を2^nで割ると，うまくいくよ。
(2)では，$2\sqrt{n}-\sqrt{4n-3}=\infty-\infty$の不定形だけれど，「$\sqrt{}-\sqrt{}$がきたら，分母・分子に$\sqrt{}+\sqrt{}$をかける」と覚えよう！

解答＆解説

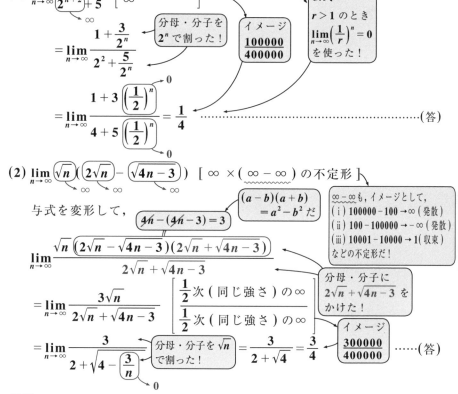

(1) $\displaystyle\lim_{n\to\infty}\dfrac{\overset{\infty}{2^n}+3}{\underset{\infty}{2^{n+2}}+5}$ 　$\left[\dfrac{\infty}{\infty}\text{の不定形}\right]$

分母・分子を2^nで割った！

イメージ
$\dfrac{100000}{400000}$

公式：
$r>1$のとき
$\displaystyle\lim_{n\to\infty}\left(\dfrac{1}{r}\right)^n=0$
を使った！

$=\displaystyle\lim_{n\to\infty}\dfrac{1+\dfrac{3}{2^n}}{2^2+\dfrac{5}{2^n}}$

$=\displaystyle\lim_{n\to\infty}\dfrac{1+3\overset{0}{\left(\dfrac{1}{2}\right)^n}}{4+5\underset{0}{\left(\dfrac{1}{2}\right)^n}}=\dfrac{1}{4}$ ……………………………………(答)

(2) $\displaystyle\lim_{n\to\infty}\underset{\infty}{\sqrt{n}}(\underset{\infty}{2\sqrt{n}}-\underset{\infty}{\sqrt{4n-3}})$ 　$[\,\infty\times(\infty-\infty)\text{の不定形}\,]$

与式を変形して，

$(a-b)(a+b)$
$=a^2-b^2$だ

$4n-(4n-3)=3$

$\infty-\infty$も，イメージとして，
(ⅰ) $100000-100\to\infty$（発散）
(ⅱ) $100-100000\to-\infty$（発散）
(ⅲ) $10001-10000\to1$（収束）
などの不定形だ！

$\displaystyle\lim_{n\to\infty}\dfrac{\sqrt{n}\,(2\sqrt{n}-\sqrt{4n-3})(2\sqrt{n}+\sqrt{4n-3})}{2\sqrt{n}+\sqrt{4n-3}}$

分母・分子に
$2\sqrt{n}+\sqrt{4n-3}$を
かけた！

$=\displaystyle\lim_{n\to\infty}\dfrac{3\sqrt{n}}{2\sqrt{n}+\sqrt{4n-3}}$ 　$\left[\begin{array}{l}\dfrac{1}{2}\text{次（同じ強さ）の}\infty\\[4pt]\dfrac{1}{2}\text{次（同じ強さ）の}\infty\end{array}\right]$

$=\displaystyle\lim_{n\to\infty}\dfrac{3}{2+\sqrt{4-\dfrac{3}{n}}}$

分母・分子を$\sqrt{n}$
で割った！

$=\dfrac{3}{2+\sqrt{4}}=\dfrac{3}{4}$

イメージ
$\dfrac{300000}{400000}$

……(答)

Σ 計算と数列の極限

極限 $\displaystyle\lim_{n \to \infty} \dfrac{2+4+6+\cdots\cdots+2n}{1+3+5+\cdots\cdots+(2n-1)}$ を求めよ。 （福岡教育大＊）

ヒント！ 与式の分母・分子の Σ 計算を行うと，共に，n の **2** 次式となって，同じ強さの∞になるから，ある極限値に収束するよ。

解答＆解説

（ⅰ）与式の分子 $= 2+4+6+\cdots\cdots+2n = \displaystyle\sum_{k=1}^{n} 2k$

定数係数は Σ の外に出せる。

$$= \boxed{2}\sum_{k=1}^{n} k = 2 \times \frac{1}{2}n(n+1) = n(n+1) \quad \leftarrow \text{公式通り}$$

（ⅱ）与式の分母 $= 1+3+5+\cdots\cdots+(2n-1) = \displaystyle\sum_{k=1}^{n}(2k-1)$

たし算・引き算は項別に Σ 計算できる！

$$= 2\sum_{k=1}^{n} k - \sum_{k=1}^{n} 1 = 2 \cdot \frac{1}{2}n(n+1) - \underline{n \cdot 1} \quad \leftarrow \text{公式通り}$$

$$= n^2 + n - n = n^2$$

以上（ⅰ）（ⅱ）より，求める極限は，

$$\lim_{n \to \infty} \frac{\overbrace{n(n+1)}^{2+4+6+\cdots\cdots+2n}}{\underbrace{n^2}_{1+3+5+\cdots\cdots+(2n-1)}} \left[\frac{\textbf{2 次（同じ強さ）の∞}}{\textbf{2 次（同じ強さ）の∞}}\right]$$

イメージ $\dfrac{100000}{100000}$

$$= \lim_{n \to \infty} 1 \cdot \left(1 + \overset{0}{\frac{1}{n}}\right) = 1 \times 1 = 1 \quad\cdots\cdots\cdots（答）$$

$S_n = \displaystyle\sum_{k=0}^{n}(n+3k)^2$ のとき，S_n および $\displaystyle\lim_{n \to \infty}\dfrac{S_n}{n^3}$ を求めよ。

解答は **P179**

§2. 等比型と部分分数分解型の無限級数を押さえよう！

今回は，数列の無限和，すなわち"**無限級数**"について解説する。これも解法に明確なパターンがあるから，まず，それを頭に入れるといいんだよ。

● 無限級数には，2つのタイプがある！

数列の和 $S_n = \sum\limits_{k=1}^{n} a_k = a_1 + a_2 + \cdots\cdots + a_n$ を**部分和**と呼ぶ。ここで，$n \to \infty$ にした数列の無限和 $\lim\limits_{n \to \infty} S_n = a_1 + a_2 + \cdots\cdots$ を**無限級数**といい，これを $\sum\limits_{k=1}^{\infty} a_k$ で表す。この無限級数には，次に示す2つのタイプがある。

2つのタイプの無限級数

（Ⅰ）**無限等比級数の和** ← 等比数列の無限和

$$\sum_{k=1}^{\infty} ar^{k-1} = a + ar + ar^2 + \cdots = \frac{a}{1-r} \quad （収束条件：-1 < r < 1）$$

> 等比数列の部分和 S_n は，公式より，$S_n = a + ar + \cdots + ar^{n-1} = \dfrac{a(1-r^n)}{1-r} \ (r \ne 1)$ だね。ここで，r が，収束条件：$-1 < r < 1$ をみたすと，$\lim\limits_{n \to \infty} r^n = 0$ だから
>
> 無限等比級数の和は，$\lim\limits_{n \to \infty} S_n = \lim\limits_{n \to \infty} \dfrac{a(1-\overset{0}{\overbrace{r^n}})}{1-r} = \dfrac{a}{1-r}$ と，簡単な公式が導ける。

（Ⅱ）**部分分数分解型**

これについては，$\sum\limits_{k=1}^{\infty} \dfrac{1}{k(k+1)}$ の例で示すよ。

（ⅰ）まず，部分和 S_n を求める。

$$S_n = \sum_{k=1}^{n} \frac{1}{k(k+1)} = \sum_{k=1}^{n} \left(\overset{I_k}{\underline{\frac{1}{k}}} - \overset{I_{k+1}}{\underline{\frac{1}{k+1}}} \right) \longleftarrow \begin{array}{l} 部分分数 \\ に分解した！ \end{array}$$

$$= \left(\overset{I_1}{\underline{\frac{1}{1}}} - \frac{1}{2} \right) + \left(\frac{1}{2} - \frac{1}{3} \right) + \left(\frac{1}{3} - \frac{1}{4} \right) + \cdots\cdots + \left(\frac{1}{n} - \overset{I_{n+1}}{\underline{\frac{1}{n+1}}} \right)$$

$$= 1 - \frac{1}{n+1} \quad [= I_1 - I_{n+1}]$$

> 途中の項がバサバサ……と打ち消し合って，最初と最後の項だけが残る！

（ⅱ）$n \to \infty$ として，無限級数の和を求める。

$$無限級数の和 \ \lim_{n \to \infty} S_n = \lim_{n \to \infty} \left(1 - \overset{0}{\underline{\frac{1}{n+1}}} \right) = 1 \ となって，答えだ！$$

それでは, **無限等比級数**の例題として, 初項 $a = 1$, 公比 $r = \dfrac{1}{2}$ の無限等比級数の和を求めるよ。これは, 収束条件：$-1 < r < 1$ をみたすので,

> 無限等比級数では, この確認が必要だ!

$$\sum_{k=1}^{\infty} \underset{a}{\textcircled{1}} \cdot \underset{r}{\left(\dfrac{1}{2}\right)}^{k-1} = \dfrac{1}{1 - \dfrac{1}{2}} = \dfrac{1}{\dfrac{1}{2}} = 2 \quad となるんだね。つまり,$$

> 公式 $\dfrac{a}{1-r}$ を使った!

$1 + \dfrac{1}{2} + \dfrac{1}{4} + \dfrac{1}{8} + \cdots\cdots = 2$ と一発で答えがわかってしまうんだね。

　次, **部分分数分解型**の方だけれど, この部分和には,

$\displaystyle\sum_{k=1}^{n}(I_k - I_{k+1})$ だけではなく, $\displaystyle\sum_{k=1}^{n}(I_{k+1} - I_k)$ や $\displaystyle\sum_{k=1}^{n}(I_k - I_{k+2})$ など, さまざまなヴァリエーションがある。でも, どれも途中がバサバサ……と消えて, 簡単に結果が出せる点は共通だよ。

　それでは, 1 例として $\displaystyle\sum_{k=1}^{\infty} \dfrac{1}{k(k+1)(k+2)}$ を求めてみよう。

(i) 部分和 $S_n = \displaystyle\sum_{k=1}^{n} \dfrac{1}{k(k+1)(k+2)} = \dfrac{1}{2} \sum_{k=1}^{n} \left\{ \overset{I_k}{\overbrace{\dfrac{1}{k(k+1)}}} - \overset{I_{k+1}}{\overbrace{\dfrac{1}{(k+1)(k+2)}}} \right\}$

> $\dfrac{1}{k(k+1)(k+2)}$ の分子 1 は, $1 = \dfrac{1}{2}\{(k+2)-k\}$ と書けるから,
>
> $\dfrac{1}{k(k+1)(k+2)} = \dfrac{\dfrac{1}{2}\{(k+2)-k\}}{k(k+1)(k+2)} = \dfrac{1}{2} \cdot \left\{ \dfrac{\cancel{k+2}}{k(k+1)\cancel{(k+2)}} - \dfrac{\cancel{k}}{\cancel{k}(k+1)(k+2)} \right\}$
>
> $= \dfrac{1}{2} \cdot \left\{ \dfrac{1}{k(k+1)} - \dfrac{1}{(k+1)(k+2)} \right\}$ と部分分数に分解できる。
>
> ここで, $I_k = \dfrac{1}{k(k+1)}$ とおくと, $I_{k+1} = \dfrac{1}{(k+1)\{(k+1)+1\}} = \dfrac{1}{(k+1)(k+2)}$ だからね。

$= \dfrac{1}{2} \left\{ \left(\dfrac{1}{1 \cdot 2} - \cancel{\dfrac{1}{2 \cdot 3}} \right) + \left(\cancel{\dfrac{1}{2 \cdot 3}} - \cancel{\dfrac{1}{3 \cdot 4}} \right) + \left(\cancel{\dfrac{1}{3 \cdot 4}} - \cancel{\dfrac{1}{4 \cdot 5}} \right) + \cdots\cdots + \left(\cancel{\dfrac{1}{n(n+1)}} - \dfrac{1}{(n+1)(n+2)} \right) \right\}$

$= \dfrac{1}{2} \left\{ \dfrac{1}{2} - \dfrac{1}{(n+1)(n+2)} \right\}$ 　途中がバサバサ……と消える!

(ii) よって, 求める無限級数の和は,

$$\lim_{n \to \infty} S_n = \lim_{n \to \infty} \dfrac{1}{2} \left\{ \dfrac{1}{2} - \overset{0}{\overbrace{\dfrac{1}{(n+1)(n+2)}}} \right\} = \dfrac{1}{2} \times \dfrac{1}{2} = \dfrac{1}{4} \quad となる。$$

どう? 部分分数分解型の無限級数の解法にも慣れた?

循環小数と無限等比級数

循環小数 $3.2\dot{1}\dot{8}$ を既約分数で表せ。　　　　　　　　　　（福岡大 *）

ヒント! $3.2\dot{1}\dot{8}$ とは, $3.2\dot{1}\dot{8}=3.2181818$……のことだ。ここで, 0.0181818……の部分が無限等比級数となっているんだよ。

解答&解説

> 既約分数とは, $\dfrac{6}{10}$ ではなく, $\dfrac{3}{5}$ などの形の分数のこと

$3.2\dot{1}\dot{8}$ を<u>既約分数</u>で表す。

$3.2\dot{1}\dot{8}=3.2181818$……

$\quad = \underset{\boxed{\frac{32}{10}}}{3.2} + \underset{\boxed{\frac{18}{1000}}}{0.018} + \underset{\boxed{\frac{18}{100000}}}{0.00018} + \underset{\boxed{\frac{18}{10000000}}}{0.0000018} + \cdots\cdots$

$\quad = \dfrac{16}{5} + 18(0.001 + 0.00001 + 0.0000001 + \cdots\cdots)$

$\quad = \dfrac{16}{5} + 18\left(\underline{\dfrac{1}{10^3} + \dfrac{1}{10^5} + \dfrac{1}{10^7} + \cdots\cdots}\right)$

> これは, 初項 $a=\dfrac{1}{10^3}$, 公比 $r=\dfrac{1}{10^2}$ の無限等比級数で, 収束条件: $-1<r<1$ をみたすから, $\dfrac{a}{1-r}$ と変形できる。

$\quad = \dfrac{16}{5} + 18 \times \dfrac{\dfrac{1}{10^3}}{1-\dfrac{1}{10^2}}$

$\quad = \dfrac{16}{5} + 18 \times \dfrac{1}{10^3 - 10}$　　> 分母・分子に 10^3 をかけた

$\quad = \dfrac{16}{5} + \boxed{\dfrac{18}{990}} = \dfrac{16}{5} + \dfrac{1}{55}$　　> $\dfrac{2}{110}=\dfrac{1}{55}$

$\quad = \dfrac{16 \times 11 + 1}{55} = \dfrac{176+1}{55} = \dfrac{177}{55}$ ……………………(答)

部分分数分解型の Σ 計算と数列の極限

ろ

| 絶対暗記問題 56 | 難易度 ★★ | CHECK1 | CHECK2 | CHECK3 |

$S_n = \sum_{k=1}^{n} \dfrac{1}{\sqrt{2k+1}+\sqrt{2k-1}}$ のとき，$\lim_{n\to\infty}\dfrac{S_n}{\sqrt{n}}$ を求めよ。 （工学院大）

ヒント! 有理化することにより，S_n は，部分分数分解型の Σ 計算になる。また，求める極限は，分母・分子が共に n の $\frac{1}{2}$ 次の ∞ なので，ある極限値に収束するはずだ。

解答＆解説

分母・分子に $\sqrt{\ }-\sqrt{\ }$ をかけた!

$S_n = \sum_{k=1}^{n} \dfrac{1}{\sqrt{2k+1}+\sqrt{2k-1}} = \sum_{k=1}^{n} \dfrac{\sqrt{2k+1}-\sqrt{2k-1}}{(\sqrt{2k+1}+\sqrt{2k-1})(\sqrt{2k+1}-\sqrt{2k-1})}$

$= \dfrac{1}{2}\sum_{k=1}^{n}(\sqrt{2k+1}-\sqrt{2k-1})$　　$2k+1-(2k-1)=2$ ─ 有理化

$= -\dfrac{1}{2}\sum_{k=1}^{n}(\underset{I_k}{\sqrt{2k-1}}-\underset{I_{k+1}}{\sqrt{2k+1}})$ ← 部分分数分解型の Σ 計算

$= -\dfrac{1}{2}\{(\sqrt{1}-\sqrt{3})+(\sqrt{3}-\sqrt{5})+(\sqrt{5}-\sqrt{7})+\cdots+(\sqrt{2n-1}-\sqrt{2n+1})\}$

$= -\dfrac{1}{2}(1-\sqrt{2n+1})$　　$I_k=\sqrt{2k-1}$ とおくと，$I_{k+1}=\sqrt{2(k+1)-1}=\sqrt{2k+1}$ となるからね。

$= \dfrac{1}{2}(\sqrt{2n+1}-1)$　I_1-I_{n+1}

以上より，求める極限は，

$\lim_{n\to\infty}\dfrac{S_n}{\sqrt{n}} = \lim_{n\to\infty}\dfrac{\frac{1}{2}(\sqrt{2n+1}-1)}{\sqrt{n}} = \lim_{n\to\infty}\dfrac{\sqrt{2n+1}-1}{2\sqrt{n}}$ $\left[\dfrac{\frac{1}{2}次の\infty}{\frac{1}{2}次の\infty}\right]$

$= \lim_{n\to\infty}\dfrac{\sqrt{2+\frac{1}{n}}-\frac{1}{\sqrt{n}}}{2} = \dfrac{\sqrt{2}}{2}$ ……………………(答)

分母・分子を $\sqrt{n}$ で割った!

相似な図形と無限等比級数

右図のように円 O_1, O_2, … は互いに接し，かつ点 C で交わる半直線 l_1, l_2 に内接している。このとき，次の問いに答えよ。

(1) 円 O_1 の半径が 5，CA_1 の長さが 12 で
  あるとき円 O_2 の半径を求めよ。

(2) n 番目の円 O_n の半径 r_n とその面積 S_n
  を求めよ。

(3) (2) 求めた S_n に対して $\displaystyle\sum_{n=1}^{\infty} S_n$ の値を求めよ。

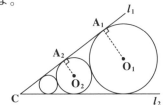

ヒント！ 円 O_1, O_2, O_3, …, O_n, O_{n+1}, … の半径を順に r_1, r_2, r_3, …, r_n, r_{n+1}, … とおくと，これらの図形は，相似な図形となるので，$r_{n+1}=\alpha r_n$（α：定数係数）となる α は，$r_2=\alpha r_1$ もみたすんだね。よって，(1) では，$r_1=5$ から r_2 を求めて，この定数 α を求めると $r_n=r_1\alpha^{n-1}=5\cdot\alpha^{n-1}$ ……① となる。したがって，(2) で，円 O_n の面積 S_n は，$S_n=\pi r_n^2$ に①を代入すると，$\{S_n\}$ は等比数列となるんだね。よって，(3) は，無限等比級数の問題になる。このような図形と無限等比級数の問題にもチャレンジしよう。

解答 & 解説

(1) 円 O_n の半径を r_n（$n=1,\ 2,\ 3,\ \cdots$）とおくと，
  円 O_1 の半径は r_1，円 O_2 の半径は r_2 であり，
  $r_1=5$ である。ここで，O_n は円 O_n の中心
  も表すものとすると，直角三角形 CO_1A_1
  に三平方の定理を用いて，
  $$CO_1^2 = r_1^2 + CA_1^2 = 5^2 + 12^2 = 169$$
  $\therefore CO_1 = \sqrt{169} = \sqrt{13^2} = 13$ となる。よって，
  $$CO_2 = CO_1 - (r_2 + r_1) = 13 - (r_2 + 5)$$
  $$= 8 - r_2 \text{ となる。}$$
  ここで，2 つの直角三角形 $\triangle CO_2A_2$ と
  $\triangle CO_1A_1$ は相似な三角形なので，
  $$8 - r_2 : r_2 = 13 : 5 \text{ となる。}$$

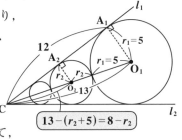

$$13 - (r_2 + 5) = 8 - r_2$$

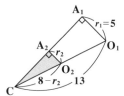

156

よって，$13r_2 = 5(8 - r_2)$，$18r_2 = 40$ $\therefore r_2 = \dfrac{20}{9}$ ……………………(答)

(2) $r_2 = \alpha \cdot r_1$ とおくと，$\alpha = \dfrac{r_2}{r_1} = \dfrac{20}{9} \times \dfrac{1}{5} = \dfrac{4}{9}$ ……① である。

ここで，直角三角形群$\triangle CO_1A_1$, $\triangle CO_2A_2$, $\cdots$, $\triangle CO_nA_n$, $\triangle CO_{n+1}A_{n+1}$, $\cdots$ は，すべて相似な三角形で，相似比はすべて等しく，$\alpha = \dfrac{4}{9}$（①より）である。よって，

$r_1 = 5$，$r_{n+1} = \dfrac{4}{9}r_n$ ……②（$n = 1, 2, 3, \cdots$）より，$\boxed{\{r_n\}\text{は等比数列}}$

$r_n = r_1 \cdot \left(\dfrac{4}{9}\right)^{n-1} = 5 \cdot \left(\dfrac{4}{9}\right)^{n-1} = 5\left(\dfrac{2}{3}\right)^{2n-2}$ ……③（$n = 1, 2, 3, \cdots$）である。

………(答)

次に，n番目の円O_nの面積S_nは，$S_n = \pi r_n^2$ ……④ であり，④に③を代入して，

$S_n = \pi\left\{5 \cdot \left(\dfrac{2}{3}\right)^{2n-2}\right\}^2 = 25\pi\left(\dfrac{2}{3}\right)^{4n-4}$ ……⑤（$n = 1, 2, 3, \cdots$）である。

………(答)

(3) $S_n = 25\pi \cdot \left(\dfrac{2}{3}\right)^{4n-4} = 25\pi\left\{\left(\dfrac{2}{3}\right)^4\right\}^{n-1} = 25\pi\left(\dfrac{16}{81}\right)^{n-1}$（$n = 1, 2, 3, \cdots$）となり，

これより，数列$\{S_n\}$は，初項$S_1 = 25\pi$，公比$r = \dfrac{16}{81}$の等比数列で，無限等比級数の収束条件：$-1 < r < 1$ をみたす。よって，求めるこの無限等比級数 $S_1 + S_2 + S_3 + \cdots$ は，

$\displaystyle\sum_{n=1}^{\infty} S_n = \dfrac{S_1}{1-r} = \dfrac{25\pi}{1 - \dfrac{16}{81}} = \dfrac{25\pi}{\dfrac{65}{81}} = \dfrac{5\pi \times 81}{13} = \dfrac{405}{13}\pi$ である。…………(答)

頻出問題にトライ・17 難易度 ★★ CHECK1 CHECK2 CHECK3

$S_n = \dfrac{1}{1^3} + \dfrac{1+2}{1^3+2^3} + \dfrac{1+2+3}{1^3+2^3+3^3} + \cdots + \dfrac{1+2+\cdots+n}{1^3+2^3+\cdots+n^3}$ とするとき，$\displaystyle\lim_{n\to\infty} S_n$ を求めよ。

(神奈川大)

解答は P179

§3. 漸化式から一般項を求めて，極限にもち込もう！

さァ，いよいよ "数列と極限" のメインテーマ "漸化式と極限" の解説に入ろう。漸化式を解いて一般項 a_n を求めるコツについては，既に「元気が出る数学B」(マセマ) でも詳しく解説したね。エッ，忘れたって？ いいよ。ここでもう1度シッカリ復習しておくからね。そして，一般項 a_n が求まれば，後はこれまでの知識を使って，その極限を調べればいいんだよ。

● まず，等差・等比・階差型の漸化式から始めよう！

漸化式というのは，まず初めは，"a_n と a_{n+1} との間の関係式" と考えて

> もちろん，変形ヴァージョンはあるよ。

いいよ。そして，与えられた漸化式と初項から，一般項 a_n を求めることを，"漸化式を解く" というんだったね。

それでは，簡単な **等差数列型**，**等比数列型の漸化式** とその解 (一般項) を下にまとめておくから，思い出してくれ。

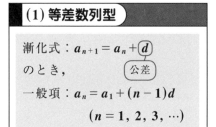

(1) 等差数列型

漸化式：$a_{n+1} = a_n + \boxed{d}$
のとき，　　　　公差
一般項：$a_n = a_1 + (n-1)d$
　　　　　　　　$(n = 1, 2, 3, \cdots)$

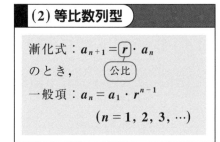

(2) 等比数列型

漸化式：$a_{n+1} = \boxed{r} \cdot a_n$
のとき，　　　　公比
一般項：$a_n = a_1 \cdot r^{n-1}$
　　　　　　　　$(n = 1, 2, 3, \cdots)$

この2つは，大丈夫だね。それでは，さらに **階差数列型の漸化式** とその解についても，下に示す。

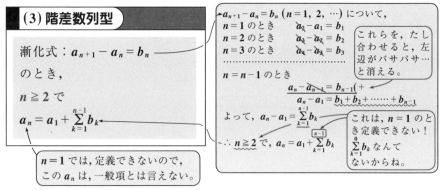

(3) 階差数列型

漸化式：$a_{n+1} - a_n = b_n$
のとき，
$n \geq 2$ で
$a_n = a_1 + \displaystyle\sum_{k=1}^{n-1} b_k$

> $n = 1$ では，定義できないので，この a_n は，一般項とは言えない。

$a_{n+1} - a_n = b_n$ $(n = 1, 2, \cdots)$ について，
$n = 1$ のとき　　$a_2 - a_1 = b_1$
$n = 2$ のとき　　$a_3 - a_2 = b_2$
$n = 3$ のとき　　$a_4 - a_3 = b_3$
....
$n = n-1$ のとき
　　　　$a_n - a_{n-1} = b_{n-1}$
　　　$a_n - a_1 = b_1 + b_2 + \cdots\cdots + b_{n-1}$

> これらを，たし合わせると，左辺がバサバサ…と消える。

よって，$a_n - a_1 = \displaystyle\sum_{k=1}^{n-1} b_k$

$\therefore n \geq 2$ で，$a_n = a_1 + \displaystyle\sum_{k=1}^{n-1} b_k$

> これは，$n = 1$ のとき定義できない！ $\displaystyle\sum_{k=1}^{0} b_k$ なんてないからね。

それでは，次の階差数列型の漸化式から，一般項 a_n を求めてみよう。

$a_1 = 1$, $a_{n+1} - a_n = \boxed{2n}$ $(n = 1, 2, 3, \cdots)$

> 階差型
> $a_{n+1} - a_n = b_n$ のとき，
> $n \geq 2$ で，
> $a_n = a_1 + \sum\limits_{k=1}^{n-1} b_k$

このとき，$n \geq 2$ で，$\overset{b_n}{}$

$a_n = \underset{\underset{1}{\Vert}}{a_1} + \sum\limits_{k=1}^{n-1} \overset{b_k}{\boxed{2k}}$ ← 公式通り

$\qquad = 1 + 2\sum\limits_{k=1}^{n-1} k$

$\qquad = 1 + \cancel{2} \cdot \dfrac{1}{\cancel{2}} n(n-1)$

> 公式：$\sum\limits_{k=1}^{n} k = \dfrac{1}{2} n(n+1)$ より，
> $\sum\limits_{k=1}^{n-1} k = \dfrac{1}{2}(n-1)(n-1+1)$
> $\qquad = \dfrac{1}{2} n(n-1)$ だね。

$\therefore a_n = n^2 - n + 1 \ (n \geq 2)$

> このチェックを忘れずに！

$n = 1$ のとき，$a_1 = \cancel{1}^2 - \cancel{1} + 1 = 1$ となって，$a_1 = 1$ をみたす。

$\therefore a_n = n^2 - n + 1 \quad (n = \underline{\underline{1}}, 2, 3, \cdots)$ ← 一般項の完成！

● $F(n+1) = rF(n)$ も復習しておこう！

それでは，本格的な漸化式の解法のパターン，"**等比関数列型**" 漸化式の解説に入るよ。これをマスターすると，ほとんどの漸化式が楽に解けるようになるんだったね。この "**等比関数列型**" は，前にやった "**等比数列型**" とソックリだから，対比させてみるとわかりやすい。

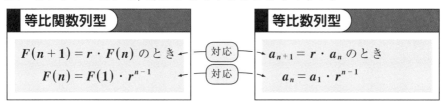

> **等比関数列型**
> $F(n+1) = r \cdot F(n)$ のとき ← 対応
> $F(n) = F(1) \cdot r^{n-1}$ ← 対応

> **等比数列型**
> → $a_{n+1} = r \cdot a_n$ のとき
> → $a_n = a_1 \cdot r^{n-1}$

それでは，この例を，"**等比数列型**" と並べて下に示すよ。

(例 1)

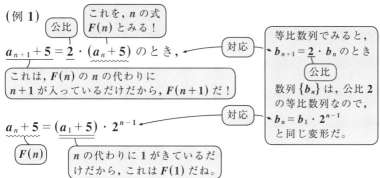

> 公比
> これを，n の式 $F(n)$ とみる！

$\underset{F(n)}{\underline{a_{n+1} + 5}} = \underset{\text{公比}}{\underline{2}} \cdot (a_n + 5)$ のとき，← 対応

これは，$F(n)$ の n の代わりに $n+1$ が入っているだけだから，$F(n+1)$ だ！

> 等比数列でみると，
> → $b_{n+1} = \underline{2} \cdot b_n$ のとき
> 公比
> 数列 $\{b_n\}$ は，公比 2 の等比数列なので，
> → $b_n = b_1 \cdot 2^{n-1}$
> と同じ変形だ。

$\underset{\boxed{F(n)}}{\underline{a_n + 5}} = \underset{}{\underline{(a_1 + 5)}} \cdot 2^{n-1}$ ← 対応

n の代わりに 1 がきているだけだから，これは $F(1)$ だね。

これも含めて, "**等比関数列型**" の例を下に示すので, 思い出してくれ。

(例1)

$a_{n+1}+5=2(a_n+5)$ のとき

$[F(n+1)=2 \cdot F(n)]$

$a_n+5=(a_1+5) \cdot 2^{n-1}$

$[F(n)=F(1) \cdot 2^{n-1}]$

(例2)

$a_{n+1}-1=-3(a_n-1)$ のとき

$[F(n+1)=-3 \cdot F(n)]$

$a_n-1=(a_1-1) \cdot (-3)^{n-1}$

$[F(n)=F(1) \cdot (-3)^{n-1}]$

(例3)

$a_{n+1}-b_{n+1}=3(a_n-b_n)$ のとき

$[F(n+1)=3 \cdot F(n)]$

$a_n-b_n=(a_1-b_1) \cdot 3^{n-1}$

$[F(n)=F(1) \cdot 3^{n-1}]$

(例4)

$a_{\underset{n+2}{n+1+1}}+a_{n+1}=4(a_{n+1}+a_n)$ のとき

$[F(n+1)=4 \cdot F(n)]$

$a_{n+1}+a_n=(a_{\underset{2}{1+1}}+a_1) \cdot 4^{n-1}$

$[F(n)=F(1) \cdot 4^{n-1}]$

(例2) でみると, $F(n)=a_n-1$ とおくと, n の代わりに $n+1$ が入って, それ以外は何も変わらないものが $F(n+1)$ だから, $F(n+1)=a_{n+1}-1$ となるね。そして, $F(n+1)=\overbrace{\boxed{-3}}^{公比} \cdot F(n)$ ならば, $F(n)=F(1) \cdot (-3)^{n-1}$ となるから, $a_n-1=(a_1-1) \cdot (-3)^{n-1}$ となるんだね。(例3) も同様だから, 自分で考えてみてごらん。

問題は, (例4) だっただろうね。まず, $F(n)=\underset{\sim}{a_{n+1}}+a_n$ とおくことに抵抗を感じる？ 確かに, $F(n)$ の式の中に $\underset{\sim}{a_{n+1}}$ が入っているからね。でも, これを n の式とみて, $F(n)=a_{n+1}+a_n$ とおくと, n の代わりに $n+1$ が代入されたものが $F(n+1)$ だから, $F(n+1)=a_{n+1+1}+a_{n+1}=a_{n+2}+a_{n+1}$ となって, うまくいっているでしょう。そして,

$F(n+1)=\overbrace{\boxed{4}}^{公比} \cdot F(n)$ ときたら $F(n)=F(1) \cdot 4^{n-1}$ とすればいいので,

$F(1)=a_{\boxed{1}+1}+a_{\boxed{1}}=a_2+a_1$ だから, $\boxed{\overset{F(n)}{\overbrace{a_{n+1}+a_n}}}=\boxed{\overset{F(1)}{\overbrace{(a_2+a_1)}}} \cdot 4^{n-1}$ と変形で

$\boxed{n \text{のところに} 1 \text{を代入したもの}}$

きるんだね。

さァ, 後は, この "**等比関数列型**" のパターンを使って, 具体的な問題を沢山解いていくことにしよう！

● $a_{n+1} = pa_n + q$ は，特性方程式を利用できる！

a_n と a_{n+1} の 2 項間の漸化式：$a_{n+1} = pa_n + q$ は，特性方程式：$\underline{x = px + q}$
の解 $\underset{\sim}{\alpha}$ を用いて，次のようにアッサリ解けるんだね。

> これは，$a_{n+1} = pa_n + q$ の a_{n+1} と a_n の位置に x が入った形の，x の 1 次方程式だ

(4) 2 項間の漸化式

漸化式：$a_{n+1} = \underline{p}a_n + q$ ……⑦ のとき，
$\qquad (p,\ q：定数)$

特性方程式：$x = px + q$ ……④ の

解 $\underset{\sim}{\alpha}$ を用いて，⑦は次のように変形できる。

$a_{n+1} - \underset{\approx}{\alpha} = \underline{p}(a_n - \underset{\approx}{\alpha})$ ……⑨

$[F(n+1) = p \cdot F(n)]$

⑨は，"等比関数列型"の漸化式より，

$a_n - \alpha = (a_1 - \alpha) \cdot p^{n-1}$ ともち込める！

$[F(n) = F(1) \cdot p^{n-1}]$

$\begin{cases} a_{n+1} = pa_n + q & ……⑦ \\ x = px + q & ……④ \end{cases}$

⑦－④より，

$a_{n+1} - x = p(a_n - x)$

この x に，④の解 $\underset{\sim}{\alpha}$ を代入すると，

$a_{n+1} - \underset{\approx}{\alpha} = \underline{p}(a_n - \underset{\approx}{\alpha})$

となって，⑦は必ず

⑨の形に変形できる！

◆例題 7 ◆

$a_1 = 4,\ a_{n+1} = \overset{p}{\left(\dfrac{1}{3}\right)}a_n + \overset{q}{2}$ ……① $(n = 1,\ 2,\ \cdots)$ をみたす数列の一般項

a_n と，$\displaystyle\lim_{n\to\infty} a_n$ を求めよ。

解答　①を変形して，

> $F(n+1) = \dfrac{1}{3}F(n)$ の形だ！

$a_{n+1} - \underset{\approx}{3} = \dfrac{1}{3}(a_n - \underset{\approx}{3})$

> アッという間だ！

$a_n - \underset{\sim}{3} = (\overset{4}{(\widehat{a_1})} - 3) \cdot \left(\dfrac{1}{3}\right)^{n-1}$

> $F(n) = F(1) \cdot \left(\dfrac{1}{3}\right)^{n-1}$ と変形できる！

$\therefore a_n = 3 + \left(\dfrac{1}{3}\right)^{n-1}$ ……………………………………(答)

> ①の特性方程式：
> $x = \dfrac{1}{3}x + 2$
> これを解いて，
> $\dfrac{2}{3}x = 2 \quad \therefore x = \overset{\alpha}{3}$

よって，求める極限は，

$\displaystyle\lim_{n\to\infty} a_n = \lim_{n\to\infty}\left\{ 3 + \overset{0}{\boxed{\left(\dfrac{1}{3}\right)^{n-1}}} \right\} = 3$ ……………………………………(答)

161

● 3項間の漸化式では，2次の特性方程式を使おう！

次，3項間の漸化式：$a_{n+2} + pa_{n+1} + qa_n = 0$ について，解説するよ。この一般項を求めるのにも，特性方程式が有効なんだね。この場合，a_{n+2}, a_{n+1}, a_n の位置にそれぞれ x^2, x, 1 を代入した x の2次方程式が，**特性方程式**となるんだね。

(5) 3項間の漸化式

漸化式：$a_{n+2} + pa_{n+1} + qa_n = 0$ ……㋐

のとき，$(p, q：定数)$

特性方程式：$x^2 + px + q = 0$ の解 $\underset{\sim}{\alpha}$ と $\underset{\sim}{\beta}$ を用いて，㋐は，次のように変形できる。

$$a_{n+2} - \underset{\sim}{\alpha}a_{n+1} = \underset{\sim}{\beta}(a_{n+1} - \underset{\sim}{\alpha}a_n) \quad \cdots\cdots ㋑$$

$$[\quad F(n+1) \quad = \underset{\sim}{\beta} \cdot \quad F(n) \quad]$$

$$a_{n+2} - \underset{\sim}{\beta}a_{n+1} = \underset{\sim}{\alpha}(a_{n+1} - \underset{\sim}{\beta}a_n) \quad \cdots\cdots ㋒$$

$$[\quad G(n+1) \quad = \underset{\sim}{\alpha} \cdot \quad G(n) \quad]$$

㋑，㋒の形が出てくれば，後は，"**等比関数列型**"の変形パターンで，アッという間に答えにもっていける。

なんで，こんなにうまくいくか，話しておくよ。
㋑と㋒をまとめると，これは実は，同じ次の式になる。

$$\underbrace{a_{n+2}}_{x^2} - (\alpha+\beta)\underbrace{a_{n+1}}_{x} + \alpha\beta\underbrace{a_n}_{1} = 0$$

そして，この式は，a_{n+2}, a_{n+1}, a_n の間の関係式だから，これは，㋐の漸化式と同じものなんだね。この a_{n+2}, a_{n+1}, a_n に，それぞれ，x^2, x, 1 を代入した特性方程式は，
$x^2 - (\alpha+\beta)x + \alpha\beta = 0$
$(x-\alpha)(x-\beta) = 0$ より，
解 $x = \alpha$, β となって，なるほど，㋑，㋒の形の式を作るのに必要な，$\underset{\sim}{\alpha}$, $\underset{\sim}{\beta}$ の値を求める方程式になっていたんだね。
納得いった？

◆例題 8 ◆

3項間の漸化式では，a_1 と a_2 の値がいる！

$\underline{a_1 = 1}$, $\underline{a_2 = 3}$, $a_{n+2} - 3a_{n+1} + 2a_n = 0$ ……① $(n = 1, 2, \cdots)$

をみたす数列の一般項 a_n と，極限 $\displaystyle\lim_{n \to \infty} \frac{a_n}{2^n}$ を求めよ。

解答

$a_1 = 1$, $a_2 = 3$

$a_{n+2} - 3a_{n+1} + 2a_n = 0$ ……①

①を変形して，

特性方程式：
$x^2 - 3x + 2 = 0$, $(x-1)(x-2) = 0$
$\therefore x = \underset{\alpha}{\underline{①}}, \underset{\beta}{\underline{②}}$
この値を使って，$F(n+1) = r \cdot F(n)$
の形の式を2つ作る！

$$\begin{cases} a_{n+2} - \underset{\alpha}{\boxed{1}} \cdot a_{n+1} = \underset{\beta}{\boxed{2}}(a_{n+1} - \underset{\alpha}{\boxed{1}} \cdot a_n) \\ [\quad F(n+1) \quad = 2 \cdot \quad F(n) \quad] \\[2mm] a_{n+2} - \underset{\beta}{\boxed{2}} \cdot a_{n+1} = \underset{\alpha}{\boxed{1}}(a_{n+1} - \underset{\beta}{\boxed{2}} \cdot a_n) \\ [\quad G(n+1) \quad = 1 \cdot \quad G(n) \quad] \end{cases}$$

アッという間

よって，

$$\begin{cases} a_{n+1} - a_n = (\underset{3}{\boxed{a_2}} - \underset{1}{\boxed{a_1}}) \cdot 2^{n-1} = 2^n \\ [\quad F(n) \quad = \quad F(1) \quad \cdot 2^{n-1}] \\[2mm] a_{n+1} - 2a_n = (\underset{3}{\boxed{a_2}} - 2\underset{1}{\boxed{a_1}}) \cdot 1^{n-1} = 1 \\ [\quad G(n) \quad = \quad G(1) \quad \cdot 1^{n-1}] \end{cases}$$

$$\begin{cases} a_{n+1} - a_n = 2^n \quad \cdots\cdots ② \\ a_{n+1} - 2a_n = 1 \quad \cdots\cdots ③ \end{cases}$$

② $-$ ③ より， ← a_{n+1} を消去する！

$a_n = 2^n - 1 \quad (n = 1, 2, \cdots\cdots)$ $\cdots\cdots\cdots\cdots\cdots\cdots\cdots\cdots$(答)

以上より，求める極限は，

$$\lim_{n \to \infty} \frac{a_n}{2^n} = \lim_{n \to \infty} \frac{\overset{\infty}{\overbrace{2^n}} - 1}{\underset{\infty}{\underbrace{2^n}}} \quad \left[\frac{\infty}{\infty} \text{ の不定形} \right]$$

$$= \lim_{n \to \infty} \left\{ 1 - \overset{0}{\boxed{\left(\frac{1}{2}\right)^n}} \right\} = 1 \quad \cdots\cdots\cdots\cdots\cdots\cdots$$(答)

　以上で，漸化式と極限の解説も終了だ。漸化式を確実に解けるようになると，その極限の問題もそれ程難しくは感じないだろう？

　この後さらに，"絶対暗記問題"や"頻出問題にトライ"で実力に磨きをかけるといいよ。

階差型の漸化式と極限

数列 $\{a_n\}$ が, $a_1 = 5$, $a_n = a_{n-1} + 6n^2$ $(n = 2, 3, \cdots)$ で定義されるとき,

極限 $\displaystyle\lim_{n \to \infty}\frac{a_n}{n^3}$ を求めよ。

ヒント！ $a_{n+1} - a_n = b_n$ の形だから, 階差型の漸化式だね。これから, 一般項 a_n を求めて, 極限の値を求めるんだよ。

解答＆解説

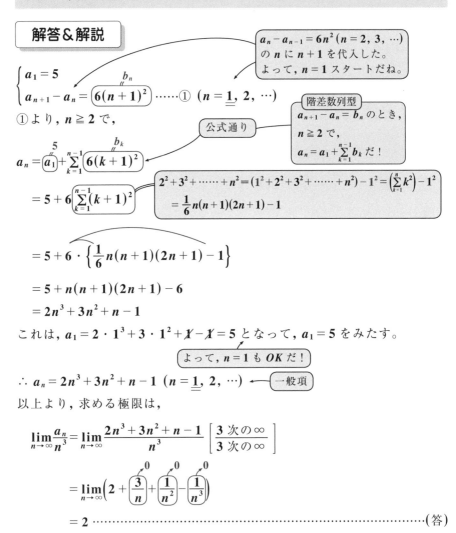

$a_n - a_{n-1} = 6n^2$ $(n = 2, 3, \cdots)$ の n に $n+1$ を代入した。よって, $n=1$ スタートだね。

$$\begin{cases} a_1 = 5 \\ a_{n+1} - a_n = \underset{b_n}{\underline{6(n+1)^2}} \cdots\cdots① \quad (n = \underline{1}, 2, \cdots) \end{cases}$$

①より, $n \geqq 2$ で,

公式通り

階差数列型
$a_{n+1} - a_n = b_n$ のとき, $n \geqq 2$ で, $a_n = a_1 + \sum_{k=1}^{n-1} b_k$ だ！

$$a_n = \underset{a_1}{\underline{5}} + \sum_{k=1}^{n-1} \underset{b_k}{\underline{6(k+1)^2}}$$

$$= 5 + 6 \left(\sum_{k=1}^{n-1}(k+1)^2 \right)$$

$2^2 + 3^2 + \cdots\cdots + n^2 = (1^2 + 2^2 + 3^2 + \cdots\cdots + n^2) - 1^2 = \left(\sum_{k=1}^{n}k^2\right) - 1^2$
$= \dfrac{1}{6}n(n+1)(2n+1) - 1$

$$= 5 + 6 \cdot \left\{ \frac{1}{6}n(n+1)(2n+1) - 1 \right\}$$

$$= 5 + n(n+1)(2n+1) - 6$$

$$= 2n^3 + 3n^2 + n - 1$$

これは, $a_1 = 2 \cdot 1^3 + 3 \cdot 1^2 + \cancel{1} - \cancel{1} = 5$ となって, $a_1 = 5$ をみたす。

よって, $n = 1$ も OK だ！

$\therefore a_n = 2n^3 + 3n^2 + n - 1$ $(n = \underline{1}, 2, \cdots)$ ← 一般項

以上より, 求める極限は,

$$\lim_{n \to \infty}\frac{a_n}{n^3} = \lim_{n \to \infty}\frac{2n^3 + 3n^2 + n - 1}{n^3} \quad \left[\frac{3 \text{ 次の} \infty}{3 \text{ 次の} \infty}\right]$$

$$= \lim_{n \to \infty}\left(2 + \overset{0}{\frac{3}{n}} + \overset{0}{\frac{1}{n^2}} - \overset{0}{\frac{1}{n^3}} \right)$$

$$= 2 \cdots\cdots\cdots\cdots\cdots\cdots\cdots\cdots\cdots\cdots\cdots\cdots\cdots（答）$$

絶対暗記問題 59　　　　難易度 ★　　　CHECK*1*　　CHECK*2*　　CHECK*3*

$a_1 = 1$, $4a_{n+1} = 3a_n - 1$ $(n = 1, 2, \cdots)$ で定義される数列 $\{a_n\}$ の一般項 a_n と, 極限 $\lim_{n \to \infty} a_n$ を求めよ。

ヒント！ 　与式の両辺を **4** で割ると, $a_{n+1} = pa_n + q$ の形の漸化式が出来るので, 特性方程式 $x = px + q$ の解 $\underset{\sim}{\alpha}$ を用いて, $a_{n+1} - \alpha = \underline{p}(a_n - \alpha)$ の形にもち込めばいいんだね。頑張れ。

解答＆解説

与式の両辺を **4** で割った！

$$\begin{cases} a_1 = 1 \\ a_{n+1} = \underset{p}{\underline{\dfrac{3}{4}}} a_n - \dfrac{1}{4} \cdots\cdots ① \ (n = 1, 2, \cdots) \end{cases}$$

特性方程式
$x = \dfrac{3}{4}x - \dfrac{1}{4}$
$\dfrac{1}{4}x = -\dfrac{1}{4}$
$\therefore x = \underset{\alpha}{\boxed{-1}}$

①を変形して,

$$a_{n+1} - (\underset{\alpha}{-1}) = \underset{p}{\dfrac{3}{4}}\{a_n - (\underset{\alpha}{-1})\}$$

$$\underline{a_{n+1} + 1} = \dfrac{3}{4}(\underline{a_n + 1})$$

$$\left[\underline{F(n+1)} = \dfrac{3}{4} \ \underline{F(n)}\right]$$

アッという間！

$$\underline{a_n + 1} = ((\underset{1}{\underline{a_1}}) + 1)\left(\dfrac{3}{4}\right)^{n-1}$$

$$\left[\underline{F(n)} = \underline{F(1)}\left(\dfrac{3}{4}\right)^{n-1}\right]$$

$$\therefore a_n = -1 + 2 \cdot \left(\dfrac{3}{4}\right)^{n-1} \cdots\cdots\cdots\cdots\cdots\cdots\cdots(答)$$

以上より, 求める極限は,

$$\lim_{n \to \infty} a_n = \lim_{n \to \infty}\left\{-1 + 2\boxed{\left(\dfrac{3}{4}\right)^{n-1}}^{\,0}\right\} = -1 \cdots\cdots\cdots\cdots\cdots(答)$$

$\lim_{n \to \infty}\left(\dfrac{3}{4}\right)^n$ も $\lim_{n \to \infty}\left(\dfrac{3}{4}\right)^{n-1}$ も, $\dfrac{3}{4}$ を無限にかけていくことに変わりはないので, $\lim_{n \to \infty}\left(\dfrac{3}{4}\right)^{n-1} = 0$ となるんだね。　　$\dfrac{3}{4}$ を無限にかけるからだ。
同様に, $\lim_{n \to \infty}\left(\dfrac{3}{4}\right)^{n+1} = \lim_{n \to \infty}\left(\dfrac{3}{4}\right)^{2n-1} = \cdots\cdots = 0$ などとなる。納得いった？

3 項間の漸化式と極限

$a_1 = 1$, $a_2 = \dfrac{2}{3}$, $3a_{n+2} - 2a_{n+1} - a_n = 0$ $(n = 1, 2, \cdots)$ で定義される数列 $\{a_n\}$ の一般項 a_n と, 極限 $\lim\limits_{n \to \infty} a_n$ を求めよ。

> **ヒント!** 3項間の漸化式なので, 2次の特性方程式の解 $\underset{\sim}{\alpha}, \underset{=}{\beta}$ を使って, $F(n+1) = r \cdot F(n)$ の形の式を 2つ作ればいいんだね。

解答&解説

$a_1 = 1$, $a_2 = \dfrac{2}{3}$, $3a_{n+2} - 2a_{n+1} - a_n = 0$ ……① $(n = 1, 2, \cdots)$

①を変形して,

$$\boxed{特性方程式：3x^2 - 2x - 1 = 0 \\ (3x+1)(x-1) = 0 \quad \therefore x = \underset{\alpha}{1}, \ \underset{\beta}{-\dfrac{1}{3}}}$$

$$\begin{cases} a_{n+2} - \underset{\sim}{1} \cdot a_{n+1} = -\dfrac{1}{3}\left(a_{n+1} - \underset{\sim}{1} \cdot a_n\right) \\ a_{n+2} + \dfrac{1}{3} a_{n+1} = \underset{\sim}{1} \cdot \left(a_{n+1} + \dfrac{1}{3} a_n\right) \end{cases} \quad \begin{array}{l} \left[F(n+1) = -\dfrac{1}{3} \cdot F(n)\right] \\[2mm] \left[G(n+1) = 1 \cdot G(n)\right] \end{array}$$

よって,

（アッという間!）

$$\begin{cases} a_{n+1} - a_n = (\underset{\overset{\frac{2}{3}}{}}{a_2} - \underset{\overset{1}{}}{a_1}) \cdot \left(-\dfrac{1}{3}\right)^{n-1} = \left(-\dfrac{1}{3}\right)^n \quad \left[F(n) = F(1) \cdot \left(-\dfrac{1}{3}\right)^{n-1}\right] \\[3mm] a_{n+1} + \dfrac{1}{3} a_n = \left(\underset{\overset{\frac{2}{3}}{}}{a_2} + \dfrac{1}{3} \underset{\overset{1}{}}{a_1}\right) \cdot 1^{n-1} = 1 \qquad\qquad \left[G(n) = G(1) \cdot 1^{n-1}\right] \end{cases}$$

$$\therefore \begin{cases} a_{n+1} - a_n = \left(-\dfrac{1}{3}\right)^n & ……② \\[2mm] a_{n+1} + \dfrac{1}{3} a_n = 1 & ………③ \end{cases}$$

$(③ - ②) \div \dfrac{4}{3}$ より, $a_n = \dfrac{3}{4}\left\{1 - \left(-\dfrac{1}{3}\right)^n\right\}$ $(n = 1, 2, \cdots)$ ……………(答)

以上より, 求める極限は,

$$\lim_{n \to \infty} a_n = \lim_{n \to \infty} \dfrac{3}{4}\left\{1 - \overset{0}{\boxed{\left(-\dfrac{1}{3}\right)^n}}\right\} = \dfrac{3}{4} \quad\cdots\cdots\cdots\cdots\cdots\cdots(答)$$

これで, 3項間の漸化式にも自信がついた？

166

等比関数列型の漸化式の応用と極限

$a_1 = 0$, $a_{n+1} = 2a_n + n$ ($n = 1, 2, \cdots$) について,

(1) $a_{n+1} + \alpha(n+1) + \beta = 2(a_n + \alpha n + \beta)$ をみたす α, β を求めよ.

(2) $\displaystyle\lim_{n \to \infty}\frac{a_n}{2^n}$ を求めよ. ただし, $\displaystyle\lim_{n \to \infty}\frac{n}{2^n} = 0$ を用いてもよい.

ヒント! (1) をみたす α, β を用いて, $F(n+1) = 2F(n)$ の形が出来るので, a_n はすぐ求まる. これを使って, (2) の極限も求まるね.

解答 & 解説

(1) $a_1 = 0$, $a_{n+1} = 2a_n + n$ ……① ($n = 1, 2, \cdots$)

これは, $F(n+1) = 2F(n)$ の形だ.

$a_{n+1} + \alpha(n+1) + \beta = 2(a_n + \alpha n + \beta)$ ……② (α, β : 定数)

②を変形すると, ①と②, すなわち①と③は同じ式!

$a_{n+1} = 2a_n + 2\alpha n + 2\beta - \alpha(n+1) - \beta$, $a_{n+1} = 2a_n + \overset{1}{\boxed{\alpha}}n + \overset{0}{\boxed{\beta - \alpha}}$ ……③

①と③の係数を比較して, $\alpha = 1$, $\beta = 1$ ……………………………………(答)

(2) よって, ②は,　　　　　　　　　　$\alpha = 1$, $\beta - \alpha = 0$ より

$a_{n+1} + (n+1) + 1 = 2(a_n + n + 1)$　　$[F(n+1) = 2F(n)]$

アッという間!

$a_n + n + 1 = (\overset{0}{\boxed{a_1}} + 1 + 1) \cdot 2^{n-1} = 2^n$　　$[F(n) = F(1) \cdot 2^{n-1}]$

$\therefore a_n = 2^n - n - 1$

以上より, 求める極限は,

これは, $\frac{\infty}{\infty}$ の不定形だけれど, 分母の 2^n の方が分子の n より, 圧倒的に強い ∞ だから, 0 収束だ!

$\displaystyle\lim_{n \to \infty}\frac{a_n}{2^n} = \lim_{n \to \infty}\frac{2^n - n - 1}{2^n} = \lim_{n \to \infty}\left(1 - \underset{0}{\boxed{\frac{n}{2^n}}} - \underset{0}{\boxed{\frac{1}{2^n}}}\right) = 1$ …………………(答)

$a_1 = 3$, $a_{n+1} = 2a_n + n^2 - 2n - 2$ ($n = 1, 2, \cdots$) について,

(1) $a_{n+1} + \alpha(n+1)^2 + \beta(n+1) + \gamma = 2(a_n + \alpha n^2 + \beta n + \gamma)$

をみたす定数 α, β, γ の値を求めよ.

(2) 極限 $\displaystyle\lim_{n \to \infty}\frac{a_n}{2^n}$ を求めよ. ただし, $\displaystyle\lim_{n \to \infty}\frac{n^2}{2^n} = 0$ は用いてもよい.

解答は **P180**

1. $\lim\limits_{n\to\infty} r^n$ の極限の公式

$$\lim_{n\to\infty} r^n = \begin{cases} 0 & (-1 < r < 1 \text{ のとき}) \\ 1 & (r = 1 \text{ のとき}) \\ \text{発散} & (r \le -1,\ 1 < r \text{ のとき}) \end{cases}$$

$$r < -1,\ 1 < r \text{ のとき,}$$
$$\lim_{n\to\infty}\left(\frac{1}{r}\right)^n = 0$$
$$\left(\because -1 < \frac{1}{r} < 1\right)$$

2. Σ 計算の公式

(1) $\displaystyle\sum_{k=1}^{n} k = \frac{1}{2}n(n+1)$　　　　(2) $\displaystyle\sum_{k=1}^{n} k^2 = \frac{1}{6}n(n+1)(2n+1)$

(3) $\displaystyle\sum_{k=1}^{n} k^3 = \frac{1}{4}n^2(n+1)^2$　　　(4) $\displaystyle\sum_{k=1}^{n} c = \underbrace{c + c + \cdots + c}_{n\text{ 個の } c \text{ の和}} = nc$ $(c:\text{定数})$

3. 2つのタイプの無限級数の和

(I) 無限等比級数の和の公式

$$\sum_{k=1}^{\infty} ar^{k-1} = a + ar + ar^2 + \cdots = \frac{\boxed{a}}{1 - \boxed{r}}$$ 　(収束条件：$-1 < r < 1$)

初項 $\boxed{a}$　　公比 $\boxed{r}$

(II) 部分分数分解型

(i) まず, 部分和 S_n を求める。——部分分数分解型

$$S_n = \sum_{k=1}^{n} (I_k - I_{k+1}) = I_1 - I_{n+1}$$

(ii) 次に, $n \to \infty$ として, 無限級数の和を求める。

$$\lim_{n\to\infty} S_n = \lim_{n\to\infty}(I_1 - I_{n+1})$$

4. 階差数列型の漸化式

$a_{n+1} - a_n = b_n$ のとき,

$n \ge 2$ で, $a_n = a_1 + \displaystyle\sum_{k=1}^{n-1} b_k$

5. 等比関数列型の漸化式

$F(n+1) = r \cdot F(n)$ のとき
$F(n) = F(1) \cdot r^{n-1}$

$$\left[\begin{array}{l}(ex)\ a_{n+1} - 2 = 3(a_n - 2) \text{ のとき,} \\ \qquad a_n - 2 = (a_1 - 2) \cdot 3^{n-1}\end{array}\right]$$

$\overrightarrow{AB} \neq \vec{0}$, $\overrightarrow{AC} \neq \vec{0}$, $\overrightarrow{AB} \not\parallel \overrightarrow{AC}$ のとき，

「$s\overrightarrow{AB}+t\overrightarrow{AC}=\vec{0}$ ならば $s=t=0$」……(*)

が成り立つことを，この対偶：

「$s \neq 0$ または $t \neq 0$ ならば $s\overrightarrow{AB}+t\overrightarrow{AC} \neq \vec{0}$」

…(**)

を示すことによって，証明する。

(ⅰ) $s=0$ かつ $t \neq 0$ のとき，

$$\underset{\vec{0}}{\underline{s\overrightarrow{AB}}}+t\overrightarrow{AC}=t\overrightarrow{AC} \neq \vec{0}$$

(ⅱ) $s \neq 0$ かつ $t=0$ のとき，

$$s\overrightarrow{AB}+\underset{\vec{0}}{\underline{t\overrightarrow{AC}}}=s\overrightarrow{AB} \neq \vec{0}$$

(ⅲ) $s \neq 0$ かつ $t \neq 0$ のとき，

$$s\overrightarrow{AB}+t\overrightarrow{AC}=\vec{0} \quad ……①$$

と仮定すると，$s\overrightarrow{AB}=-t\overrightarrow{AC}$

$\therefore \overrightarrow{AB}=\left(-\dfrac{t}{s}\right)\overrightarrow{AC}$ ← これは平行条件！

$\therefore \overrightarrow{AB} /\!/ \overrightarrow{AC}$ となるが，これは $\overrightarrow{AB} \not\parallel \overrightarrow{AC}$ と矛盾する。ゆえに①は成り立たないから，$s\overrightarrow{AB}+t\overrightarrow{AC} \neq \vec{0}$

以上(ⅰ)(ⅱ)(ⅲ)より，(*)の対偶(**)が成り立つので，(*)は成り立つ。

………(終)

これから，絶対暗記問題1(P12)で，

$$2\overrightarrow{AB}+x\overrightarrow{AC}=\frac{k}{3}\overrightarrow{AB}+\frac{k}{2}\overrightarrow{AC} \quad ……③$$

$$\underset{s}{\underline{\left(2-\frac{k}{3}\right)}}\overrightarrow{AB}+\underset{t}{\underline{\left(x-\frac{k}{2}\right)}}\overrightarrow{AC}=\vec{0}$$

$\therefore \overrightarrow{AB} \neq \vec{0}$, $\overrightarrow{AC} \neq \vec{0}$, $\overrightarrow{AB} \not\parallel \overrightarrow{AC}$ より，

$$2-\frac{k}{3}=0 \text{ かつ } x-\frac{k}{2}=0 \quad \boxed{s=t=0}$$

つまり，③の係数比較ができるんだね。

(1) △ABC において，

$$\begin{cases} \overrightarrow{AB}=(x_1, \ y_1) \\ \overrightarrow{AC}=(x_2, \ y_2) \\ \angle A = \theta \end{cases}$$

とおく。

$$\begin{cases} |\overrightarrow{AB}|^2=x_1{}^2+y_1{}^2 & ……① \\ |\overrightarrow{AC}|^2=x_2{}^2+y_2{}^2 & ……② \\ \overrightarrow{AB} \cdot \overrightarrow{AC}=\underline{x_1x_2+y_1y_2} & ……③ \end{cases}$$

ここで，△ABC の面積 S は，

$$S=\frac{1}{2} AB \cdot AC \cdot \sin\underset{\angle A}{\theta}$$

$$=\frac{1}{2}|\overrightarrow{AB}||\overrightarrow{AC}| \cdot \sqrt{1-\cos^2\theta}$$

$\left(\begin{array}{l} 0°<\theta<180° より，\sin\theta>0 \\ よって，\sin^2\theta+\cos^2\theta=1 から \\ \sin^2\theta=1-\cos^2\theta \ なので， \\ \sin\theta=\sqrt{1-\cos^2\theta} \ (>0) だ！ \end{array}\right)$

$$=\frac{1}{2}\sqrt{\left(|\overrightarrow{AB}|^2 |\overrightarrow{AC}|^2\right) \cdot (1-\cos^2\theta)}$$

$$=\frac{1}{2}\sqrt{|\overrightarrow{AB}|^2 \cdot |\overrightarrow{AC}|^2 - \underline{|\overrightarrow{AB}|^2 \cdot |\overrightarrow{AC}|^2\cos^2\theta}}$$

これも重要公式だ！ $\quad \underset{(\overrightarrow{AB}\cdot\overrightarrow{AC})^2}{\underset{\|}{(|\overrightarrow{AB}||\overrightarrow{AC}|\cos\theta)^2}}$

$$S=\frac{1}{2}\sqrt{|\overrightarrow{AB}|^2 \cdot |\overrightarrow{AC}|^2-(\overrightarrow{AB}\cdot\overrightarrow{AC})^2} \quad …④$$

この $\sqrt{\ }$ 内の式に①，②，③を代入して，

$$|\overrightarrow{AB}|^2 \cdot |\overrightarrow{AC}|^2-(\overrightarrow{AB}\cdot\overrightarrow{AC})^2$$

$$=(x_1{}^2+y_1{}^2)(x_2{}^2+y_2{}^2)-(x_1x_2+y_1y_2)^2$$

$$=x_1{}^2x_2{}^2+x_1{}^2y_2{}^2+x_2{}^2y_1{}^2+y_1{}^2y_2{}^2$$

$$\quad -(x_1{}^2x_2{}^2+2x_1x_2y_1y_2+y_1{}^2y_2{}^2)$$

$$=x_1{}^2y_2{}^2-2x_1x_2y_1y_2+x_2{}^2y_1{}^2$$

$$=(x_1y_2-x_2y_1)^2$$

これを④の $\sqrt{}$ 内に代入して，

$$S = \frac{1}{2}\sqrt{(x_1y_2 - x_2y_1)^2}$$

$$\therefore S = \frac{1}{2}|x_1y_2 - x_2y_1| \quad \cdots\cdots\cdots(終)$$

$$\boxed{\sqrt{\mathbf{A}^2} = |\mathbf{A}| \text{ と変形したんだ！}}$$

(2) $A(1,\ -1)$,
$B(2,\ 1)$,
$C(-1,\ 2)$ 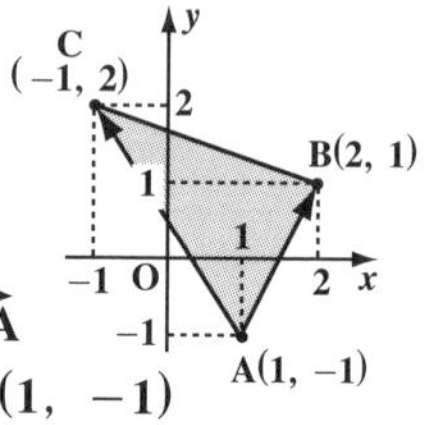
より，

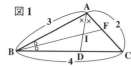

・$\overrightarrow{AB} = \overrightarrow{OB} - \overrightarrow{OA}$
$= (2,\ 1) - (1,\ -1)$
$= (1,\ 2)$

・$\overrightarrow{AC} = \overrightarrow{OC} - \overrightarrow{OA}$
$= (-1,\ 2) - (1,\ -1) = (-2,\ 3)$

以上より

$$\overrightarrow{AB} = (\underset{\boxed{x_1}}{1},\ \underset{\boxed{y_1}}{2}),\ \overrightarrow{AC} = (\underset{\boxed{x_2}}{-2},\ \underset{\boxed{y_2}}{3})$$

よって，求める $\triangle ABC$ の面積 S は

$$S = \frac{1}{2}\left|\underset{\boxed{x_1}}{1} \times \underset{\boxed{y_2}}{3} - \underset{\boxed{x_2}}{(-2)} \times \underset{\boxed{y_1}}{2}\right|$$

$$= \frac{1}{2}|3 + 4| = \frac{7}{2} \quad \cdots\cdots\cdots\cdots(答)$$

◆頻出問題にトライ・3

(1) $\angle A$ の2等分線が辺 BC と交わる点を D，また $\angle B$ の2等分線と辺 AC との交点を F とおく。

図1

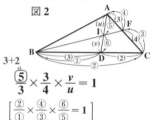

内角の2等分線の定理より，

(ⅰ) 直線 AD は $\angle A$ を2等分するから，
$$BD : DC = AB : AC = 3 : 2$$

(ⅱ) 同様に，直線 BF は $\angle B$ を2等分するので，
$$CF : FA = BC : BA = 4 : 3$$

さらに，$AI : ID = u : v$ とおくと，

(ⅰ)(ⅱ)より，図2の $\triangle ABC$ にメネ

ラウスの定理を用いて，

図2

$$3+2 \quad \frac{\boxed{5}}{3} \times \frac{3}{4} \times \frac{v}{u} = 1$$

$$\left[\frac{\boxed{2}}{\boxed{1}} \times \frac{\boxed{4}}{\boxed{3}} \times \frac{\boxed{6}}{\boxed{5}} = 1\right]$$

$$\frac{v}{u} = \frac{4}{5} \text{ より，} u : v = 5 : 4$$

$$\therefore \overrightarrow{AI} = \frac{5}{\underset{5+4}{\boxed{9}}}\overrightarrow{AD} \quad \cdots\cdots\cdots\cdots①$$

ここで，D は辺 BC を $3 : 2$ に内分するから，

$$\overrightarrow{AD} = \frac{2\overrightarrow{AB} + 3\overrightarrow{AC}}{3 + 2}$$

$$= \frac{2\overrightarrow{AB} + 3\overrightarrow{AC}}{5} \quad \cdots\cdots②$$

②を①に代入して，

$$\overrightarrow{AI} = \frac{\cancel{5}}{9} \times \frac{2\overrightarrow{AB} + 3\overrightarrow{AC}}{\cancel{5}}$$

$$= \frac{2\overrightarrow{AB} + 3\overrightarrow{AC}}{9}$$

$$\therefore \overrightarrow{AI} = \frac{2}{9}\overrightarrow{AB} + \frac{1}{3}\overrightarrow{AC} \quad \cdots\cdots(答)$$

(2) (1) より，

$$\boxed{u : v = 5 : 4}$$

$$AI : ID = 5 : 4 \quad \cdots\cdots③$$

I，A から辺 BC に下した垂線の足をそれぞれ H_1，H_2 とおくと，図3より，

図3

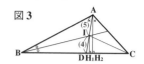

$\triangle ADH_2 \backsim \triangle IDH_1$（相似）
よって③を用いて，

$$AH_2 : IH_1 = AD : ID = \underset{5+4}{\boxed{9}} : 4 \quad \cdots\cdots④$$

また，

$$\begin{cases} \triangle ABC = \dfrac{1}{2}BC \cdot AH_2 \\ \triangle IBC = \dfrac{1}{2}BC \cdot IH_1 \end{cases}$$

170

∴④より，

△ABC：△IBC

$$= \frac{1}{2}BC \cdot AH_2 : \frac{1}{2}BC \cdot IH_1$$

$$= AH_2 : IH_1 = 9 : 4 \quad \cdots\cdots\cdots(答)$$

◆頻出問題にトライ・4

$\overrightarrow{OA} = (1, 0)$, $\overrightarrow{OB} = (1, 2)$ のとき，

$\overrightarrow{OP} = \alpha\overrightarrow{OA} + \beta\overrightarrow{OB}$ ……①

$(1 \leqq \alpha \leqq 3, \ 0 \leqq \beta \leqq 1)$

で定義される点 P の存在領域を求める。

こうした問題では，α の値をある値に固定して，β の値を $0 \leqq \beta \leqq 1$ の範囲で変化させるとわかりやすい。

(i) $\alpha = 1$ のとき，①は，

$\overrightarrow{OP} = 1\overrightarrow{OA} + \beta\overrightarrow{OB}$ $(0 \leqq \beta \leqq 1)$

β を $\frac{1}{3}$, $\frac{2}{3}$, 1 と動かすと，点 P は下図のように動く。

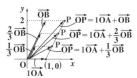

(ii) $\alpha = 2$ のとき，①は，

$\overrightarrow{OP} = 2\overrightarrow{OA} + \beta\overrightarrow{OB}$ $(0 \leqq \beta \leqq 1)$

$\beta = \frac{1}{3}$, $\frac{2}{3}$, 1 と動かすと，点 P は下図のように動く。

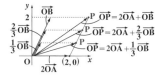

(iii) $\alpha = 3$ のとき，①は，

$\overrightarrow{OP} = 3\overrightarrow{OA} + \beta\overrightarrow{OB}$ $(0 \leqq \beta \leqq 1)$

$\beta = \frac{1}{3}$, $\frac{2}{3}$, 1 と動かすと，点 P は下図のように動く。

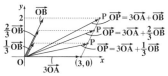

以上 (i)(ii)(iii) より，$\alpha = 1, 2, 3$ のときの点 P の動きを次の図に示す。

ここで，さらに，$\alpha = 1, 1.1, 1.2, 1.3,$ …, 2.9, 3 というように，α のきざみ幅を細かくしていくと点 P は，下図のように，平行四辺形の周およびその内部を描くことがわかる。よって，

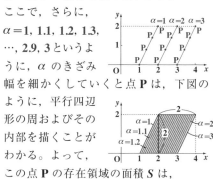

この点 P の存在領域の面積 S は，

$$S = 2 \times 2 = 4 \quad \cdots\cdots\cdots\cdots\cdots\cdots(答)$$

◆頻出問題にトライ・5

$A(-1, 2, 4)$, $B(1, 1, -1)$

$C(t, -1, 2)$ $(t > 0)$ より，

$AB^2 = \{1 - (-1)\}^2 + (1 - 2)^2 + (-1 - 4)^2$

$\qquad = 4 + 1 + 25$

$\qquad = 30 \ \cdots\cdots①$

$BC^2 = (t - 1)^2 + (-1 - 1)^2 + \{2 - (-1)\}^2$

$\qquad = t^2 - 2t + 1 + 4 + 9$

$\qquad = t^2 - 2t + 14 \ \cdots\cdots②$

$CA^2 = \{(-1) - t\}^2 + \{2 - (-1)\}^2 + (4 - 2)^2$

$\qquad = t^2 + 2t + 1 + 9 + 4$

$\qquad = t^2 + 2t + 14 \ \cdots\cdots③$

ここで，CA^2 と BC^2 の差をとると，③－②より，

$CA^2 - BC^2 = (t^2 + 2t + 14) - (t^2 - 2t + 14)$

$\qquad\qquad = 4t > 0 \quad (\because t > 0)$

171

∴ $\mathbf{CA^2 > BC^2}$ より，$\mathbf{CA > BC}$ となる。

したがって，△$\mathbf{ABC}$ が直角三角形の

とき，斜辺が最大辺になるので，$\mathbf{BC}$

> 三平方の定理：$c^2 = a^2 + b^2$ が成り立つとき，
>
> $c > a$ かつ $c > b$ だね。

が斜辺になることはない。よって，斜

辺は辺 $\mathbf{AB}$ か辺 $\mathbf{CA}$ となる。

(i) 辺 $\mathbf{AB}$ が斜辺のとき，三平方の定理

より，

$\mathbf{BC^2 + CA^2 = AB^2}$ ……④

④に①，②，③を代入して，

$(t^2 - 2t + 14) + (t^2 + 2t + 14) = 30$

$2t^2 + 28 = 30 \qquad 2t^2 = 2$

∴ $t = 1 \quad (\because t > 0)$

(ii) 辺 $\mathbf{CA}$ が斜辺のとき，同様に

$\mathbf{AB^2 + BC^2 = CA^2}$ ……⑤

⑤に①，②，③を代入して，

$30 + (t^2 - 2t + 14) = t^2 + 2t + 14$

$4t = 30 \qquad \therefore t = \dfrac{15}{2}$

以上 (i)(ii) より，求める t の値は，

$t = 1, \ \dfrac{15}{2}$ となる。………………(答)

◆頻出問題にトライ・6◆

(1) $\overrightarrow{OA} = (1, \ 2, \ -1), \ \overrightarrow{OB} = (2, \ -1, \ 1)$

$\overrightarrow{OC} = (1, \ 3, \ -2), \ \overrightarrow{OD} = (2, \ 3, \ 0)$ より，

$\overrightarrow{AB} = \overrightarrow{OB} - \overrightarrow{OA} = (2, -1, 1) - (1, 2, -1)$

$= (1, \ -3, \ 2)$

$\overrightarrow{AC} = \overrightarrow{OC} - \overrightarrow{OA} = (1, 3, -2) - (1, 2, -1)$

$= (0, \ 1, \ -1)$

(i) $|\overrightarrow{AB}|^2 = 1^2 + (-3)^2 + 2^2 = 1 + 9 + 4$

$= 14$ ……①

(ii) $|\overrightarrow{AC}|^2 = 0^2 + 1^2 + (-1)^2 = 2$ …②

(iii) $\overrightarrow{AB} \cdot \overrightarrow{AC} = 1 \cdot 0 + (-3) \cdot 1 + 2 \cdot (-1)$

$= -5$ ……③

以上 (i)(ii)(iii) を△$\mathbf{ABC}$ の面積 S の公式

に代入して，

$S = \dfrac{1}{2} \sqrt{|\overrightarrow{AB}|^2 |\overrightarrow{AC}|^2 - (\overrightarrow{AB} \cdot \overrightarrow{AC})^2}$

$= \dfrac{1}{2} \sqrt{14 \cdot 2 - (-5)^2} = \dfrac{1}{2} \sqrt{28 - 25}$

$= \dfrac{\sqrt{3}}{2}$ となる。………………(答)

(2) $\overrightarrow{AD} = \overrightarrow{OD} - \overrightarrow{OA}$

$= (2, 3, 0) - (1, 2, -1)$

$= (1, \ 1, \ 1)$

よって，

・$\overrightarrow{AD} \cdot \overrightarrow{AB} = 1 \cdot 1 + 1 \cdot (-3) + 1 \cdot 2 = 0$

∴ $\overrightarrow{AD} \perp \overrightarrow{AB}$

……(終)

> $\overrightarrow{AD} \cdot \overrightarrow{AB}$
> $= \underset{\underset{0}{\parallel}}{|\overrightarrow{AD}|} \underset{\underset{0}{\parallel}}{|\overrightarrow{AB}|} \underset{\underset{0}{\parallel}}{\cos\theta} = 0$
> より，$\cos\theta = 0$
> ∴ $\theta = 90°$

・$\overrightarrow{AD} \cdot \overrightarrow{AC} = 1 \cdot 0 + 1 \cdot 1 + 1 \cdot (-1) = 0$

∴ $\overrightarrow{AD} \perp \overrightarrow{AC}$ となる。……………(終)

(3) $\mathbf{AD} = \sqrt{1^2 + 1^2 + 1^2}$

$= \sqrt{3}$

以上より，四面体

$\mathbf{ABCD}$ は右図のよ

うであるから，こ

の体積 V は，

高さ$\sqrt{3}$

底面積 $S = \dfrac{\sqrt{3}}{2}$

$V = \dfrac{1}{3} \cdot \underset{\underset{S}{\boxed{}}}{\dfrac{\sqrt{3}}{2}} \cdot \underset{\underset{AD}{\boxed{}}}{\sqrt{3}} = \dfrac{1}{2}$ となる。……(答)

◆頻出問題にトライ・7◆

動点 $\mathbf{P}$ が，2 つの定点 $\mathbf{O}$，$\mathbf{A}$ に対して，

$\mathbf{OP : AP = 2 : 1}$ ……①

をみたして動くとき，$\mathbf{P}$ の描く図形を

求める。

172

$\mathrm{OP} = |\overrightarrow{\mathrm{OP}}|$, $\mathrm{AP} = |\overrightarrow{\mathrm{AP}}| = |\overrightarrow{\mathrm{OP}} - \overrightarrow{\mathrm{OA}}|$

を①に代入して，

$|\overrightarrow{\mathrm{OP}}| : |\overrightarrow{\mathrm{OP}} - \overrightarrow{\mathrm{OA}}| = 2 : 1$

$|\overrightarrow{\mathrm{OP}}| = 2 |\overrightarrow{\mathrm{OP}} - \overrightarrow{\mathrm{OA}}|$　両辺を2乗して，

$|\overrightarrow{\mathrm{OP}}|^2 = 4 \underbrace{|\overrightarrow{\mathrm{OP}} - \overrightarrow{\mathrm{OA}}|^2}$

$\boxed{(\overrightarrow{\mathrm{OP}} - \overrightarrow{\mathrm{OA}}) \cdot (\overrightarrow{\mathrm{OP}} - \overrightarrow{\mathrm{OA}})}$

$= 4(|\overrightarrow{\mathrm{OP}}|^2 - 2\overrightarrow{\mathrm{OA}} \cdot \overrightarrow{\mathrm{OP}} + |\overrightarrow{\mathrm{OA}}|^2)$

$3|\overrightarrow{\mathrm{OP}}|^2 - 8\overrightarrow{\mathrm{OA}} \cdot \overrightarrow{\mathrm{OP}} = -4|\overrightarrow{\mathrm{OA}}|^2$

両辺を3で割って，

$|\overrightarrow{\mathrm{OP}}|^2 - \dfrac{8}{3}\overrightarrow{\mathrm{OA}} \cdot \overrightarrow{\mathrm{OP}} + \dfrac{16}{9}|\overrightarrow{\mathrm{OA}}|^2 = -\dfrac{4}{3}|\overrightarrow{\mathrm{OA}}|^2$

$\boxed{\text{2つで割って2乗}} \quad + \dfrac{16}{9}|\overrightarrow{\mathrm{OA}}|^2$

$|\overrightarrow{\mathrm{OP}} - \dfrac{4}{3}\overrightarrow{\mathrm{OA}}|^2 = \left(\dfrac{2}{3}|\overrightarrow{\mathrm{OA}}|\right)^2$

$\therefore |\overrightarrow{\mathrm{OP}} - \dfrac{4}{3}\overrightarrow{\mathrm{OA}}| = \dfrac{2}{3}|\overrightarrow{\mathrm{OA}}| \quad \cdots\cdots(a)$

$\boxed{\text{動ベクトル}}\ \boxed{\text{定ベクトル}}\quad\boxed{\text{正の定数}}$

よって，動点 P は $\dfrac{4}{3}\overrightarrow{\mathrm{OA}}$ の終点を中心と

する半径 $\dfrac{2}{3}|\overrightarrow{\mathrm{OA}}|$ の球面を描く。………(答)

> (a) は，定ベクトル $\dfrac{4}{3}\overrightarrow{\mathrm{OA}}$ の終点
> から動ベクトル $\overrightarrow{\mathrm{OP}}$ の終点へ向か
> うベクトルの大きさ（(a) の左辺）
> が，常に正の定数 $\dfrac{2}{3}|\overrightarrow{\mathrm{OA}}|$（$(a)$ の右
> 辺）と等しいことを表しているん
> だね。

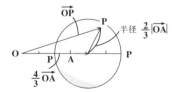

$\overrightarrow{\mathrm{OP}}$　半径 $\dfrac{2}{3}|\overrightarrow{\mathrm{OA}}|$

$\dfrac{4}{3}\overrightarrow{\mathrm{OA}}$

球面 S : $x^2 + y^2 + z^2 = 6$ ……………①

直線 L : $x - 2 = \dfrac{y-2}{p} = z - 3$ ……②

が1点で接するとき，　　　　（p : 整数）

②$= t$ とおいて，

接点
$(t+2,\ pt+2,\ t+3)$

$\begin{cases} x - 2 = t \\ \dfrac{y-2}{p} = t \\ z - 3 = t \end{cases} \therefore \begin{cases} x = t + 2 \\ y = pt + 2 \\ z = t + 3 \end{cases}$

$\therefore L$ 上の点 $(x,\ y,\ z)$ は，

$(x,\ y,\ z) = (t+2,\ pt+2,\ t+3) \quad \cdots③$

とおける。

> 球面①と直線②が接するとき，
> この接点
> $(t+2,\ pt+2,\ t+3) \quad \cdots③$
> の t が，③を①に代入してできる t
> の2次方程式の重解になるのは，大
> 丈夫だね。

③を①に代入して，

$(t+2)^2 + (pt+2)^2 + (t+3)^2 = 6$

$(t^2 + 4t + 4) + (p^2t^2 + 4pt + 4)$
$\qquad\qquad\qquad + (t^2 + 6t + 9) = 6$

$(1 + p^2 + 1)t^2 + (4 + 4p + 6)t$
$\qquad\qquad\qquad + 4 + 4 + 9 = 6$

$(\underbrace{\boxed{p^2 + 2}}_{a})t^2 + (\underbrace{\boxed{2(2p + 5)}}_{2b'})t + \underbrace{\boxed{11}}_{c} = 0$

$\cdots\cdots④$

S と L は接するので，t の2次方程式④
は重解をもつ。よって，④の判別式を
D とおくと，

$$\frac{D}{4} = (2p+5)^2 - (p^2+2) \cdot 11 = 0$$

$$\left[\frac{D}{4} = b'^2 - ac \right]$$

$$4p^2 + 20p + 25 - 11p^2 - 22 = 0$$

$$-7p^2 + 20p + 3 = 0, \quad 7p^2 - 20p - 3 = 0$$

$$(7p+1)(p-3) = 0$$

$$\therefore p = \underline{3} \quad \cdots\cdots ⑤ \quad (\because p：整数) \quad \cdots\cdots (答)$$

$p = \underline{3} \cdots\cdots ⑤$ を④に代入して,

$$(3^2+2)t^2 + 2(2\cdot3+5)t + 11 = 0$$

$$11t^2 + 22t + 11 = 0$$

$$t^2 + 2t + 1 = 0$$

$$(t+1)^2 = 0 \quad \therefore t = \underline{-1} \,(重解) \quad \cdots\cdots ⑥$$

⑤と⑥を③に代入して, 求める接点の座標は,

$$\left(\underline{-1}+2, \ \underline{3}\cdot(\underline{-1})+2, \ \underline{-1}+3 \right)$$

$$= (1, \ -1, \ 2) \quad \cdots\cdots\cdots\cdots (答)$$

◆頻出問題にトライ・9

$\dfrac{z}{1+z^2} \cdots\cdots ①$ が純虚数のとき,

$$\frac{z}{1+z^2} + \overline{\left(\frac{z}{1+z^2}\right)} = 0$$

α が純虚数のとき, $\alpha + \overline{\alpha} = 0$ だね。

$$\frac{z}{1+z^2} + \frac{\overline{z}}{1+\overline{z^2}} = 0$$

$\left(\overline{\left(\dfrac{z}{1+z^2}\right)} = \dfrac{\overline{z}}{1+\overline{z^2}} \right)$

$\overline{z \cdot z} = \overline{z} \cdot \overline{z}$

$$\frac{z}{1+z^2} + \frac{\overline{z}}{1+\overline{z}^2} = 0$$

両辺に $(1+z^2)(1+\overline{z}^2)$ をかけて

$$z(1+\overline{z}^2) + \overline{z}(1+z^2) = 0$$

$$z + z\cdot\overline{z}\cdot\overline{z} + \overline{z} + \overline{z}\cdot z\cdot z = 0$$

$$(z+\overline{z}) + z\overline{z}(z+\overline{z}) = 0$$

$$(z+\overline{z})(1+\boxed{z\overline{z}}) = 0, \quad (z+\overline{z})(1+|z|^2) = 0$$

$|z|^2$, $\oplus$

$$\therefore z+\overline{z} = 0 \quad \cdots\cdots ②$$

0は純虚数じゃない！

①が純虚数より，分子 $z \neq 0$

よって②より, z は純虚数。

また，分母 $1+z^2 \neq 0$ より

$$z \neq \pm i \quad \boxed{1+z^2 \neq 0, z^2 \neq -1, \ \therefore z \neq \pm\sqrt{-1} = \pm i}$$

以上より, z は $\pm i$ 以外の純虚数である。

$$\cdots\cdots\cdots\cdots (答)$$

◆頻出問題にトライ・10

2つの複素数 $\alpha = 2+i$, $\beta = 3+i$ を極形式で表すと,

$$\alpha = 2 + 1\cdot i$$

$$= \underbrace{\sqrt{5}}_{\sqrt{2^2+1^2}}\left(\overbrace{\frac{2}{\sqrt{5}}}^{\cos\theta_1} + \overbrace{\frac{1}{\sqrt{5}}}^{\sin\theta_1} i \right)$$

$$= \sqrt{5}\,(\cos\theta_1 + i\sin\theta_1) \quad \cdots\cdots ①$$

$$\left(\cos\theta_1 = \frac{2}{\sqrt{5}}, \ \sin\theta_1 = \frac{1}{\sqrt{5}} \right)$$

$$\beta = 3 + 1\cdot i$$

$$= \underbrace{\sqrt{10}}_{\sqrt{3^2+1^2}}\left(\overbrace{\frac{3}{\sqrt{10}}}^{\cos\theta_2} + \overbrace{\frac{1}{\sqrt{10}}}^{\sin\theta_2} i \right)$$

$$= \sqrt{10}\,(\cos\theta_2 + i\sin\theta_2) \quad \cdots\cdots ②$$

$$\left(\cos\theta_2 = \frac{3}{\sqrt{10}}, \ \sin\theta_2 = \frac{1}{\sqrt{10}} \right)$$

ここで, $0° < \theta_1 < \dfrac{\pi}{4}$, $0° < \theta_2 < \dfrac{\pi}{4}$ より,

$$0° < \theta_1 + \theta_2 < \frac{\pi}{2} \quad \cdots\cdots ③$$

次に, α と β の積を求める。

(i) $\underline{\alpha} \times \underline{\beta} = (2+i)(3+i)$

$$= 6 + 2i + 3i + \underbrace{i^2}_{(-1)} = 5 + 5i$$

$$= 5(1 + 1\cdot i)$$

$$= 5\underbrace{\sqrt{2}}_{\sqrt{1^2+1^2}}\left(\frac{1}{\sqrt{2}} + \frac{1}{\sqrt{2}} i \right)$$

(ⅱ) $\underline{\alpha \times \beta}$

①, ②より

$= \sqrt{5}(\cos\theta_1 + i\sin\theta_1)\sqrt{10}(\cos\theta_2 + i\sin\theta_2)$

$= 5\sqrt{2}\{\underline{\cos(\theta_1 + \theta_2)} + i\underline{\sin(\theta_1 + \theta_2)}\}$

$\quad\quad\quad\quad\quad \frac{1}{\sqrt{2}} \quad\quad\quad\quad\quad \frac{1}{\sqrt{2}}$

以上（ⅰ），（ⅱ）を比較して

$\begin{cases} \cos(\theta_1 + \theta_2) = \dfrac{1}{\sqrt{2}} \\ \sin(\theta_1 + \theta_2) = \dfrac{1}{\sqrt{2}} \end{cases}$

よって，$0° < \theta_1 + \theta_2 < \dfrac{\pi}{2}$ ……③ より，

$\theta_1 + \theta_2 = \dfrac{\pi}{4}$ ……………(答)

◆頻出問題にトライ・11

z が $|z| = 1$ ……① をみたすとき，

$w = \left(z + \sqrt{2} + \sqrt{2}i\right)^2$ ……②

の絶対値 $|w|$ と偏角 $arg\,w$ のとり得る値の範囲を求める。

$\gamma = \underline{z + \sqrt{2} + \sqrt{2}i}$ ………③

とおき，これを z について解くと

$z = \gamma - \left(\sqrt{2} + \sqrt{2}i\right)$

これを①に代入して，

$\left|\gamma - \left(\sqrt{2} + \sqrt{2}i\right)\right| = \underline{1}$

中心 α，半径 r の円の方程式：$|\gamma - \underline{\alpha}| = \underline{r}$

よって，右図のように点 γ は，中心 $\sqrt{2} + \sqrt{2}i$，半径 $\underline{1}$ の円周を描く。この図に示す直角三角形の 3 辺の長さは，$2, \sqrt{3}, 1$ とわかる。よって，この円周上を点 γ が動くとき，絶対値 $|\gamma|$ は原点と点 γ との距離を表すから，$|\gamma|$ のとり得る値の範囲は，

$\underline{1} \leqq |\gamma| \leqq \underline{3}$ ……④

$2-1 \quad\quad\quad\quad 2+1$

また，γ の偏角 $arg\,\gamma$ は動径 0γ が実軸の正方向となす角より，そのとり得る値の範囲は，

$\underline{15°} \leqq arg\,\gamma \leqq \underline{75°}$ ……⑤

$45°-30° \quad\quad\quad 45°+30°$

③を②に代入して，

$w = \gamma^2$

公式：$|\alpha\beta| = |\alpha||\beta|$

$\therefore |w| = |\gamma^2| = \underline{|\gamma \cdot \gamma|} = |\gamma|^2$ ……⑥

④の各辺を 2 乗して，

$1 \leqq |\gamma|^2 \leqq 9$ ……⑦

⑥を⑦に代入して，$|w|$ のとり得る値の範囲は，

$1 \leqq |w| \leqq 9$ ……………………(答)

また，公式：$arg\,(\alpha\beta) = arg\,\alpha + arg\,\beta$

$arg\,w = arg\,(\underline{\gamma^2}) = arg\,\gamma + arg\,\gamma$

$\quad\quad\quad\quad \gamma \cdot \gamma$

$\quad\quad = 2\,arg\,\gamma$ ……⑧

⑤の各辺を 2 倍して，

$30° \leqq 2\,arg\,\gamma \leqq 150°$ ……⑨

⑧を⑨に代入して，$arg\,w$ のとり得る値の範囲は，

$30° \leqq arg\,w \leqq 150°$ ……………(答)

または，

$\dfrac{\pi}{6} \leqq arg\,w \leqq \dfrac{5}{6}\pi$ ……………(答)

◆頻出問題にトライ・12

図 1 のように，実軸上の長さ 1 の線分 P_0P_1 から始めて，次々と長さを $\dfrac{1}{\sqrt{2}}$ 倍に縮小しながら，$45°$ の方向に P_1P_2, P_2P_3, P_3P_4, …… と折れ線が出来ていくときに，点 P_{10} を表す複素数を求める。まず，ベクトル $\overrightarrow{P_0P_{10}}$ について，まわり道の原理を用いると，

次のようになる。

$$\overrightarrow{P_0P_{10}} = \overrightarrow{P_0P_1} + \overrightarrow{P_1P_2} + \overrightarrow{P_2P_3} + \cdots + \overrightarrow{P_9P_{10}}$$
$$\cdots\cdots①$$

ここで，$\overrightarrow{P_0P_1} = (1, 0)$ を複素数で表すと，

$$\overrightarrow{P_0P_1} = (1, 0) = 1 + 0i = 1 \quad \cdots\cdots②$$

次に，$\overrightarrow{P_1P_2}$ は，図 2
のように，$\overrightarrow{P_0P_1}$ を
$45°$ だけ回転して，
$\dfrac{1}{\sqrt{2}}$ 倍に縮小したも
のなので，

図 2

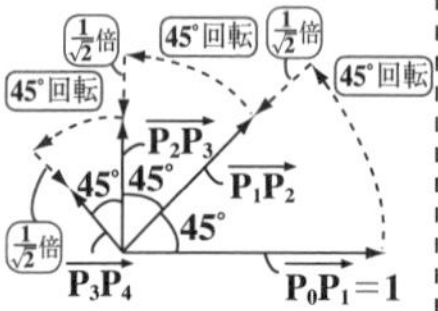

$$\alpha = \frac{1}{\sqrt{2}}(\cos 45° + i\sin 45°) \text{ として}$$

$$\overrightarrow{P_1P_2} = \alpha\underset{1}{\overrightarrow{P_0P_1}} = \alpha \quad \cdots\cdots③ \text{ とおける。}$$

$\overrightarrow{P_2P_3}$ も $\overrightarrow{P_1P_2}$ を $45°$ だけ回転して，$\dfrac{1}{\sqrt{2}}$ 倍
に縮小したものなので，

$$\overrightarrow{P_2P_3} = \alpha\underset{\alpha(\because③)}{\overrightarrow{P_1P_2}} = \alpha^2 \quad \cdots\cdots④$$

同様に，$\overrightarrow{P_3P_4} = \alpha^3$，$\overrightarrow{P_4P_5} = \alpha^4$，$\cdots\cdots$
$\cdots\cdots$，$\overrightarrow{P_9P_{10}} = \alpha^9 \quad \cdots\cdots⑤$

②，③，④，$\cdots⑤$ を①に代入して

$$\overrightarrow{P_0P_{10}} = 1 + \alpha + \alpha^2 + \cdots + \alpha^9$$

これは初項 $a = 1$，公比 $r = \alpha$，項数 10
の等比数列の和より，

$$\overrightarrow{P_0P_{10}} = \frac{1 \cdot (1 - \alpha^{10})}{1 - \alpha}$$

初項 a, 公比 $r(\neq 1)$,
項数 n の等比数列の和：
$$S = \frac{a(1 - r^n)}{1 - r}$$

$$\cdots\cdots⑥$$

ここで，ド・モアブルの定理を用いて

$$\alpha^{10} = \left\{\frac{1}{\sqrt{2}}(\cos 45° + i\sin 45°)\right\}^{10}$$

$$= \frac{1}{2^5}\{\cos(10 \times 45°) + i\sin(10 \times 45°)\}$$

$$= \frac{1}{32}(\cos\underset{360°+90°}{(450°)} + i\sin\underset{360°+90°}{(450°)})$$

$$= \frac{1}{32}(\cos\overset{0}{90°} + i\sin\overset{1}{90°})$$

$$\therefore \alpha^{10} = \frac{i}{32} \quad \cdots\cdots⑦$$

また，$\alpha = \dfrac{1}{\sqrt{2}}(\cos 45° + i\sin 45°)$

$$= \frac{1}{\sqrt{2}}\left(\frac{1}{\sqrt{2}} + \frac{1}{\sqrt{2}}i\right) = \frac{1}{2}(1 + i) \quad \cdots\cdots⑧$$

⑦，⑧を⑥に代入して，

$$\overrightarrow{P_0P_{10}} = \frac{1 - \dfrac{i}{32}}{1 - \dfrac{1}{2}(1 + i)} = \frac{1 - \dfrac{i}{32}}{\dfrac{1}{2} - \dfrac{1}{2}i} = \frac{1 - \dfrac{i}{32}}{\underset{②}{\dfrac{1 - i}{2}}}$$

$$= \frac{2\left(1 - \dfrac{i}{32}\right)}{1 - i} = \frac{2\left(1 - \dfrac{i}{32}\right)(1 + i)}{(1 - i)(1 + i)}$$

$$\overrightarrow{P_0P_{10}} = \frac{2(1 + i)}{1 - \underset{-1}{\cancel{i^2}}}\left(1 - \frac{i}{32}\right) = \frac{\cancel{2}(1 + i)}{\cancel{2}}\left(1 - \frac{i}{32}\right)$$

$$= (1 + i)\left(1 - \frac{i}{32}\right) = 1 - \frac{i}{32} + i - \frac{\overset{-1}{\cancel{i^2}}}{32}$$

$$= \frac{33}{32} + \frac{31}{32}i$$

$\therefore$ 点 P_{10} を表す複素数は，$\dfrac{33}{32} + \dfrac{31}{32}i \cdots$（答）

◆頻出問題にトライ・13

右のだ円
$$\frac{x^2}{4} + \frac{y^2}{2} = 1 \cdots①$$
に円接し，1 辺
が x 軸に平行
な長方形の第
1 象限にある頂
点を $P(\alpha, \beta)$ とおくと，この長方形の面
積 S は，

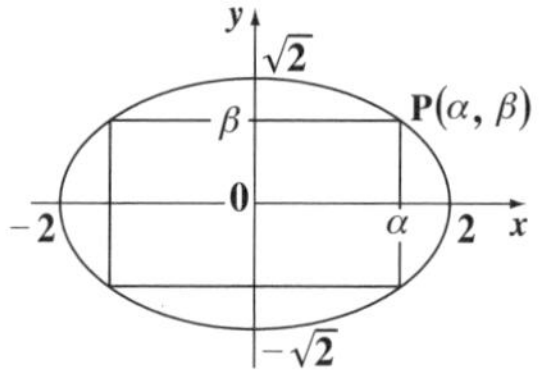

$$S = \underset{横}{2\alpha} \times \underset{たて}{2\beta} = 4\alpha\beta \quad \cdots\cdots②$$
$$(\alpha > 0, \ \beta > 0)$$

点 $P(\alpha, \beta)$ は，①のだ円上の点より，

$$\frac{\alpha^2}{4} + \frac{\beta^2}{2} = 1 \cdots\cdots③$$

③の左辺に，相加，相乗平均の不等式
を用いると，

$$x > 0, y > 0 \text{ のとき，} x + y \geqq 2\sqrt{xy}$$

$$1 = \frac{\alpha^2}{4} + \frac{\beta^2}{2} \geqq 2\sqrt{\frac{\alpha^2}{4} \cdot \frac{\beta^2}{2}} = \frac{|\alpha\beta|}{\sqrt{2}}$$

$$[\ x+y \geqq 2\sqrt{xy}\ ]$$

よって，$\boxed{\dfrac{S}{4}(②より)}$ $\boxed{S\text{の最大値}}$

$$1 \geqq \frac{|\alpha\beta|}{\sqrt{2}} = \frac{S}{4\sqrt{2}} \quad \therefore S \leqq 4\sqrt{2}$$

等号成立条件：$\dfrac{\alpha^2}{4} = \dfrac{\beta^2}{2}$ ……④

④を③に代入して，

$$\frac{\beta^2}{2} + \frac{\beta^2}{2} = 1,\ \beta^2 = 1$$

$$\therefore \beta = 1 \quad (\because \beta > 0)$$

これを $\dfrac{\alpha^2}{4} = \dfrac{\beta^2}{2}$ ……④ に代入して

$$\frac{\alpha^2}{4} = \frac{1}{2} \qquad \alpha^2 = 2$$

$$\therefore \alpha = \sqrt{2} \quad (\because \alpha > 0)$$

以上より，点 $P(\alpha, \beta)$ について，
$\alpha = \sqrt{2}$，$\beta = 1$ のとき，
長方形の面積 S は，最大値
$S = 4\sqrt{2}$ をとる。…………………(答)

◆頻出問題にトライ・14

右図のように，原点 0 を中心とする半径 a の円 C_1 とこれに内接する半径 $\dfrac{a}{4}$ の円 C_2 を考える。

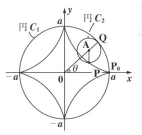

初め点 $P_0(a, 0)$ で円 C_1 と接していた円 C_2 が，円 C_1 に沿って，スリップすることなく回転していくとき，初めに点 $(a, 0)$ にあった円 C_2 上の点 P の描く曲線(アステロイド)の方程式を求める。

円 C_2 の中心を A とおくと，上の図は，動径 OA が x 軸の正の向きと θ の角度をなすときのものである。このとき，
$\overrightarrow{OP} = (x, y)$ とおくと，

$$\overrightarrow{OP} = (x, y) = \overrightarrow{OA} + \overrightarrow{AP} \quad \cdots\cdots①$$

となる。 $\boxed{\text{まわり道の原理}}$

(ⅰ) $\overrightarrow{OA}$ について，

$$\begin{cases} OA = \dfrac{3}{4}a \\ \angle AOx = \theta \end{cases} \text{より}$$

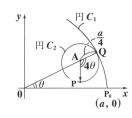

$$\overrightarrow{OA} = \left(\frac{3}{4}a\cos\theta,\ \frac{3}{4}a\sin\theta\right) \cdots\cdots② \text{となる。}$$

(ⅱ) $\overrightarrow{AP}$ について，右図のように，円 C_1 と円 C_2 の接触した円弧の長さ $\overgroup{P_0Q}$ と $\overgroup{PQ}$ とは等しいので，

$$\overgroup{P_0Q} = \overgroup{PQ} \quad \cdots\cdots③ \text{となる。ここで，}$$

$\boxed{a\theta}$ $\boxed{\dfrac{a}{4}\cdot 4\theta}$

円 C_1 の半径 a に対して，円 C_2 の半径は $\dfrac{a}{4}$ なので③が成り立つためには，扇形 OP_0Q の中心角 θ に対して，扇形 APQ の中心角は 4 倍の 4θ となる。よって，右図に示すように，$\overrightarrow{AP}$ の成分は，A を基準点としたときの点 P の座標のことである。ここで，点 P は，A

177

を中心とする半径 $\dfrac{a}{4}$ の円 C_2 上で、
角度 -3θ の位置にあるので、

$$\overrightarrow{AP}=\left(\dfrac{a}{4}\cdot\underbrace{\cos(-3\theta)}_{\cos3\theta},\ \dfrac{a}{4}\cdot\underbrace{\sin(-3\theta)}_{-\sin3\theta}\right)$$

$$\therefore\ \overrightarrow{AP}=\left(\dfrac{a}{4}\cos3\theta,\ -\dfrac{a}{4}\sin3\theta\right)\ \cdots\cdots④$$

以上（ i ）（ ii ）より，②，④を①に代入
して，

$$\overrightarrow{OP}=(x,\ y)=\overrightarrow{OA}+\overrightarrow{AP}$$

$$=\left(\dfrac{3}{4}a\cos\theta,\ \dfrac{3}{4}a\sin\theta\right)$$

$$+\left(\dfrac{a}{4}\cos3\theta,\ -\dfrac{a}{4}\sin3\theta\right)$$

$$=\left(\dfrac{a}{4}(3\cos\theta+\underbrace{\cos3\theta}_{4\cos^3\theta-3\cos\theta}),\ \dfrac{a}{4}(3\sin\theta-\underbrace{\sin3\theta}_{3\sin\theta-4\sin^3\theta})\right)$$

> 3 倍角の公式
> $$\begin{cases}\cos3\theta=4\cos^3\theta-3\cos\theta\\\sin3\theta=3\sin\theta-4\sin^3\theta\end{cases}$$

$$=\left(\dfrac{a}{4}\cdot 4\cos^3\theta,\ \dfrac{a}{4}\cdot 4\sin^3\theta\right)$$

$$\therefore\ \overrightarrow{OP}=(a\cos^3\theta,\ a\sin^3\theta)\ \text{より，}$$

アステロイド曲線を描く動点 P の媒介
変数 θ による方程式は，

$$\begin{cases}x=a\cos^3\theta\\y=a\sin^3\theta\end{cases}\ \text{となる。}\quad\cdots\cdots\cdots\cdots（答）$$

◆頻出問題にトライ・15

だ円：$r=\dfrac{3}{2-\cos\theta}$ $\cdots\cdots\cdots\cdots$①

直線：$r=\dfrac{k}{\cos\theta}$ （k：0 でない定数）$\cdots$②

変換公式を用いて，①と②を変形する
と，①は，

$$r=\dfrac{3}{2-\cos\theta}\ ,\quad \overparen{r(2-\cos\theta)}=3$$

$$2r-\overbrace{\overparen{r\cos\theta}}^{x}=3$$

$$2r=x+3\quad\text{両辺を 2 乗して，}$$

$$4\underbrace{\overparen{r^2}}_{(x^2+y^2)}=(x+3)^2$$

$$4(x^2+y^2)=x^2+6x+9$$

$$4x^2+4y^2=x^2+6x+9$$

$$3x^2-6x+4y^2=9$$

$$3(x^2-2x+1)+4y^2=9+3$$

$$3(x-1)^2+4y^2=12$$

両辺を 12 で割って，

$$\dfrac{(x-1)^2}{4}+\dfrac{y^2}{3}=1$$

> これは，だ円 $\dfrac{x^2}{4}+\dfrac{y^2}{3}=1$ を
> $(1,\ 0)$ だけ平行移動したもの

②は，$r=\dfrac{k}{\cos\theta}$，$\overbrace{\overparen{r\cos\theta}}^{x}=k$，$x=k$ （$\neq0$）

以上より，①と②のグラフを下図に示
す。これより，①と②が 2 つの異なる
共有点をもつような実数 k の値の範
囲は，

$$-1<k<0,\ 0<k<3\ \cdots\cdots\cdots\cdots（答）$$

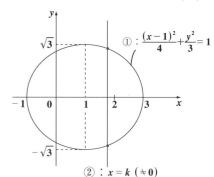

① : $\dfrac{(x-1)^2}{4}+\dfrac{y^2}{3}=1$

② : $x=k$ （$\neq0$）

$$S_n = \sum_{k=0}^{n} (n + 3k)^2 \quad \boxed{k = 0 \text{ のとき}}$$

$$= \underset{\sim}{n^2} + \sum_{k=1}^{n} (n + 3k)^2$$

$$= n^2 + \sum_{k=1}^{n} (n^2 + 6nk + 9k^2)$$

$$= n^2 + \underset{k=1}{\sum^{n}} n^2 + 6n \underset{k=1}{\sum^{n}} k + 9 \underset{k=1}{\sum^{n}} k^2$$

$$= n^2 + n \cdot n^2 + 6n \cdot \frac{1}{2} n(n+1)$$

$$\quad + 9 \cdot \frac{1}{6} n(n+1)(2n+1)$$

$$S_n = n^2(n+1) + 3n^2(n+1)$$

$$\quad + \frac{3}{2} n(n+1)(2n+1)$$

$$= \frac{1}{2} n(n+1)\{2n + 6n + 3(2n+1)\}$$

$$= \frac{1}{2} n(n+1)(14n+3) \quad \cdots\cdots(答)$$

$$\therefore \lim_{n \to \infty} \frac{S_n}{n^3} = \lim_{n \to \infty} \frac{\frac{1}{2} n(n+1)(14n+3)}{n^3}$$

$$\boxed{\dfrac{3 \text{ 次 (同じ強さ) の} \infty}{3 \text{ 次 (同じ強さ) の} \infty}}$$

$$= \lim_{n \to \infty} \frac{1}{2} \frac{n}{n} \cdot \frac{n+1}{n} \cdot \frac{14n+3}{n}$$

$$= \lim_{n \to \infty} \frac{1}{2} \cdot 1 \cdot \left(1 + \frac{1}{n}\right) \cdot \left(14 + \frac{3}{n}\right)$$

$$= \frac{1}{2} \cdot 1 \cdot 1 \cdot 14 = 7 \quad \cdots\cdots(答)$$

$$S_n = \frac{1}{1^3} + \frac{1+2}{1^3 + 2^3} + \frac{1+2+3}{1^3 + 2^3 + 3^3} + \cdots$$

$$\cdots + \frac{1+2+\cdots+n}{1^3 + 2^3 + \cdots + n^3} \quad \cdots\cdots\cdots① $$

とおく。右辺の第 k 項を a_k とおくと

$$a_k = \frac{1+2+\cdots+k}{1^3 + 2^3 + \cdots + k^3} = \frac{\sum_{i=1}^{k} i}{\sum_{i=1}^{k} i^3}$$

$$= \frac{\frac{1}{2} k(k+1)}{\frac{1}{4} k^2 (k+1)^2} = \frac{4}{2} \cdot \frac{(k+1) - k}{k(k+1)}$$

$$= 2 \cdot \left(\frac{1}{k} - \frac{1}{k+1}\right)$$

$\therefore$ ① より，

$$S_n = \sum_{k=1}^{n} a_k = \sum_{k=1}^{n} 2\left(\frac{1}{k} - \frac{1}{k+1}\right)$$

$$= 2 \cdot \sum_{k=1}^{n} \left(\underset{I_k}{\frac{1}{k}} - \underset{I_{k+1}}{\frac{1}{k+1}}\right)$$

$$= 2 \cdot \left\{\left(\frac{1}{1} - \frac{1}{2}\right) + \left(\frac{1}{2} - \frac{1}{3}\right) + \left(\frac{1}{3} - \frac{1}{4}\right) + \cdots\right.$$

$$\left. \cdots + \left(\frac{1}{n} - \frac{1}{n+1}\right)\right\}$$

$$= 2 \cdot \left(\underset{I_1}{1} - \underset{I_{n+1}}{\frac{1}{n+1}}\right)$$

$$\therefore \lim_{n \to \infty} S_n = \lim_{n \to \infty} 2\left(1 - \frac{1}{n+1}\right) = 2 \cdots(答)$$

179

◆頻出問題にトライ・18

$\begin{cases} a_1 = 3 \\ a_{n+1} = 2a_n + \underset{\sim}{\textbf{1}} \cdot n^2 \underset{=}{-\textbf{2}} \cdot n \underset{-}{-\textbf{2}} \cdots\cdots① \end{cases}$
$\qquad\qquad (n = 1, 2, \cdots)$

(1) $a_{n+1} + \alpha(n+1)^2 + \beta(n+1) + \gamma$

$\qquad = \overbrace{2 \cdot (a_n + \alpha n^2 + \beta n + \gamma)} \cdots\cdots②$

とおくと，②を変形して

$\quad a_{n+1} = 2a_n + 2\alpha n^2 + 2\beta n + 2\gamma$
$\qquad\qquad - \alpha(n+1)^2 - \beta(n+1) - \gamma$
$\qquad = 2a_n + 2\alpha n^2 + 2\beta n + 2\gamma$
$\qquad\qquad - \alpha(n^2 + 2n + 1) - \beta(n+1) - \gamma$

$\qquad = 2a_n + \underset{\overset{1}{\sim}}{\boxed{\alpha}}n^2 + (\underset{\overset{-2}{=}}{\boxed{-2\alpha + \beta}})n$

$\qquad \underset{\overset{-2}{\cdots}}{\boxed{-\alpha - \beta + \gamma}} \cdots\cdots③$

①と③は同じ式より，係数を比較して

$\begin{cases} \alpha = 1 \quad\cdots\cdots④ \\ -2\alpha + \beta = -2 \quad\cdots\cdots⑤ \\ -\alpha - \beta + \gamma = -2 \quad\cdots\cdots⑥ \end{cases}$

④を⑤に代入して

$\beta = 2\alpha - 2 = 2 \cdot 1 - 2 = 0 \cdots\cdots⑦$

④と⑦を⑥に代入して，

$\gamma = \alpha + \beta - 2 = 1 + 0 - 2 = -1 \cdots⑧$

以上より，$\alpha = 1, \beta = 0, \gamma = -1$ (答)

(2) ④，⑦，⑧を②に代入して，

$\quad a_{n+1} + (n+1)^2 - 1 = 2(a_n + n^2 - 1)$
$\quad [\qquad F(n+1) \qquad = 2 \cdot \qquad F(n) \qquad]$

$\therefore a_n + n^2 - 1 = (\overset{3}{\underset{\alpha}{\boxed{a_1}}} + 1^2 - 1)2^{n-1} = 3 \cdot 2^{n-1}$
$\quad [\quad F(n) \quad = \quad F(1) \quad \cdot 2^{n-1}]$

$\therefore a_n = -n^2 + 3 \cdot 2^{n-1} + 1$

$\therefore \lim_{n \to \infty} \dfrac{a_n}{2^n} = \lim_{n \to \infty} \dfrac{-n^2 + 3 \cdot 2^{n-1} + 1}{2^n}$

$\qquad = \lim_{n \to \infty} (\overset{0}{\boxed{-\dfrac{n^2}{2^n}}} + \dfrac{3}{2} + \overset{0}{\boxed{\dfrac{1}{2^n}}})$

$\qquad = \dfrac{3}{2} \cdots\cdots\cdots\cdots(答)$

これは，$-\dfrac{\infty}{\infty}$ の不定形だけれど，2^n の方が n^2 より圧倒的に強い ∞ なんだ。

◆ *Term · Index* ◆

スバラシク強くなると評判の
元気が出る数学 III・C Part1
新課程

マセマ

著　者　馬場 敬之　高杉 豊

発行者　馬場 敬之

発行所　マセマ出版社

〒 332-0023 埼玉県川口市飯塚 3-7-21-502

TEL 048-253-1734　FAX 048-253-1729

Email：info@mathema.jp

https://www.mathema.jp

編　集	清代 芳生	
校閲・校正	清代 芳生　秋野 麻里子　馬場 貴史	
制作協力	久池井 茂　久池井 努　印藤 治	
	滝本 隆　野村 烈　日並 秀太郎	
	間宮 栄二　町田 朱美	
カバーデザイン	児玉 篤　児玉 則子	
ロゴデザイン	馬場 利貞	
印刷所	中央精版印刷株式会社	

令和 5 年 1 月 21 日　初版発行

ISBN978-4-86615-279-0 C7041